FALHA
HUMANA

TAMBÉM DE BILL McKIBBEN

Radio Free Vermont
Oil and Honey
The Global Warming Reader
Eaarth
American Earth
The Bill McKibben Reader
Fight Global Warming Now
Deep Economy
The Comforting Whirlwind
Wandering Home
Enough
Long Distance
Hundred Dollar Holiday
Maybe One
Hope, Human and Wild
The Age of Missing Information
O Fim da Natureza

BILL McKIBBEN

FALHA HUMANA

Estamos colocando nossa existência em jogo?

ALTA BOOKS
GRUPO EDITORIAL
Rio de Janeiro, 2023

Falha Humana

Copyright © 2023 da Starlin Alta Editora e Consultoria Ltda.
ISBN: 978-85-5081-108-6

Translated from original Falter. Copyright © 2019 by Bill McKibben. ISBN 978-1-2501-7826-8. This translation is published and sold by permission of Henry Holt and Company, the owner of all rights to publish and sell the same. PORTUGUESE language edition published by Starlin Alta Editora e Consultoria Ltda, Copyright © 2022 by Starlin Alta Editora e Consultoria Ltda.

Impresso no Brasil — 1ª Edição, 2023 — Edição revisada conforme o Acordo Ortográfico da Língua Portuguesa de 2009.

Dados Internacionais de Catalogação na Publicação (CIP) de acordo com ISBD

M478f   McKibben, Bill
          Falha Humana: Estamos Colocando Nossa Existência em Jogo? / Bill McKibben ; traduzido por Carlos Bacci. - Rio de Janeiro : Alta Books, 2023.
          288 p. ; 16cm x 23cm.

          Tradução de: Falter.
          Inclui índice.
          ISBN: 978-85-5081-108-6

          1. Ciências ambientais. I. Bacci, Carlos. II. Título.

2022-1916   CDD 363.7
                                            CDU 504.06

Elaborado por Vagner Rodolfo da Silva - CRB-8/9410

Índice para catálogo sistemático:
1. Ciências ambientais 363.7
2. Ciências ambientais 504.06

Todos os direitos estão reservados e protegidos por Lei. Nenhuma parte deste livro, sem autorização prévia por escrito da editora, poderá ser reproduzida ou transmitida. A violação dos Direitos Autorais é crime estabelecido na Lei nº 9.610/98 e com punição de acordo com o artigo 184 do Código Penal.

A editora não se responsabiliza pelo conteúdo da obra, formulada exclusivamente pelo(s) autor(es).

Marcas Registradas: Todos os termos mencionados e reconhecidos como Marca Registrada e/ou Comercial são de responsabilidade de seus proprietários. A editora informa não estar associada a nenhum produto e/ou fornecedor apresentado no livro.

Erratas e arquivos de apoio: No site da editora relatamos, com a devida correção, qualquer erro encontrado em nossos livros, bem como disponibilizamos arquivos de apoio se aplicáveis à obra em questão.

Acesse o site www.altabooks.com.br e procure pelo título do livro desejado para ter acesso às erratas, aos arquivos de apoio e/ou a outros conteúdos aplicáveis à obra.

Suporte Técnico: A obra é comercializada na forma em que está, sem direito a suporte técnico ou orientação pessoal/exclusiva ao leitor.

A editora não se responsabiliza pela manutenção, atualização e idioma dos sites referidos pelos autores nesta obra.

Produção Editorial
Grupo Editorial Alta Books

Diretor Editorial
Anderson Vieira
anderson.vieira@altabooks.com.br

Editor
José Ruggeri
j.ruggeri@altabooks.com.br

Gerência Comercial
Claudio Lima
claudio@altabooks.com.br

Gerência Marketing
Andréa Guatiello
andrea@altabooks.com.br

Coordenação Comercial
Thiago Biaggi

Coordenação de Eventos
Viviane Paiva
comercial@altabooks.com.br

Coordenação ADM/Finc.
Solange Souza

Coordenação Logística
Waldir Rodrigues

Gestão de Pessoas
Jairo Araújo

Direitos Autorais
Raquel Porto
rights@altabooks.com.br

Produtor Editorial
Thales Silva

Produtores Editoriais
Illysabelle Trajano
Maria de Lourdes Borges
Paulo Gomes
Thiê Alves

Equipe Comercial
Adenir Gomes
Ana Claudia Lima
Andrea Riccelli
Daiana Costa
Everson Sete
Kaique Luiz
Luana Santos
Maira Conceição
Nathasha Sales
Pablo Frazão

Equipe Editorial
Ana Clara Tambasco
Andreza Moraes
Beatriz de Assis
Beatriz Frohe
Betânia Santos
Brenda Rodrigues

Caroline David
Erick Brandão
Elton Manhães
Gabriela Paiva
Gabriela Nataly
Henrique Waldez
Isabella Gibara
Karolayne Alves
Kelry Oliveira
Lorrahn Candido
Luana Maura
Marcelli Ferreira
Mariana Portugal
Marlon Souza
Matheus Mello
Milena Soares
Patricia Silvestre
Viviane Corrêa
Yasmin Sayonara

Marketing Editorial
Amanda Mucci
Ana Paula Ferreira
Beatriz Martins
Ellen Nascimento
Livia Carvalho
Guilherme Nunes
Thiago Brito

Atuaram na edição desta obra:

Tradução
Carlos Bacci

Copidesque
Ana Gabriela Dutra

Revisão Gramatical
Alessandro Thomé
Thamiris Leiroza

Diagramação
Luisa Maria Gomes

Capa
Joyce Matos

Editora afiliada à: ASSOCIADO CBL Câmara Brasileira do Livro

Rua Viúva Cláudio, 291 — Bairro Industrial do Jacaré
CEP: 20.970-031 — Rio de Janeiro (RJ)
Tels.: (21) 3278-8069 / 3278-8419
www.altabooks.com.br — altabooks@altabooks.com.br
Ouvidoria: ouvidoria@altabooks.com.br

ALTA BOOKS
GRUPO EDITORIAL

Para Koreti Tiumalu (1975–2017) — e para milhares de outros queridos companheiros que tanto batalham pelo futuro do planeta.

Sumário

Agradecimentos	xi
Uma Palavra Inicial sobre a Esperança	1
Parte Um: *O Tamanho do que Está em Jogo*	5
Parte Dois: *Alavancagem*	75
Parte Três: *O Nome do Jogo*	127
Parte Quatro: *Uma Possibilidade Remota*	183
Epílogo: *Com os Pés no Chão*	237
Notas	248
Índice	269

SOBRE O AUTOR

BILL MCKIBBEN é um dos fundadores da organização ambientalista 350.org e está entre os primeiros ativistas na questão do aquecimento global. Autor de 17 livros, incluindo os best-sellers *O Fim da Natureza*, *Eaarth* e *Deep Economy*, foi agraciado como Eminente Acadêmico em Estudos Ambientais pela Faculdade Middlebury e tem em seu currículo os prêmios Gandhi Peace Award, Thomas Merton Award e Right Livelihood Prize. Ele reside em Vermont.

AGRADECIMENTOS

Este livro é dedicado a Koreti Tiumalu, uma ativista talentosa e amiga querida que morreu cedo demais, em 2017. Espero que seu filho, Viliamu, conforme cresça, saiba o quanto sua mãe significou para a luta a favor do clima. A dedicatória, no entanto, estende-se a todos os ativistas defensores do clima com quem tive a honra de trabalhar ao longo dos anos. Nem é preciso dizer o quanto sua disposição de lutar significa para mim: cada um deles tem plena consciência de que essa é uma batalha com inúmeras dificuldades pela frente, e na qual não há garantia alguma de vitória (na verdade, estão garantidas ao menos algumas derrotas), e ainda assim eles perseveram, com criatividade, paixão e amor. Passo mais tempo com meus colegas na 350.org, é claro, e tem sido um grande privilégio assistir aos jovens que a fundaram se tornarem adultos — casamentos e anúncios de nascimento são dias felizes no calendário todos os anos. Trabalhar com pessoas a quem se ama e admira é um enorme privilégio. Dia após dia, minha grande amiga Vanessa Arcara faz com que eu mantenha o pique.

Naomi Klein, Jane Mayer e Rebecca Solnit leram este livro quando ainda era um rascunho; cada uma delas foi fundamental para moldar meu pensamento ao longo dos anos, e o mundo lhes deve um enorme muito obrigado por suas reportagens e seus escritos. Marcy Darnovsky também examinou com extrema atenção os capítulos sobre engenharia genética, e sou muito grato por isso. Marcy e seu colega Rich Hayes me ajudaram bastante há 15 anos, quando escrevi um livro sobre engenharia genética humana chamado *Enough*; segui à risca seus apontamentos várias vezes neste volume. E contei com o trabalho de muitos outros: os repórteres da *New Yorker*, Tad Friend e Raffi Khatchadourian, fizeram uma cobertura formidável do Vale do Silício; Dick Russell ajudou a narrar a saga das empresas de petróleo e a luta delas para abafar a ação pró-clima; Anne Heller e Jennifer Burns escreveram biografias valiosas de Ayn Rand. Existe agora uma magnífica comunidade de repórteres do clima, na web e na mídia impressa, o que faz com que eu me sinta muito menos solitário do que era 30 anos atrás. As reportagens diárias sobre o clima publicadas pelo *Guardian* e o *New York Times*, em especial, são excepcionais há anos; já os relatórios geológicos, abrangendo eras e eras, de Peter Brannen, Eelco Rohling e Elizabeth Kolbert ampliaram minha compreensão deste momento em particular no tempo.

Os trechos que a *New Yorker* extraiu deste livro — meu obrigado a Emily Stokes por sua excelente edição — deram apoio a boa parte dos relatórios que preencheram estas páginas, do Arizona à África e à Austrália. Obrigado a todos os que checaram os fatos e revisaram o texto e, principalmente, a David Remnick.

Sou muito grato a meus colegas da Middlebury College, especialmente a Laurie Patton, Nan Jenks-Jay, Janet Wiseman, Mike Hussey e Jon Isham, e aos ótimos alunos que me ajudam a manter o foco. Nossos vizinhos em Vermont —Warren e Barry King principalmente — são parte fundamental de minha vida.

Tive a sorte de contar com os mesmos editores por muitos anos — Paul Golob, Maggie Richards, Marian Brown, Caroline Wray, Fiora Elbers-Tibbitts, Austin Price e seus colegas da Henry Holt sempre aprimoram meus livros. Considerando que, de alguma forma, este livro é uma ramificação de *O Fim da Natureza*, gostaria de renovar meus agradecimentos às duas pessoas que fizeram dele um sucesso: David Rosenthal e Annik Lafarge. E tive a mesma agente literária durante todas essas décadas: Gloria Loomis é um baluarte e uma amiga, e agora sua assistente, Julia Masnik, também desempenha um papel de destaque.

Quando as pessoas perguntam por que continuo lutando, uma resposta evidente é minha filha, Sophie. A mãe dela, Sue Halpern, é minha melhor amiga e companheira de todos os dias.

Uma Palavra Inicial sobre a Esperança

Em 1989, 30 anos atrás, escrevi o primeiro livro destinado a um público amplo cujo tema eram as mudanças climáticas — ou, como chamávamos então, o efeito estufa. Como o título indica, *O Fim da Natureza* não era um livro otimista e, lamentavelmente, seu tom pessimista tem sido corroborado pelos fatos. A questão básica abordada por mim era a de que os seres humanos modificaram tanto o planeta, que não restava um centímetro sequer que estivesse fora de nosso alcance, uma ideia a que os cientistas deram ênfase uma década depois, quando começaram a se referir à nossa era como o Antropoceno.

Este livro também é sombrio — de certa forma até mais desolador, uma vez que o tempo passou e constatamos que o buraco é mais embaixo. Nós nos demos conta de como a crise climática se agravou e dos novos desenvolvimentos tecnológicos em áreas como a inteligência artificial, que também me parecem ameaçar o futuro do ser humano. Colocando em termos simples: entre a destruição ecológica e a arrogância tecnológica, a experiência humana está agora em xeque. As apostas são muito altas, as chances são muito poucas e as tendências são muito assustadoras. Portanto, não tenho dúvidas de que existem outros livros que ofereceriam aos leitores uma experiência literária mais agradável.

Sei, também, que essa linha mais amargurada está na contramão do atual momento literário. Os últimos anos foram marcados pela publicação de vários livros de grande apelo popular e por centenas de palestras TED dedicadas à ideia de que tudo no mundo está em constante melhora. Livros e palestras compartilham não apenas um formato (uma série interminável de gráficos que mostram séculos de mortalidade infantil decrescente ou renda crescente), mas também um tom de perplexidade exasperada quanto à possibilidade de que qualquer pessoa pensante perceba o momento atual como sombrio. É como Steven Pinker, o autor do otimista *Enlightenment Now* [publicado no Brasil com o título *O Novo Iluminismo*], explicou: "Nenhum de nós é tão feliz como deveríamos ser, considerando o quão incrível nosso mundo se tornou." As pessoas, ele acrescentou, passam a impressão de ficar apenas "criticando tudo, se lamentando, choramingando pelos cantos e reclamando de qualquer coisa".[1]

Na verdade, sou grato por esses livros porque, entre outras coisas, eles nos lembram precisamente o quanto temos a perder se nossas civilizações realmente vacilarem. O fato de que as condições de vida melhoraram no planeta ao longo dos últimos 100 anos não é, porém, garantia de um futuro benigno. Uma nova ordem de ameaças pode surgir — na realidade, já está por aí. Assim como uma pessoa pode aumentar sua força e tamanho, e com o passar dos anos angariar riqueza e inteligência, para depois ser derrubada por alguma força maior (câncer, um ônibus), as civilizações também estão sujeitas a cair. E — para lamentar e reclamar um pouco mais — devido à forma como poder e riqueza estão distribuídos atualmente em nosso mundo, penso que estamos excepcionalmente mal preparados para lidar com os desafios emergentes. Até agora, *não* estamos lidando bem com eles.

Devo dizer que, em certo sentido, sou hoje menos severo do que em minha juventude. Este livro termina com a convicção de que opor resistência a tais perigos é algo, ao menos, possível. Em parte, essa convicção decorre do engenho humano — observar a rápida disseminação de uma tecnologia que muda o mundo, como a do painel solar, é fonte cotidiana de alegria. E muito dessa convicção se assenta em acontecimentos de minha vida ao longo das últimas décadas. Mergulhei fundo em movimentos que trabalham pela mudança, e ajudei a formar um grupo, a 350.org, que se tornou a primeira campanha climática global. Embora não tenhamos vencido a indústria de combustíveis fósseis, organizamos atos em todos os países do globo, com exceção da Coreia do Norte, e com o auxílio de nossos vários colegas ao redor do mundo, vencemos algumas batalhas. No momento, estamos ajudando, com amigos e colegas, a construir um Novo Acordo Verde [Green New Deal, em inglês] nos Estados Unidos, bem como acordos similares em todo o mundo. (Este livro é dedicado a um de meus mais queridos colegas nessa luta, Koreti Tiumalu, falecido precocemente em 2017.) Já estive em diversas prisões e em milhares de manifestações, e ao longo do caminho passei a acreditar que temos as ferramentas necessárias para enfrentar o poder arraigado.

Se esse poder pode realmente ser vencido a tempo, não sei. Esperança não é algo que um escritor deva ao leitor — sua única obrigação é a honestidade —, mas quero que aqueles que tiverem este volume em mãos saibam que seu autor pauta-se pelo compromisso, não pelo desespero. Do contrário, eu nem teria me dado ao trabalho de escrever as próximas páginas.

PARTE UM

O Tamanho do que Está em Jogo

■ ■ ■

1

Se você já viu a Terra lá de cima (e, para o bem ou para o mal, neste livro muitas vezes adotaremos uma perspectiva assim, alta e ampla), telhados provavelmente são a primeira característica da civilização humana que você notou. Um alienígena recém-chegado, descendo em direção à superfície, veria muitas formas, dependendo do local: telhados em forma de A para impedir o acúmulo de neve, por exemplo; ou dos tipos gambrel, mansarda, quadril ou duas águas. Pagodes e outros templos asiáticos com coberturas cônicas; igrejas russas com cúpulas em formato de cebola; igrejas ocidentais sob pináculos.

É provável que folhas de palmeira tenham servido de cobertura para as primeiras casas, mas como os seres humanos começaram a cultivar grãos no período neolítico, a palha debulhada se tornou um material de cobertura confiável. Algumas casas no sul da Inglaterra têm telhados de palha de 500 anos de idade; novas camadas foram adicionadas ao longo dos séculos e, com isso, em alguns casos, a espessura dos telhados chega a dois metros. Embora esteja mais difícil encontrar material bom para trabalhar — a introdução de variedades de trigo de haste curta e o uso generalizado de fertilizantes nitrogenados enfraqueceram a palha —, hoje em dia o sapê está se tornando mais popular entre europeus ricos que procuram por telhados "verdes"; na Alemanha, por exemplo, agora é possível obter uma graduação de "artesão especialista em sapê". Mas, ao menos desde o século III a.C. (talvez começando com os templos gregos, considerados valiosos o bastante para serem protegidos do fogo), a tendência dos humanos é viver sob telhados feitos com material sólido. Telhas de terracota espalharam-se rapidamente pelo Mediterrâneo e pela Ásia Menor; telhados de ardósia popularizaram-se em decorrência de sua baixa manutenção; em locais com árvores abundantes, ripas de madeira e coberturas de casca de árvore funcionaram bem. Considerando que metade da população mundial mora atualmente em favelas urbanas, é possível que chapas de metal abriguem mais gente do que qualquer outro material.

Você acha isso um tanto quanto maçante? Que seja, pois quero mesmo é falar a respeito de tudo o que envolve a vida do ser humano: cultura, comércio e política; religião, esporte e vida social; dança e música; jantar e arte, câncer e sexo, redes sociais, amor e perda; quero, enfim, falar de tudo que compreende a experiência de nossa espécie. Mas isso está além das minhas forças, pelo menos até estar suficientemente entusiasmado. Então procurei o mais mundano aspecto de nossa civilização que posso imaginar. Raros são os que se lembram do telhado sobre suas cabeças, a não ser que surjam goteiras. Faz parte. Isso serve para ilustrar meu ponto — mesmo o mais comum e enfadonho telhado demonstra a complexidade, estabilidade e alcance do jogo humano.

Considere a telha com revestimento asfáltico, que ocupa a maioria dos lares no Ocidente e é, ela própria, sem dúvida, a mais maçante de todas as formas de cobertura. Os exemplos mais antigos datam de 1901, e a primeira fabricante foi a H.M. Reynolds Company, de Grand Rapids, Michigan, que comercializava seu produto sob o slogan "O telhado que fica é o telhado que paga a si mesmo". O asfalto é encontrado em estado natural em algumas regiões do mundo — as areias betuminosas de Alberta, por exemplo, compõem-se principalmente de betume, a palavra dos geólogos para asfalto. Mas o asfalto usado em telhas origina-se durante o processo de refino do petróleo: é o material que ainda não foi submetido à temperatura de 260 °C. A destilação a vácuo o separa de produtos mais valiosos, como gasolina, diesel e nafta; ele então é armazenado e transportado em altas temperaturas até poder ser usado principalmente para pavimentar estradas. Parte dele, entretanto, destina-se às unidades fabris produtoras de telhas, nas quais são adicionados grânulos de alguns minerais (ardósia, cinzas volantes, mica) para aumentar a durabilidade. A CertainTeed Corporation, a maior fabricante mundial de telhas, fez um vídeo mostrando o que ela chama de "esse processo pouco apreciado" em sua fábrica em Oxford, Carolina do Norte, uma das 61 instalações que opera em todo o país. As imagens, dinâmicas, acompanham todo o processo, do carregamento na origem ao transporte e entrega na fábrica, mostrando como o calcário chega por vagão ferroviário para ser triturado e misturado com asfalto quente e depois revestido em centenas de milhares de quilômetros de tapete de fibra de vidro. Uma fina névoa de água é então pulverizada e, à medida que ela evapora, a folha esfria, pronta para ser cortada e em seguida empacotada em paletes em um armazém gigante, para aguardar a distribuição.[1]

Maravilhe-se por um momento com a necessária sincronização de milhares de eventos para que tudo isso possa funcionar: o petróleo extraído (talvez das entranhas de desertos equatoriais ou das profundezas submarinas); os oleodutos e as linhas ferroviárias para o transporte; as refinarias construídas (e a cada passo, o dinheiro obtido). O calcário e a areia também precisam ser minerados, e os quilômetros de redes de fibra de vidro precisam ser fabricados em alguma outra linha de produção. As matérias-primas vão todas para a fábrica da Carolina do Norte, e, em seguida, as telhas prontas são embarcadas em trens e caminhões para ser entregues em uma rede de lojas de materiais de construção, das quais os empreiteiros de obras as levam para os locais de construção, confiantes de que as telhas estão qualificadas para resistir ao vento, ao fogo e à descoloração. Pense, novamente, na enorme quantidade de organização humana necessária para que a instituição responsável pelo controle de qualidade dê seu aval.

Exercícios análogos poderiam ser repetidos para tudo que se vê, ouve e cheira por aí — todas as atividades infinitamente mais interessantes sempre ocorrendo sob todos aqueles telhados. Enquanto escrevo, por exemplo, estou ouvindo a Orchestra Baobab no Spotify. Ela se apresentava rotineiramente em uma casa noturna de Dakar nos anos 1970, na qual sua música repercutia a batida tipicamente cubana introduzida na África Ocidental pelos marinheiros na década de 1940; em dado momento, o grupo gravou seu melhor álbum em um estúdio de Paris, cujas canções agora residem, por assim dizer, em um serviço de streaming, sendo ouvidas por 196.847 pessoas do outro lado do planeta a cada mês. Tente analisar a conjugação de história, tecnologia, comércio, espiritualidade e ritmo que compõem o som que entra em meus fones de ouvido — as camadas de colonialismo de um sobre o outro; as questões de raça, identidade, pureza. Ou considere o que terá para o jantar, ou as roupas com que você cobre seu corpo — *tudo* está entrelaçado, e você pode seguir esses liames até todos os rincões de nosso passado e de nosso presente. O que estou chamando de jogo humano é inimaginavelmente profundo, complexo e maravilhoso. Mas também está em perigo. De fato, está começando a vacilar agora mesmo.

P asso este livro todo explicando esse perigo e, no final, aponto para algumas maneiras pelas quais ainda podemos evitá-lo. No entanto, creio ser melhor começar salientando não a fragilidade do jogo humano, e, sim, sua estabilidade. Nós humanos, todos juntos, construímos algo notável, algo de que raramente nos afastamos e simplesmente reconhecemos. O somatório dos projetos de nossas vidas individuais, o total de instituições e empreendimentos que criamos, o agregado de nossos desejos, sonhos e nossas realizações, a totalidade de nossa incessante atividade — tudo isso é uma maravilha.

Chamo a isso de jogo porque não há um final óbvio. Tal como em qualquer jogo, realmente não *importa* como ele se desenrola, ao menos no sentido mais amplo do Nosso Lugar no Universo, e ainda assim, como qualquer jogo, ele absorve integralmente a concentração dos que estão envolvidos nele. E mesmo não havendo um objetivo final, isso não significa inexistência de regras, ou pelo menos de uma estética: em minha definição, o jogo flui bem quando proporciona mais dignidade a seus jogadores, e mal quando essa dignidade diminui.

No contexto do jogo humano, há muitas maneiras de mensurar a dignidade: calorias suficientes, ausência de medo, roupas para vestir, trabalho útil. Em boa parte dessas medidas, temos avançado bem. A pobreza extrema (viver com U$2 ou menos por dia) é muito mais rara do que costumava ser. Várias das doenças que a pobreza ajudou a disseminar também estão menos presentes: parasitoses intestinais, por exemplo. Até mesmo em comparação com o século XX, a violência está agora, de longe, menos propensa a nos matar — das mais de 55 milhões de pessoas falecidas em todo o mundo em 2012, a guerra foi responsável por 120 mil.[2] Cerca de 85% dos adultos são capazes de ler hoje em dia, um aumento impressionante ocorrido no espaço entre duas gerações.[3] As mulheres, graças à maior educação e com ao menos um mínimo de igualdade, passaram de dar à luz a uma média de mais de 5 crianças em 1970 para menos de 2,5 hoje, provavelmente a mais rápida e notável mudança demográfica que o planeta já testemunhou. No ano de 1500, a humanidade produziu bens e serviços cujo valor equivale, em dólares de hoje, a US$250 bilhões — transcorridos 500 anos, esse número cresceu 240 vezes, chegando a US$60 trilhões.[4] Isso tudo intensifica o coro de afirmações impositivas, que vai da insistência de Steven Pinker em dizer que estamos em uma era iluminada sem precedentes, aos tuítes de Donald Trump de que "Há um incrível espírito otimista varrendo o país agora — estamos trazendo os EMPREGOS de volta!".

Estamos bastante acostumados com essa ideia de progresso. Tão acostumados, que alguns não conseguem imaginar qualquer outra coisa: Kaushik Basu, que foi o economista-chefe do Banco Mundial, previu recentemente que em 50 anos o PIB global crescerá à taxa de 20% ao ano, o que implica dizer que renda e consumo duplicarão a cada quatro anos.[5] Diariamente surgem mais ideias, mais músicas são cantadas, mais fotos tiradas, mais gols marcados, lê-se mais livros escolares, mais dinheiro é investido.

No entanto, há outras autoridades de quase tanta expressão quanto antigos economistas-chefe do Banco Mundial. O Papa Francisco, em sua marcante encíclica de 2015 sobre meio ambiente e pobreza, disse: "A Terra, nosso lar, começa a se parecer mais e mais com uma imensa pilha de sujeira." Não se considera que papas possuam autoridade suficiente no assunto? Veja isto: em novembro de 2017, 15 mil cientistas de 184 países emitiram uma severa "advertência à humanidade". Assim como Pinker, eles dispunham de gráficos, mas que descreviam tudo, do declínio da água doce por pessoa à disseminação de "zonas mortas" anaeróbias nos mares do mundo. Segundo os cientistas, em consequência disso, enfrentamos "miséria generalizada e perda catastrófica da biodiversidade"; em breve, eles acrescentaram, "será tarde demais para mudar o curso de nossa trajetória equivocada". (Em seis meses esse alerta já era o sexto mais discutido artigo acadêmico da história.)[6] Tais severas preocupações ganharam corpo o bastante para que um grupo financiado pela NASA criasse recentemente o programa Human and Nature Dynamics (HANDY), cuja proposta era criar um modelo baseado nas quedas do Império Romano, da dinastia Han e dos impérios Máuria e Gupta; e quando apertaram o botão, ele fez uma inquietante previsão: "A civilização industrial global pode colapsar em algumas décadas devido à exploração não sustentável dos recursos e da cada vez mais desigual distribuição de riqueza." (O fato de que eu nunca havia ouvido falar do Império Máuria me deu um arrepio na espinha.) Nesse modelo, a propósito, um dos maiores perigos veio de elites que se posicionaram contra a mudança com o argumento de que as coisas "até agora" estavam funcionando bem.[7]

Esse "até agora" é sempre o problema, como o homem caindo do arranha-céu descobriu. Se você quiser ficar aflito, pode encontrar muitas indicações de que o chão lá embaixo está se aproximando com uma velocidade desanimadora. Algo como um terço das terras do planeta encontram-se severamente degradadas, com "tendências de declínio persistente da produtividade", conforme um relatório de setembro de 2017.[8] Desequilibramos quase tudo: se pesarmos os animais vertebrados terrestres do planeta, os humanos representam 30% da massa total, e os animais que vivem em fazendas respondem por outros 67%, significando que os animais selvagens (todos os alces, guepardos e vombates combinados) totalizam apenas 3%.[9] Na verdade, *a população dos animais selvagens do planeta, hoje, corresponde à metade da existente em 1970*, um silenciar pavoroso e, principalmente, despercebido. Em 2018, os cientistas relataram que as maiores e mais antigas árvores do planeta estão morrendo rapidamente "na medida em que a mudança climática atrai novas pragas e doenças para as florestas". O baobá — árvore da vida, originária da África, em cuja sombra as primeiras pessoas caçavam e se reuniam — pode viver até 2,5 mil anos, mas cinco dos seis espécimes mais antigos do planeta morreram na última década.[10] Antes que o século chegue ao fim, a mudança climática pode liquidar os cedros do Líbano — saqueados por Gilgamesh, nome citado na Bíblia — à medida que a cobertura de neve desaparece e as moscas surgem mais cedo no calor.[11]

Até nossas arcas estão rachadas: como salvaguarda ante uma hipotética catástrofe, os agrônomos do mundo projetaram um Cofre Global de Sementes em uma montanha ártica, uma instalação inexpugnável na qual poderiam preservar um milhão de variedades de sementes que incluem tudo o que há de mais importante das culturas alimentares da Terra. Oito anos depois, ela se abriu durante o ano mais quente já registrado no planeta: a neve derreteu e uma chuva torrencial inundou o túnel de entrada e depois congelou. As sementes não foram danificadas, mas a confiança de haver construído uma fortaleza de duração indeterminável foi perdida. "Não estava em nossos planos pensar que o permafrost [o solo do ártico] não estaria lá e que se experimentaria um clima extremo como esse", disse um porta-voz do governo norueguês.[12] E, entretanto, nada nos faz diminuir o ritmo, bem ao contrário. De acordo com a maioria dos relatórios a respeito, usamos mais energia e recursos durante os últimos 35 anos do que em toda a história humana até então.[13] Em todas as suposições econômicas que nossos governos fazem sobre o futuro, é necessário duplicar o tamanho da economia novamente, e depois de novo, e a seguir mais uma vez, durante a vida das pessoas mais jovens no planeta. Então é difícil argumentar que o desempenho passado indica muito sobre o futuro — parece ser o mesmo jogo, mas está se desenrolando em campo novo.

Em parte, isso se dá porque o passado é muito curto. Nós somos a primeira espécie cuja autoconsciência é mais apurada, mas estamos tão vinculados à nossa própria narrativa, que raramente nos damos conta de quão curta nossa história realmente é. No cotidiano, esquecemos que, se considerássemos um dia de 24 horas como representativo dos bilhões de anos de vida na Terra, nossas civilizações estabelecidas começaram a cerca de um quinto de um segundo atrás.[14] Esse curto período abrange a domesticação do fogo, o desenvolvimento da linguagem, o surgimento da agricultura. Na escala de tempo de uma vida humana, esses eventos parecem ter demorado uma eternidade, mas na história geológica, ocuparam um piscar de olhos. E agora vemos mudanças (o desenvolvimento de armas nucleares, o surgimento da internet) que, em tempo real, modificam muitos de nossos pressupostos. Então, considerando que mesmo no curto espaço de tempo de nossa vida temos visto o rotineiro e muitas vezes repentino colapso de uma civilização após outra, tal fato pode nos dar uma pausa para lermos livros como *Colapso*, de Jared Diamondi, que nos deixam intrigados com suas histórias de calamidades passadas, da Groenlândia à Ilha de Páscoa.

Essas advertências, porém, de algum modo também parecem nos dar confiança, porque, afinal de contas, as coisas continuam a acontecer. Roma caiu e algo mais floresceu. O Crescente Fértil [uma área do Oriente Médio] virou um deserto, mas encontramos outros lugares para plantar nosso alimento. As histórias de admoestação sobre transcender nossos limites (a maçã no Éden, a Torre de Babel, Ícaro) parecem tolas para nós porque ainda estamos por aqui, e continuamos transcendendo um limite após o outro.

Às vezes, nos assustamos, mas isso dura um período, e depois esquecemos. À medida que a explosão do consumo no pós-guerra se espalhava por grande parte do planeta, por exemplo, o ambientalismo moderno também foi tomando forma, questionando se tal trajetória era sustentável. Esse movimento começou a ganhar relevância em 1972, com a publicação de um pequeno livro chamado *Limites do Crescimento*. Sem especificar precisamente como e quando, os autores desse livro, e os modelos computacionais que eles desenvolveram, previram que aquele nosso crescimento imprudentemente acelerado poderia, "em algum momento dos próximos 100 anos", colidir com vários limites naturais e que, sem uma mudança dramática, "o resultado mais provável será tanto um declínio populacional repentino e incontrolável quanto uma queda da capacidade industrial". Alternativamente, disseram eles, as nações do mundo poderiam "criar uma condição de estabilidade ecológica e econômica que fosse sustentável no futuro", uma tarefa que seria mais fácil se iniciada o mais breve possível.[15] Desnecessário dizer, não fizemos isso. Embora levemos mais ou menos a sério a questão ambiental, promulgando leis relativas à limpeza do ar e da água, nunca chegamos nem perto da seriedade no que diz respeito a mais crescimento. A caminho da cúpula ambientalmente inovadora — em tese — do Rio em 1992, o primeiro presidente Bush deu uma declaração que ficou famosa: "O estilo de vida norte-americano não é negociável"[16] e, como se vê, ele estava correto — e falando para grande parte do mundo. E até agora temos nos esquivado: mesmo enquanto continuamos acelerando, o jogo continua.

Então por que você deveria levar a sério meu medo de que o jogo, de fato, talvez esteja começando a desandar? A fonte de minha inquietação pode ser resumida em uma única palavra, uma palavra que será repetida regularmente neste livro: *alavancagem*. Nós somos simplesmente tão grandes, e nos movemos tão rápido, que cada decisão carrega consigo um enorme risco.

O colapso de Roma foi, claro, um evento de grande importância. Contudo, em extensas regiões do mundo nem se sabia, sequer, que *existia* um Império Romano, e muito menos que sua queda repercutiria *em toda parte*. Roma foi ao chão, e nem por isso maias, chineses e esquimós sentiram qualquer tremor. Já em um mundo interconectado, a situação é diferente. Ele oferece um certo tipo de estabilidade — digamos que em todos os países as pessoas podem ouvir os alertas dos cientistas sobre a iminente mudança climática —, mas elimina a defesa imposta pela distância. E o tamanho absoluto de nosso consumo significa que temos um enorme e diferente tipo de alavancagem — nenhum imperador romano poderia mudar o pH dos oceanos, mas nós conseguimos essa proeza em pouco tempo. E, finalmente, a nova escala de nosso alcance tecnológico amplia nosso poder de maneiras extraordinárias: muito deste livro é dedicado a examinar os poderes divinos provenientes do rápido aumento de velocidade da computação e de tudo o mais, da engenharia genética humana à inteligência artificial.

As coisas estão dando completamente errado e completamente certo, e com isso estamos pondo em risco o jogo humano. Como podemos ver, os humanos podem ser considerados agora uma espécie de força geológica destrutiva — a degradação rápida dos sistemas físicos do planeta, algo ainda teórico quando escrevi *O Fim da Natureza*, está hoje em pleno andamento. Na realidade, ela é muito mais avançada do que a maioria das pessoas percebe. Em 2015, no Acordo de Paris, os governos do mundo estabeleceram como meta manter os aumentos de temperatura em 1,5 °C e, no mínimo, abaixo de 2 °C; no outono de 2018, o Painel Intergovernamental sobre Mudanças Climáticas (IPCC, na sigla em inglês) informou que poderíamos ultrapassar a marca de 1,5 °C até 2030. Ou seja, traçamos uma linha na areia para depois ver a maré alta apagá-la em uma década e meia.

Simultaneamente, os humanos se constituem em uma enorme força *criativa*, de um jeito que ameaça o jogo humano por meio não da destruição, mas da substituição. Robôs não são apenas mais uma tecnologia, e a inteligência artificial não é só um aprimoramento do tipo telhas com revestimento asfáltico. Eles são uma tecnologia de substituição, e a obsolescência pode muito bem nos escolher como alvo. Se não fôssemos humanos, o jogo humano não faria sentido.

No que se refere à nossa curta carreira como espécie, houve na história da humanidade altos e baixos, imobilidade e corrida em disparada, estagnação e florescimento. Somente agora, no entanto, acumulamos alavancagem suficiente para provocar seu fim, seja por descuido, seja pelo "design". Como uma equipe de cientistas apontou recentemente na *Nature*, as mudanças físicas que estamos atualmente causando pelo aquecimento do clima "se ampliarão mais do que toda a história da civilização humana até agora".[17] E como o historiador e futurólogo israelense Yuval Harari escreveu recentemente: "Uma vez que a tecnologia nos permite reelaborar a engenharia da mente humana, o *Homo sapiens* desaparecerá, a história humana terá um fim e um processo completamente novo se iniciará, o qual pessoas como você e eu não podemos compreender."[18] Isso é o mesmo que dizer que o jogo que temos para jogar pode terminar não com um estrondo ou um gemido de dor, mas com o borbulhar dos oceanos em constante elevação e o bipe suave de algum futuro digital surgindo. A alavancagem desmedida é de tal modo crucial porque, pela primeira vez, ameaça cortar nossas próprias linhas de retirada. Quando Roma caiu, havia outra coisa lá. Nós tínhamos, parodiando o pinball, talvez o mais deliciosamente inútil dos jogos, outra bolinha prateada, outra chance. Todavia, as mudanças atuais pelas quais passamos são tão imensas, que chegam a abalar a própria máquina, que emudece, incapaz de registrar sonoramente cada ponto conquistado. E, como sabemos, devido à radical desigualdade que permitimos existir em nossa sociedade, as principais decisões foram e serão feitas por alguns seres humanos em alguns lugares: executivos de empresas petrolíferas em Houston, digamos, e magnatas da tecnologia no Vale do Silício e Xangai. Pessoas em particular, em lugares em particular, em um particular momento no tempo, adeptas de uma particular inclinação filosófica: isso é amontoar alavancagem em cima de alavancagem. E a habilidade deles em distorcer nossas políticas com sua riqueza é mais uma camada de alavancagem. Eis aí algo que me assusta.

E me assusta apesar da não perfeição do jogo humano — na verdade, ninguém sai dele vivo ou sem tristeza e perda. Para muitas pessoas, é muito mais trágico do que precisa ser — de fato, é lamentável, frequentemente porque suas regras foram manipuladas para favorecer alguns em detrimento de outros. Caso eu esteja entre os mais sortudos, o jogo pode parecer mais atraente para mim do que para outros. E talvez a perda não seja sentida de forma tão lancinante por aqueles nascendo agora: certamente não lamentarão a ausência de coisas que desconheciam, assim como nos sentimos em relação à perda dos dinossauros. Se você ampliar o ângulo de observação o suficiente, é possível ser filosófico sobre qualquer coisa — afinal, o Sol um dia explodirá. Mas isso é mais filosofia do que posso administrar; para mim e para muitos outros, a perda neste jogo é a mais concebível das tragédias, se é que de fato podemos conceber algo de tamanha magnitude.

E, portanto, vamos lutar — alguns de nós já estão fazendo isso. Creio haver algumas saídas, mesmo que as chances de sucesso não sejam das melhores. O êxito depende de mudanças reais no modo de pensar de ambos, conservadores e progressistas. (Conservadores, estranhamente, tendem a não se preocupar com conservação; progressistas, por sua vez, tendem a pensar que todo progresso é bom.) Mas se aquelas mudanças ocorrerem rápido o suficiente, o jogo poderia continuar: cientistas estimam que 5 bilhões de anos nos separam da transformação do Sol em uma gigante vermelha que se expandirá até a órbita da Terra. Eu não sou nem otimista nem pessimista, apenas realista — o suficiente para saber que o engajamento é nossa única chance.

Eu disse antes que o jogo humano não tem regras nem fim, mas há nele dois imperativos lógicos. O primeiro é que ele seja recorrente, e o segundo, que não perca sua humanidade.

2

Uma visita à sucursal do inferno: é a sensação que se tem ao trafegar pelas estradas de um canto do vasto complexo de areias betuminosas de Alberta, no Canadá. Ali se encontra, talvez, o maior complexo industrial do planeta — a maior barragem sobre a superfície da Terra retém uma das muitas "lagoas" de betume, onde o lodo das minas se mistura com água e produtos químicos tóxicos em um caldo negro. Canhões disparam dia e noite, servindo de espantalhos para assustar as aves que, se pousassem na água imunda, com certeza morreriam. Se ouvir o estrondo das armas e as histórias dos habitantes originais da área, cuja floresta foi retalhada para dar espaço às minas, você compreende que está em uma zona de guerra. Os exércitos são convocados pelos Koch (os maiores arrendatários das areias betuminosas), pela ConocoPhillips, pela PetroChina e pelos demais, e o inimigo deles é tudo aquilo que for selvagem e sagrado. E eles estão vencendo.

Dificilmente dá para imaginar algo mais hediondo que o vandalismo sofrido pelo mundo natural e humano que assola aquela região. Passei anos trabalhando para acabar com aquilo, e meus esforços têm sido pequenos em comparação com a luta interminável da população local. Apesar de seu gigantismo, essa cicatriz, em si mesma, não representa uma ameaça real para o jogo humano. A Terra não é ilimitada, mas é muito grande, e se observada em perspectiva, até mesmo essa ferida (simplesmente a visão mais feia que já testemunhei em toda uma vida de viajar pelo planeta) é engolida pela vastidão da floresta boreal do Canadá, e esta pela vastidão da América do Norte, que por sua vez se esconde na vastidão do hemisfério.

Da mesma forma, despertar em Delhi hoje em dia é despertar em um purgatório cinzento, sombrio. O barulho e o cheiro de uma das cidades mais populosas do planeta é uma constante, mas em alguns dias a poluição se torna tão densa, que não se pode distinguir o que há no final do quarteirão. Andando pela calçada, você parece estar quase sozinho, e o barulho da cidade parece ser provocado por fantasmas. Quando o ar está em seu pior momento, e a fumaça da queima dos restolhos nas fazendas da região mistura-se à do escapamento de carros e ônibus e à dos fogões a lenha da cozinha das favelas, respirar é quase insuportável. Em um recente surto, as companhias aéreas suspenderam seus voos para Delhi porque a pista não era visível, os carros começaram a bater uns nos outros nas estradas, e os trens da cidade deixaram de circular devido à baixa visibilidade. Imagine o quão péssima é a qualidade do ar para que seja necessário interromper as viagens de trem, que correm sobre trilhos. No mês seguinte, em um grande jogo internacional de críquete, com o nível da poluição 15 vezes maior que o padrão global de segurança, os jogadores começaram "a vomitar sem parar". Após 20 minutos de paralisação, o árbitro disse: "Não há muitas regras referentes à poluição."[1]

A poluição do ar de Delhi talvez seja atualmente a pior do mundo, superando até mesmo a malfadada fumaça de cidades chinesas nas quais as autoridades instalaram telas de LED gigantes para mostrar um vídeo do nascer do sol. Ou, quem sabe, Lahore, no Paquistão, mereça a coroa: o material particulado lá não raro atinge 30 vezes o nível seguro, produzindo uma neblina marrom que levou um jornalista a defini-la como uma "sala de espera enorme de fumantes em um aeroporto".[2] Autoridades asiáticas rotineiramente suspendem as aulas devido à péssima qualidade do ar, porém, como na maioria dos lares não há filtros, isso não ajuda muito. Um estudo em grande escala descobriu que das 4,4 milhões de crianças em Delhi, metade tinha danos pulmonares irreversíveis decorrentes do ar ruim.[3] Em todo o mundo, a poluição mata 9 milhões de pessoas por ano, muito mais do que AIDS, malária, tuberculose e guerra juntas.[4] Nos piores anos, um terço das mortes na China podem ser imputadas à poluição do ar, algo que em 2030 pode ocasionar 100 milhões de vítimas em todo o mundo.[5]

Isso é doentio, triste, desnecessário — a maior crise de saúde pública do planeta. E, no entanto, nem mesmo representa uma ameaça *existencial* para o jogo humano. Enquanto a devastação das areias betuminosas é limitada no espaço, essa agressão é limitada em termos de tempo. É um problema que pode e será resolvido, bem devagar, e com muita angústia humana, mas essa é a lição de Londres, Los Angeles e até de Pequim, que começou, hesitante, a limpar seu ar.

A lista de problemas ambientais severos só cresce: zonas mortas nos oceanos, para onde escoam rios de adubos químicos provenientes das fazendas, junto de camadas insubstituíveis de solo arável; grandes espirais de resíduos plásticos rodopiando nos mares; subúrbios se alastrando para terras agrícolas, e estas invadindo florestas tropicais; lençóis freáticos sendo comprometidos pelo excesso de extração de água dos aquíferos. Questões como essas requerem, e até mesmo monopolizam, nossa atenção, pois as ameaças que representam são severas e prementes. E, não obstante, pode-se imaginar que sobreviveremos como espécie, empobrecida em muitas maneiras, mas não ameaçada quanto à existência básica. Pessoas, e outras criaturas, terão sua dignidade roubada — tudo isso são sinais de um jogo que, apesar de mal jogado, continua em ação.

Entretanto, nem toda ameaça é assim. Há uma pequena categoria (uma lista com três itens) de ameaças físicas tão diferentes em quantidade, que se tornam diferentes em qualidade, cujos efeitos são tão abrangentes que não podemos confiar que nossas civilizações sobrevivam a elas quase intactas. Uma é a guerra nuclear em larga escala. Vale sempre a pena recordar as palavras de J. Robert Oppenheimer enquanto presenciava o primeiro teste da bomba atômica, citando as escrituras hindus: "Agora me tornei a Morte, a destruidora de mundos." Até agora, os esforços internacionais para evitar uma guerra atômica, malgrado sua improvisação e pouca consistência, têm funcionado a contento. Realmente, durante a maior parte dos últimos 50 anos, essas salvaguardas, formais e informais, pareciam se fortalecer. O fato de termos, de novo, pesadelos nucleares é principalmente uma comprovação da infantilidade do presidente Trump e de seu colega na Coreia do Norte — eles parecem estar praticamente sozinhos em não entender "por que não podemos usá-las".

Ocupa o segundo lugar nessa lista de ameaças o pequeno grupo de produtos químicos que, bem a tempo, os cientistas descobriram estar corroendo a camada de ozônio, um escudo protetor que 99% de nós nem mesmo sabíamos que existia. Se eles não tivessem soado o alarme, estaríamos caminhando às cegas à beira do penhasco — em muitos casos literalmente, na medida em que a catarata [doença ocular] é um dos sintomas mais comuns da exposição à radiação ultravioleta que a camada de ozônio bloqueia. Em uma década após a descoberta, as empresas químicas abandonaram sua postura de obstrução, e o Protocolo de Montreal começou a remover os clorofluorcarbonos da atmosfera. O crescimento do buraco na camada de ozônio sobre a Antártica agora é menor a cada década, e os cientistas esperam que isso esteja totalmente sanado até 2060.

E o terceiro, claro, é a mudança climática, talvez o maior de todos esses desafios, e certamente aquele contra o qual menos temos feito. Pode não ser bem o final do jogo, mas parece estar aí para, pelo menos, redesenhar por completo o tabuleiro no qual o jogo é jogado, e de maneiras mais profundas do que quase todos imaginam agora. O planeta, em termos de habitabilidade, literalmente começou a encolher, algo novo que será a grande história de nosso século.

*M*udança climática tornou-se um termo tão familiar, que tendemos a considerá-lo como parte integrante de nosso "mobiliário" mental, tal como *expansão urbana* ou *violência armada*. Então lembremos exatamente do que se trata, porque é um fenômeno que deveria nos causar assombro; é de longe a maior coisa que os humanos já fizeram. Aqueles entre nós que integram as classes consumidoras de combustível fóssil têm, ao longo dos últimos 200 anos, desenterrado e queimado imensas quantidades de carvão, gás e petróleo: em motores de automóveis, caldeiras no porão, usinas de energia, siderúrgicas. Ao queimá-los, os átomos de carbono se combinam com os átomos do oxigênio presente no ar para produzir dióxido de carbono. A estrutura molecular do dióxido de carbono retém o calor que, de outra forma, seria irradiado de volta à atmosfera. Em outras palavras, mudamos o balanço energético do planeta, a quantidade de calor do Sol que é devolvido ao espaço. Em essência, as enormes quantidades de combustível fóssil que queimamos têm mudado a maneira como o mundo funciona.

O problema está na escala dessa mudança. Se queimássemos apenas um pouco de combustível fóssil, não haveria, praticamente, qualquer consequência. Mas temos feito isso o suficiente para fazer crescer a concentração de dióxido de carbono na atmosfera de 275 partes por milhão para 400 partes por milhão ao longo de 200 anos. E caminhamos, se nada mudar, para 700 partes por milhão ou mais. Já que nenhum de nós sabe o que é uma "parte por milhão", deixe-me colocar de outra maneira. O calor extra que retemos perto do planeta devido ao dióxido de carbono que expelimos é equivalente ao calor de 400 mil bombas do tamanho daquela de Hiroshima explodindo todos os dias, ou quatro a cada segundo.[6] Como veremos, essa extraordinária quantidade de calor está causando enormes mudanças, mas por ora não se preocupe com os efeitos, apenas maravilhe-se com a magnitude: o carbono extra liberado até o momento, se pudesse ser posto em um só lugar, formaria uma coluna de grafite sólida com 25 metros de diâmetro que se estenderia daqui até a lua.[7] Há talvez quatro outros episódios nos 4,5 bilhões de anos da história terrestre nos quais o dióxido de carbono vazou para a atmosfera em maiores volumes, mas nunca tão velozmente — neste exato instante, jogamos cerca de 40 bilhões de toneladas para a atmosfera anualmente. Mesmo durante os momentos dramáticos do final da Era Permiana, quando a maior parte da vida foi extinta, o total de dióxido de carbono contido na atmosfera cresceu em talvez 1/10 do ritmo atual.[8]

As consequências estão à vista, e já são extraordinárias. Nos 30 anos em que tenho me ocupado com essa crise, passamos pelos 20 anos mais quentes já registrados. Até agora, temos aquecido a Terra em aproximadamente 1,1

°C, o que o *New York Times*, em uma obra-prima do eufemismo, descreveu como "um grande número para a superfície de um planeta inteiro".⁹ Essa é a maior realização da humanidade e, na verdade, o maior feito que qualquer espécie já fez em nosso planeta, ao menos desde 2 bilhões de anos atrás, quando cianobactérias (algas verde-azuladas) inundaram a atmosfera com oxigênio, eliminando grande parte do resto da vida primitiva do planeta. "Mais rápido que o esperado" é a palavra de ordem dos cientistas do clima — os danos causados às calotas polares e aos oceanos que os cientistas (conservadores por natureza) haviam previsto para o final do século ocorreram décadas mais cedo. "Nunca estive em uma conferência sobre o clima na qual as pessoas disseram 'isso aconteceu mais devagar do que eu pensava'", observou, na primavera de 2018, um especialista em assuntos relacionados aos polos terrestres.¹⁰ Mais ou menos na mesma época, uma equipe de economistas relatou que havia cerca de 35% de chance de que o "pior cenário" previsto pelas Nações Unidas para o aquecimento global fosse de fato muito otimista.¹¹ Em janeiro de 2019, os cientistas concluíram que os oceanos da Terra estavam aquecendo 40% mais rápido do que se acreditava até então.

Na primavera de 2017, após os dados finais terem demonstrado que no ano anterior haviam sido quebrados todos os recordes de temperaturas elevadas, o diretor da Organização Meteorológica Mundial declarou: "Agora estamos realmente em território desconhecido."¹² Sua fala era literal, não metafórica — *nós estávamos fora do padrão usual*. Naquele verão, houve um furacão no Atlântico bem a leste, onde uma tempestade desse tipo nunca havia sido vista antes. Em vez de assolar o México, a Louisiana e a Flórida, concentrou sua fúria na Irlanda e na Escócia. Quando a Administração Nacional Oceânica e Atmosférica dos EUA [NOAA, na sigla em inglês] publicou sua previsão de tempestades em seus mapas informatizados, a imagem era estranha: o cone de vento parava abruptamente em uma linha reta na latitude de 60° norte — porque, veja só, não havia ocorrido a ninguém que programava os modelos de previsão que um furacão poderia alcançar aquela linha. "Esse é um local bastante incomum para a ocorrência de um ciclone tropical", disse o programador. "Talvez isso seja algo que teremos de revisitar e do qual teremos de rever os limites."¹³ É, talvez sim.

Se você estiver andando por aí e der um empurrão em um homem bastante robusto, não acontece muita coisa a ele (a menos que ele fique bravo com sua atitude). Quando a era do aquecimento global começou, não sabíamos o quão forte era o planeta — possivelmente seus sistemas tolerariam muita pressão sem muita mudança. Afinal de contas, a Terra parece um lugar robusto: suas camadas de gelo têm quilômetros de espessura, e seus oceanos, outro tanto de profundidade. Mas a lição dos últimos 30 anos é inequívoca: o planeta é, na verdade, sutilmente equilibrado, e o empurrão que demos o abalou. Olhemos, durante um longo e estendido minuto, o que tem ocorrido até aqui, tendo em mente que ainda estamos nos estágios iniciais do aquecimento global e que as coisas inevitavelmente caminharão de mal a pior e continuarão por esse rumo.

Considere algo bastante simples: a hidrologia do planeta, a maneira como a água surge e circula pelo mundo. O vapor de água sobe da superfície da terra e do oceano, e depois cai como chuva e neve, uma bomba em funcionamento ininterrupto que mantém esse fluido vital em constante movimento. Porém, aumentar a quantidade de calor (de energia) no sistema é como girar o dial de uma máquina para a direita, fazendo-a trabalhar mais. A evaporação aumenta quando a temperatura sobe, elevando a aridez. Nós chamamos esse fenômeno de seca, e agora a vemos em toda parte. A Cidade do Cabo, um dos mais bonitos centros urbanos do mundo, chegou perto de enfrentar uma completa falta de água em 2018. Seus 4 milhões de habitantes conviveram com um racionamento que destinava cerca de 90 litros/dia por pessoa, o suficiente para um banho, contanto que você não quisesse beber parte dela ou dar a descarga no vaso sanitário. A razão do racionamento? Ao contrário dos cálculos pragmáticos dos cientistas, que, com base na história passada, indicam um período de três anos de seca a cada milênio,[14] não foi bem assim. Isso porque é evidente que a frase "com base na história passada" já não faz mais sentido, uma vez que a história foi acontecendo no que era essencialmente um planeta diferente, com uma diferente química atmosférica.

É por isso que há versões da história da Cidade do Cabo em todos os continentes. Há alguns anos, em boa parte da região metropolitana de São Paulo, lar de 20 milhões de brasileiros, abrir as torneiras era um ato inútil. Bangalore pode ser a maior cidade em termos de alta tecnologia entre os países em desenvolvimento, com quase 2 milhões de profissionais de TI, mas também enfrentou secas em cada ano desde 2012.[15] O Vale do Rio Pó é o centro agrícola da Itália — 35% das colheitas do país vêm de lá —, mas sua temperatura média é cerca de 2,2 °C mais elevada do que a de 1960, e a precipitação pluviométrica caiu 20%. Assim, no verão de 2017, uma enorme seca forçou as autoridades locais a racionar a água. Uma delas declarou: "A planície do Pó costumava ser extraordinariamente rica em água, e, portanto, nos acostumamos a uma situação em que a água estava sempre disponível."[16] A maior parte da Itália foi afetada — Roma desligou sua rede de bebedouros públicos, a maior do mundo, e o Vaticano fez o mesmo com as fontes barrocas da Praça de São Pedro. Mas nada disso foi suficiente — em setembro, a nascente do Pó, em Monviso, nos Alpes Cócios, estava seca.[17] A nascente do Pó foi mencionada nas obras literárias de Petrarca, Chaucer e Dante. Mas eles viveram em um planeta com 40% a menos de dióxido de carbono.

Conforme a terra vai secando, é comum a ocorrência de queimadas. Cada vez mais os humanos têm convertido florestas em terras agrícolas, o que reduz o número de incêndios em geral,[18] mas onde houver algo para queimar, o fogo se tornou um tipo diferente de ameaça. Jerry Williams, ex-bombeiro chefe do Serviço Florestal dos EUA, disse em uma conferência há pouco tempo: "Minha primeira experiência com um incêndio realmente inimaginável foi no norte da Califórnia no final de agosto em 1987", quando as labaredas eclodiram em vários pontos simultaneamente. "Eu me lembro de dizer: 'Deus do céu, nunca mais veremos algo assim', e no ano seguinte vimos Yellowstone." Agora, ele disse: "Parece que todos os anos veremos algo pior. E no ano que vem, um pior ainda. Não há limites."[19] Como Michael Kodas relata em seu recente livro, *Megafire*, a temporada de incêndios é, em média, 78 dias mais longa em todo o oeste norte-americano do que era em 1970, e em algumas partes, praticamente nunca termina; desde 2000, mais de uma dúzia de estados dos EUA relataram os maiores incêndios florestais já registrados.[20] Temos conhecimento desses incêndios porque lá havia repórteres por perto e as populações urbanas sentiram o cheiro da fumaça, porém, há também vastas áreas cobertas por chamas quase que toda primavera e verão na Sibéria que só podemos observar com fotos tiradas por satélite. Na verdade, já é possível notar o ciclo óbvio de um perigo global: seca prolongada, em seguida uma onda recorde de calor, e depois uma faísca. Na Austrália, o Índice de Perigo de Incêndio Florestal McArthur costumava ultrapassar os 100, mas em 2009 chegou a 165 após um mês de calor recorde e das menores chuvas já mensuradas; 173 pessoas morreram em um incêndio que alcançou os subúrbios.[21] Em 2016, a cidade no centro do complexo de areias betuminosas de Alberta, Fort McMurray, teve de ser evacuada depois que a neve acumulada deu lugar a uma onda de calor da primavera. Logo em seguida, ocorreu um incêndio cujas chamas se espalharam por 6 mil km^2, ameaçando cerca de 88 mil moradores.[22] Em 2018, na Ática, no coração da Grécia clássica, 80 pessoas morreram vitimadas por uma tempestade de fogo deflagrada em meio a uma forte e recordista onda de calor; só sobreviveu a ela quem mergulhou no Mar Egeu, com "as chamas queimando suas costas". Duas dúzias de pessoas que não conseguiram chegar à praia apenas formaram um círculo e se abraçaram enquanto morriam.[23]

Às vezes os humanos causam incêndios — faíscas de tacos de golfe que atingem as rochas deram início a vários incêndios no sul da Califórnia. Em Utah, praticantes de tiro ao alvo conseguiram provocar 20 deles durante a estiagem de 2012.[24] Em um sentido mais profundo, entretanto, os humanos ajudam a iniciar todos eles: cada 0,55 °C com que aquecemos o planeta aumenta o número de raios em 7%,[25] e os incêndios em nosso novo mundo quente e seco, quando irrompem, são praticamente impossíveis de combater. Essa profusão de chamas "forma uma nova categoria de incêndio", escreve Kodas, "cujo comportamento raramente era visto pelos engenheiros florestais ou bombeiros. Essas labaredas infernais podem lançar petardos de fogo a quilômetros de distância do foco original, incendiando florestas e comunidades nunca antes atingidas por tal calamidade. Os incêndios criam seus próprios sistemas climáticos, com tornados de fogo rodopiando no ar, saturando o céu com pirocúmulos, nuvens particularmente secas que atingem o chão com relâmpagos que iniciam novos focos de incêndio e, com os ventos resultantes, expulsam os aviões de combate ao fogo". Eles "não podem ser controlados por nenhum dos recursos hoje disponíveis em qualquer parte do mundo", disse um pesquisador australiano.[26]

E quanto à devastação que eles deixam em seu rastro — bem, você viu as fileiras de casas incendiadas no seu feed de notícias do Facebook. Imagine, no entanto, todas as demais consequências. Na primavera de 2017, passada a obrigatória seca profunda e o recorde de calor, o estado de Kansas sofreu o maior incêndio florestal de sua história. As casas pelo caminho não eram muitas, mas havia uma série enorme de cercas de arame farpado, e todos aqueles mourões de madeira se transformaram em tocos carbonizados. Uma cerca nova custa mais de US$6 mil cada mil metros, e em muitas fazendas isso significava uns US$2 milhões ou mais em perdas não seguradas. Em pior situação estava o gado: em uma fazenda nos arredores de Ashland, "dezenas de bovinos Angus jaziam mortos no chão enegrecido, suas patas esticadas e enrijecidas. Outros ziguezagueavam como brinquedos quebrados, incapazes de ver ou respirar, a pele negra e os olhos escuros queimados, as etiquetas de identificação de plástico derretidas em suas orelhas", descreveu o *New York Times*. Um fazendeiro de 69 anos circulava entre eles com um rifle. "Eles são mansos", disse ele. "Eles nos reconhecem. Nós os reconhecemos. A gente acaba de pensar: 'Poxa, sinto muito', acha que acabou, e no dia seguinte tem que atirar em mais alguns."[27]

Aquela máquina de bombear global que descrevi não apenas suga a água; ela também a expele de volta. Uma regra prática é: para cada seca, uma inundação. Ocasionalmente, ambas ocorrem nos mesmos lugares com alguns meses de diferença, porém, há uma outra regra prática: lugares secos ficam mais secos, e lugares úmidos, mais úmidos.

A temperatura do oceano subiu cerca de 0,55 °C ao largo da costa do Texas nos últimos anos, o que significa, em média, de 3% a 5% a mais de água na atmosfera.[28] E quando o furacão Harvey vagava pelo Golfo em agosto de 2017, cruzou pelo caminho com um volumoso turbilhão de ventos particularmente quentes, transformando-se em uma tempestade de categoria 4 "em uma velocidade quase recorde". Mas não foram os ventos que o igualaram ao Katrina como a tempestade economicamente mais prejudicial da história dos EUA; foi a chuva que caiu a cântaros, em quantidade capaz de encher estádios de futebol americano. Quase 130 trilhões de litros, o suficiente para encher 26 mil New Orleans Superdomes. São cerca de 127 bilhões de toneladas, peso capaz de afundar o solo de Houston em alguns centímetros. Em alguns lugares, a chuva chegava a 25 centímetros, de longe a maior tempestade da história do país. "A chuva do Harvey em Houston era 'bíblica' no sentido de que provavelmente ocorreu uma vez desde que o Antigo Testamento foi escrito", concluiu um estudo.[29] Pelo fato de que estamos aquecendo a atmosfera, as chances de uma tempestade com esse volume pluviométrico no Texas cresceram 6 vezes nos últimos 25 anos.[30] Três meses após a tempestade, outro estudo descobriu que a precipitação era 40% maior do que a que teria ocorrido em uma tempestade similar antes de termos elevado os níveis de dióxido de carbono na atmosfera.[31] Quando o furacão Florence atingiu os estados da Carolina do Norte e Carolina do Sul em setembro de 2018, foi estabelecido um novo recorde de chuvas na Costa Leste — a tempestade despejou o equivalente a toda a água da Baía de Chesapeake.[32]

Isso não acontece apenas em Houston. Em Calcutá, lar de 14 milhões de pessoas — ninguém ali é um barão do petróleo, e um terço reside em favelas sujeitas a alagamentos —, o número de dias com fortes aguaceiros triplicou nas últimas cinco décadas. "É isto que dizemos a Deus", disse uma mãe de quatro filhos que vive em um barraco improvisado em uma calçada: "Se cair uma tempestade, mate a gente na hora para que ninguém fique para sofrer."[33] No nordeste dos Estados Unidos, no interior de Vermont, onde moro, notamos que precipitações intensas (50mm ou mais em 24 horas) ficaram 53% mais comuns desde 1996.[34] (Veja bem: desde *1996*, quando o primeiro celular de flip foi vendido). Essa água toda encharca tudo o que construímos nos últimos séculos — uma pesquisa de 2018 do *New York Times* revelou que 2,5 mil dos locais de armazenamento de produtos químicos tóxicos dos EUA encontram-se em áreas propensas a inundações.³⁵ O furacão Harvey, por exemplo, alagou uma fábrica da qual foram derramadas quantidades enormes de soda cáustica. Na prática, colocamos o planeta em uma esteira e continuamos aumentando a velocidade. Estamos acostumados com a ideia de que a história geológica se desenrola ao longo de infinitas eras a um ritmo glacial, mas isso não vale quando se está subvertendo as regras.

Na verdade, talvez *esteja* ocorrendo em um ritmo glacial, só que "glacial" significa algo diferente agora. A liberação do calor equivalente a 400 mil bombas de Hiroshima está derretendo as camadas de gelo a uma velocidade espantosa. Grande parte do mar de gelo que cobria o Ártico nas primeiras fotografias tiradas do espaço já desapareceu — vista à distância, a Terra parece muito, mas muito diferente. Todo gelo está derretendo. Alguns anos atrás, David Breashears, montanhista e cineasta, levou sua câmera para o Himalaia para retomar as primeiras imagens enviadas do topo do mundo durante a expedição Mallory de 1924. Ele passou dias escalando os mesmos penhascos e filmando as mesmas geleiras dos mesmos ângulos. Só que agora a altura delas era quase 100 metros menor — o equivalente a uma Estátua da Liberdade. E uma vez que o gelo começa a derreter, é difícil retardar o processo. Um estudo de 2018 concluiu que mesmo se deixássemos de emitir todos os gases de efeito estufa hoje, mais de um terço das geleiras do planeta derreteria de qualquer maneira nas próximas décadas.³⁶

No momento, porém, não pense no futuro. Basta pensar sobre o que fizemos até agora, nos estágios iniciais dessa significativa transformação. A mudança climática custa atualmente à economia dos EUA cerca de US$240 bilhões por ano,³⁷ e ao mundo, US$1,2 trilhão anualmente, consumindo 1,6% do PIB anual do planeta.³⁸ Ainda não é muito — em termos planetários, somos ricos o bastante para que isso não altere profundamente o jogo como um todo —, mas observe o que ocorre em certos lugares: Porto Rico, digamos, depois que o furacão Maria o assolou de ponta a ponta com ventos de categoria 5. Foi o pior desastre natural em um século nos Estados Unidos — na primavera de 2018, um estudo de Harvard estimou que quase 5 mil pessoas faleceram, o dobro do número de mortes do Katrina.³⁹ O dano econômico incorrido continuaria a comprometer a vida das pessoas por anos: o custo total chegou a US$90 bilhões, para uma ilha cujo PIB pré-tempestade era de US$100 bilhões por ano. Economistas calcularam que levaria 26 anos para a economia local voltar ao ponto em que estivera no dia anterior ao da tempestade⁴⁰ — se, é claro, não houvesse outro furacão nesse meio-tempo.

Ou volte sua atenção para as pessoas que vivem tão perto da marginalidade social, que pequenas mudanças fazem uma enorme diferença. Comentei anteriormente que ocorreu um declínio constante na pobreza extrema e na fome. "Nosso problema não é haver poucas calorias, mas muitas", escreveu Steven Pinker, presunçosamente.[41] Mas no final de 2017, uma agência da ONU anunciou que, após uma década de declínio, o número de seres humanos desnutridos começou a crescer novamente em 38 milhões, chegando a um total de 815 milhões, "em grande parte devido à proliferação de conflitos violentos e choques climáticos".[42] Em junho de 2018, os pesquisadores notaram o mesmo e triste aspecto com relação ao trabalho infantil: depois de anos de queda, também estava em ascensão, com 152 milhões de crianças trabalhando, "em decorrência de um aumento nos conflitos e desastres provocados pelo clima".[43]

Esses "conflitos" também estão cada vez mais relacionados aos danos que causamos ao clima. Até agora, é consensual que a seca recorde ajudou a desestabilizar a Síria, desencadeando o conflito que levou um milhão de refugiados a se espalhar pela Europa e ajudou a envenenar a política do Ocidente. (E um estudo do Banco Mundial de 2018 previu que mais mudanças climáticas deslocariam até *143 milhões* de pessoas da África, Ásia Meridional e América Latina até 2050. Os autores tiveram o capricho de exortar as cidades a "preparar infraestrutura, serviços sociais e oportunidades de emprego antes do influxo de gente".)[44] Mas há uma centena de exemplos menores. No topo do Monte Quênia, dois terços da cobertura de gelo desapareceram; 10 das 18 geleiras que uma vez serviram como fonte de irrigação da região circundante desapareceram completamente. Os pastores, cujos pastos estão se transformando em pó, começaram a conduzir seu rebanho para terras de cultivo mais próximas da montanha. "Nossas vacas não tinham nada para comer", explicou um homem. "Você deixaria sua vaca morrer se houvesse grama em algum lugar por perto?" Os fazendeiros que cultivam aquela terra (tradicionalmente de diferentes grupos étnicos) defenderam seu território, e pessoas morreram. "Não durmo há dois dias", disse um fazendeiro. "Se eu dormir, eles trarão suas vacas e as deixarão soltas em nossas fazendas. Eles ficam à espreita, esperando que a gente durma para trazer suas vacas e cabras e alimentá-las com nossos repolhos e milho."[45] Há estudos que tentam quantificar essas mudanças — um aumento do desvio-padrão na temperatura supostamente eleva em até 14% os conflitos entre os grupos[46]—, mas dificilmente se precisa deles, basta o bom senso. O planeta está lotado. Quando começamos a mudá-lo, as pessoas se adensam. Nós sabemos o que acontece a seguir.

Havia uma esperança, 30 anos atrás, de que o aquecimento global poderia, de alguma forma, ser abrandado, de que o aumento da temperatura pudesse desencadear alguma outra mudança climática que resfriaria o planeta. Nuvens, talvez: conforme a atmosfera se tornasse úmida com o aumento da evaporação, mais nuvens se formariam, bloqueando em parte os raios solares. Ledo engano. Na verdade, os tipos de nuvens que estamos produzindo em um planeta mais quente parecem reter ainda mais calor, piorando a situação.[47]

Todos os tipos de sistemas terrestres emitem sinais similares aos que acabo de relatar, indicando que o problema está pior, não melhor. Ao derreter no Ártico, o gelo, branco que é, deixa de refletir os raios do Sol, impedindo-os de voltar ao espaço: um espelho brilhante é substituído pela água do mar, de um azul fosco que absorve o calor do Sol. A temperatura da superfície do oceano subiu aproximadamente 3,8 °C nos últimos anos em certas regiões do Ártico.[48] O gelo preso abaixo do solo, no Ártico, agora começa a derreter rápido, e à medida que o permafrost descongela, micróbios convertem alguns dos materiais orgânicos congelados em metano e dióxido de carbono, causando ainda mais aquecimento — talvez o suficiente, dizem os cientistas, para adicionar uns 0,8 °C ou mais no eventual aquecimento.[49]

Novos estudos também mostram que a degradação de florestas tropicais, proveniente de incêndios florestais, seca e extração seletiva de madeira, as transformou de sumidouros de carbono em fontes de mais dióxido de carbono. Essa transição é deveras importante. Quando os economistas zombavam de livros como *Os Limites do Crescimento*, insistindo que a escassez e os preços mais altos resultantes estimulariam a busca por novas fontes de recursos, eles tinham razão: não ficamos sem cobre, e o petróleo obviamente continua fluindo. No entanto, e os locais para depositar nossos resíduos? Trata-se de algo cada vez mais difícil, pois o aumento da temperatura enfraquece a capacidade das florestas e dos oceanos de absorver carbono. Caso o enfraquecimento continue, observou o *New York Times*, "o resultado seria algo semelhante aos lixeiros entrando em greve, mas em grande escala: a quantidade de dióxido de carbono na atmosfera subiria mais rápido, acelerando o aquecimento global até mesmo além de sua taxa atual".[50] É isso que parece estar acontecendo. Mesmo que nossas emissões cresçam mais lentamente, a quantidade de dióxido de carbono na atmosfera continua se elevando rapidamente.

Mas, novamente, não fiquemos à frente da história. Por ora, vamos nos concentrar apenas no que já fizemos, no quanto já mudamos nosso mundo. Considere a Califórnia, o chamado Estado Dourado, por muito tempo a imagem idílica do futuro humano. Ela sofreu uma horrível seca de cinco anos no início desta década, a mais profunda em milhares de anos — tão profunda, que o estado estava explorando águas subterrâneas com 20 mil anos de idade, chuva que caiu durante a última Idade do Gelo;[51] tão profunda, que a cordilheira de Sierra Nevada naquele estado subiu uma polegada só porque 63 trilhões de litros de água haviam evaporado;[52] tão profunda, que matou 102 milhões de árvores, uma praga "sem precedentes em nossa história moderna", nas palavras do *Los Angeles Times*. (Os pinheiros, altos, devem viver 500 anos, mas "por todo lugar que você caminha, em certas partes da floresta, metade dessas grandes árvores está morta", disse um guarda florestal.[53]) A seca terminou no inverno de 2017, quando as chuvas finalmente chegaram, um rio atmosférico sem fim que despejou o aquecido Oceano Pacífico nas altas montanhas. Todos deram um suspiro. As autoridades da Califórnia disseram, é claro, compreender que o alívio era apenas temporário, mas que podiam relaxar um pouco, já que as montanhas estavam de novo verdes e exuberantes. (De qualquer forma, elas tinham dores de cabeça suficientes com as enchentes que a chuva recorde produziu: o dilúvio causou quase US$1 bilhão em danos, por exemplo, na barragem mais alta do país.)

O verão de 2017, contudo, se mostrou mais quente e seco do que nos piores anos da estiagem, e toda aquela grama verde logo escureceu, e em outubro, uma tempestade de fogo varreu Napa e Sonoma. Apesar de todos os alertas de TV e mensagens de texto, ela matou mais pessoas em menos tempo do que qualquer incêndio norte-americano em um século — em especial pessoas idosas, que simplesmente não conseguiam fugir das chamas. Repórteres descreveram a "cena apocalíptica" em bairros que, um dia antes, chegavam bem perto de exemplificar uma vida boa quanto qualquer outro lugar na Terra. Pessoas morreram em piscinas onde se abrigaram, pois os azulejos que as revestiam ficaram "quentes como grelhas de forno". Em Santa Rosa, "as rodas de alumínio dos carros derreteram e escorreram pelas calçadas como minúsculos rios de mercúrio antes de endurecerem. Uma pilha de garrafas se fundiu em um emaranhado tão contorcido, que parecia uma escultura de Picasso. Lixeiras de plástico foram reduzidas a meras manchas na calçada".[54]

Isso, porém, foi em outubro, bem no final da tradicional temporada de incêndios do estado. Assim, as pessoas tomaram fôlego novamente e começaram o trabalho de limpeza, sabendo que tinham um tempinho — até que, em dezembro, o calor recorde e a secura no sul da Califórnia desencadearam o que se tornou o maior incêndio na história do estado, um incêndio que "saltou sobre uma autoestrada de dez pistas de rodagem com uma perturbadora facilidade"[55] e ameaçou as casas de Rupert Murdoch, Elon Musk e Beyoncé.

E foi assim até o Ano Novo. Quando 2018 começou, as pessoas respiraram novamente e saudaram a perspectiva de uma pequena chuva de inverno. Veio a primeira tempestade, que trouxe quantidades prodigiosas de água, quase 13mm em 5 minutos em alguns lugares. A chuvarada varreu as colinas queimadas, nas quais não havia plantas para conter o dilúvio, e, com isso, vieram os deslizamentos de terra; 21 pessoas morreram. Os sobreviventes se lembravam do som, um estrondo como um trem de carga. "O deslizamento soterrou casas, carros e pessoas", disse a escritora Nora Gallagher, que morava nas proximidades. "Atingiu a rodovia e os trilhos do trem. Os riachos ficaram escuros devido às cinzas, que permaneceram por todo o caminho até o oceano. O corpo de um homem foi encontrado na praia. Não muito longe dele, havia um urso morto."[56]

O restante de 2018 não foi melhor. No início de agosto, o recorde de maior incêndio na história do estado foi quebrado novamente, dessa vez por um enorme incêndio na região de Mendocino; o Vale de Yosemite foi fechado "indefinidamente" à medida que as chamas invadiam suas estradas de acesso; e os meteorologistas tentavam entender um enorme "tornado de fogo" que se elevava a 12 mil metros de altura acima da cidade de Redding e girava tão violentamente que arrancava a casca das árvores. E então, no outono, estalou o incêndio mais horrível de todos, no sopé da Sierra acima de Chico. Após a "estação chuvosa" de outono ter provocado uma precipitação de 25mm, a cidade de Paradise explodiu em chamas; várias pessoas morreram em seus carros enquanto tentavam fugir por estradas estreitas e em chamas. O presidente jogou a culpa da conflagração na "má gestão florestal" e recomendou "uma apuração"; nesse meio-tempo, equipes forenses vasculhavam as cinzas para tentar recuperar o DNA das vítimas.

Essa é nossa realidade agora. Vai piorar, mas já é ruim, muito ruim. Nora Gallagher disse: "Crentes do clima, negadores do clima, no fundo de nossos corações, achamos que isso acontecerá em outro lugar. Em algum outro lugar — na verdade não dizemos, mas podemos pensar —, em um lugar mais pobre, digamos, Porto Rico ou Nova Orleans ou Cidade do Cabo, ou em uma daquelas ilhas onde o nível do mar está subindo. Ou acontecerá em algum outro momento, em 2025 ou 2040 ou no ano que vem. Mas estamos aqui para lhes dizer, neste cartão-postal do antigo paraíso, que isso não acontecerá no próximo ano ou em outro lugar. Acontecerá bem aí onde você mora, e pode ser hoje mesmo. Ninguém será poupado."[57]

3

Oh, pode ficar *muito* ruim.

Em 2015, um estudo do *Journal of Mathematical Biology* concluiu que, se os oceanos do mundo continuassem aquecendo, em 2100 poderiam se tornar quentes o bastante para "interromper a produção de oxigênio pelo fitoplâncton, interrompendo o processo de fotossíntese". Como dois terços do oxigênio do planeta têm origem no fitoplâncton, isso poderia "provavelmente resultar na mortalidade em massa de animais e humanos".[1]

Um ano mais tarde, no Círculo Ártico, na Sibéria, uma onda de calor derreteu uma carcaça de rena que havia sido aprisionada no permafrost. O corpo exposto liberou antraz na água e no solo próximos, infectando 2 mil renas que pastavam nas proximidades e que, por sua vez, infectaram alguns humanos; um menino de 12 anos morreu. Como se pode perceber, o permafrost é um "preservador muito bom de micróbios e vírus, porque é frio, nele não há oxigênio e é escuro" — os cientistas conseguiram reviver uma bactéria de 8 milhões de anos que encontraram sob a superfície de uma geleira. Pesquisadores acreditam que há fragmentos do vírus da gripe espanhola, da varíola e da peste bubônica enterrados na Sibéria e no Alasca.[2]

Ou considere o seguinte: conforme os lençóis de gelo derretem, o peso da terra diminui, e isso pode provocar terremotos — a atividade sísmica já está aumentando na Groenlândia e no Alasca. Enquanto isso, o peso adicional da água do mar começa a forçar a crosta terrestre. "Isso ocasionará um aumento maciço na atividade vulcânica, que ativará falhas para gerar terremotos, deslizamentos submarinos, tsunamis, essa coisa toda", explicou o diretor do Hazard Center da University College London.[3] Um deslizamento assim aconteceu na Escandinávia cerca de 8 mil anos atrás, quando a última Idade do Gelo acabou e uma seção do tamanho de Kentucky na plataforma continental da Noruega cedeu, "despencando para a planície abissal e criando uma série de ondas titânicas que rugiram em represália", eliminando todos os sinais de vida da Noruega costeira à Groenlândia e "afogando uma grande extensão de terra, do tamanho do País de Gales, que outrora ligava a Grã-Bretanha à Holanda, à Dinamarca e à Alemanha". Quando as ondas atingiram as ilhas Shetland, tinham 20 metros de altura.[4]

Há, ainda, isto: se continuarmos aumentando os níveis de dióxido de carbono, talvez não consigamos mais pensar direito. Em mil partes por milhão (o que está dentro do limite de possibilidade para 2100), a capacidade cognitiva humana cai 21%. "Os maiores efeitos foram verificados nos tópicos Resposta a Crises, Uso da Informação e Estratégia", informou um estudo de Harvard, o que é muito ruim, pois essas habilidades nos parecem ser as mais necessárias.[5]

Eu poderia, usando outras palavras, tentar assustá-lo com argumentos ainda mais aterrorizantes. Em princípio, não me oponho — mudar algo tão fundamental quanto a composição da atmosfera e, consequentemente, o equilíbrio de calor do planeta, certamente desencadeia todo tipo de horror, e não devemos nos esquivar disso. A dramática incerteza que temos pela frente pode ser o evento mais assustador de todos; o mundo físico está deixando o pano de fundo para ficar em primeiro plano. (É como o contraste entre a política dos velhos tempos, quando era possível se esquecer de Washington por semanas, e a política na era Trump, quando o presidente está sempre aparecendo de repente para gritar com você.)

Porém, da mesma forma como tivemos, antes, o cuidado de nos ligar ao que já havia acontecido, agora que estamos considerando o futuro, tentemos nos ocupar com os cenários mais prováveis, porque eles já são mais do que perturbadores. Muito antes de chegarmos a maremotos ou à varíola, bem antes de nos afogarmos até a morte ou deixarmos de pensar claramente, precisaremos nos concentrar nos fatos mais corriqueiros e básicos: todos precisam comer todos os dias, e muitos de nós vivem perto do oceano.

Primeiro, o abastecimento de alimentos. Tivemos um incrível desempenho nessa área desde o final da Segunda Guerra Mundial, com a produtividade das safras aumentando o suficiente para mais que compensar o rápido crescimento populacional. Houve um grande custo humano — a mão de obra agrícola descartada lota muitas das enormes favelas do planeta —, mas, em termos absolutos, os fertilizantes, os pesticidas e a maquinaria da Revolução Verde conseguiram expandir a produção. Tal escalada, no entanto, parece agora estar alcançando os fatos brutais do calor e da seca. Há estudos que demonstram os terríveis efeitos do aquecimento no café, cacau, grão-de-bico e champanhe, mas devemos realmente nos preocupar com os cereais, já que eles fornecem a maior parte das calorias do planeta: milho, trigo e arroz evoluíram como culturas sob o clima dos últimos 10 mil anos, e embora a botânica tenha meios de aprimorá-los nutricionalmente, há limites para essas mudanças. Pode-se mudar uma pessoa de Hanói para Edmonton, e ela pode decidir abrir um restaurante vietnamita. Mas se você mover uma planta de arroz, ela morrerá.

Um estudo de 2017 realizado na Austrália, que tem algumas das plantações de alta tecnologia do mundo, descobriu que "como resultado direto da mudança climática, não houve melhoria na produtividade do trigo". Após triplicar entre 1900 e 1990, o rendimento do trigo estagnou desde que as temperaturas aumentaram 1 °C e o volume de chuvas diminuiu quase um terço. "A chance de que isso tenha ocorrido apenas em função de uma variação climática isenta do fator subjacente [da mudança climática] é menos de 1 em 100 bilhões", disseram os pesquisadores, e isso significava que, não obstante toda a nova e dispendiosa tecnologia que os agricultores continuavam introduzindo, "eles só conseguiram ficar parados, não seguir em frente". Supondo que as coisas continuem como estão, os rendimentos começariam a declinar dentro de duas décadas, eles relataram.[6] Em junho de 2018, os pesquisadores descobriram que um aumento de 2 °C na temperatura — o que, lembre-se, é a *pretensão* dos acordos de Paris agora — reduziria o rendimento do milho nos EUA em 18%. Um aumento de 4 °C — que é aonde nossa trajetória atual nos levará — reduziria a colheita quase pela metade. Os Estados Unidos são o maior produtor mundial de milho, o qual, por sua vez, é o produto agrícola mais cultivado no planeta.[7]

O milho é vulnerável porque até mesmo uma semana de altas temperaturas no momento-chave pode impedi-lo de fertilizar. ("Você só tem uma chance de polinizar um quatrilhão de grãos de milho", explicou o chefe de uma empresa de consultoria de commodities.)[8] Todavia, mesmo as culturas mais difíceis são suscetíveis. O sorgo, que é essencial para meio bilhão de seres humanos, é particularmente resistente a condições de seca porque possui raízes grandes e fibrosas que penetram fundo o solo. Há limites, e eles estão sendo alcançados. Dados do Meio-Oeste norte-americano coletados em 30 anos mostram que as ondas de calor afetam o "déficit de pressão de vapor", a diferença entre o vapor de água dentro da folha de sorgo e o ar ao redor dela. Com o clima mais quente, o sorgo libera mais umidade na atmosfera. Aqueça o planeta em 2 °C — que agora é novamente a *meta* mundial —, e os rendimentos do sorgo caem 17%. Aqueça 5 °C, e a queda é de quase 60%.[9]

Com exceção talvez das telhas asfálticas, é difícil imaginar um tema mais monótono do que o do sorgo. É o exato oposto do clickbait [em português, "caça-clique", é uma tática de gerar tráfego online por meio de promessas exageradas]. Mas as pessoas precisam comer; no jogo humano, a pergunta mais importante é provavelmente "O que tem para o jantar?", e quando a resposta é "Não muito", as coisas se deterioram rapidamente. Em 2010, uma forte onda de calor atingiu a Rússia e dizimou a colheita de grãos, o que levou o Kremlin a proibir as exportações. O preço global do trigo aumentou, e isso ajudou a desencadear a Primavera Árabe — na época, o Egito era o maior importador mundial de trigo. Essa experiência fez com que acadêmicos e seguradoras projetassem cenários que pudessem indicar qual seria o próximo choque alimentar. Em 2017, uma equipe imaginou um El Niño vigoroso, com as consequentes inundações e secas — em uma temporada, os rendimentos do milho e da soja diminuíram em 10%, e os do trigo e arroz, em 7%. O resultado foi o caos: "Preços das commodities quadruplicados, distúrbios civis, impactos significativos em termos humanitários... Os tumultos provocados pela falta de alimentos ocorreram em áreas urbanas em todo o Oriente Médio, o norte da África e a América Latina. O euro e os principais mercados acionários europeus perderam 10% de seu valor."[10]

Mais ou menos na mesma época, uma equipe de pesquisadores britânicos divulgou um estudo revelando que, ainda que se consiga ampliar a produção de gêneros alimentícios, é preciso distribuí-los, e o sistema de transporte vale-se, para isso, de 14 grandes canais, todos eles vulneráveis — você adivinhou — às intensas perturbações decorrentes da mudança climática. Por exemplo, as hidrovias norte-americanas carregam um terço do milho e da soja do mundo e têm sido frequentemente desativadas ou afetadas por inundações e secas nos últimos anos. O Brasil responde por 17% das exportações de grãos do mundo, mas fortes chuvas em 2017 encalharam 3 mil caminhões. "É a ladeira rumo à tempestade perfeita", disse um dos autores do relatório.[11]

Cinco semanas depois *disso*, outro relatório levantou uma questão ainda mais profunda. E se você descobrir como cultivar uma grande quantidade de alimentos e como garantir sua distribuição, mas a própria comida já tiver perdido muito de seu valor nutricional? No artigo da *Environmental Research* constava que o aumento dos níveis de dióxido de carbono, ao acelerar o crescimento das plantas, parece ter reduzido a quantidade de proteína nos alimentos agrícolas básicos, uma descoberta tão surpreendente, que, por muitos anos, os agrônomos ignoraram que estivesse acontecendo. Mas parece ser verdadeira: quando os pesquisadores cultivam grãos nos níveis de dióxido de carbono que esperamos para o final deste século, eles descobrem que minerais como cálcio e ferro diminuem 8%, e as proteínas, aproximadamente na mesma quantidade. No mundo em desenvolvimento, onde as pessoas dependem das plantas para obter proteínas, isso significa grandes reduções nutricionais: a Índia sozinha poderia perder 5% das proteínas em sua dieta total, colocando 53 milhões de pessoas em risco de sofrer de deficiência proteica. A perda de zinco, essencial para a saúde materna e infantil, poderia ameaçar 138 milhões de pessoas em todo o mundo.[12] Em 2018, os pesquisadores descobriram "significativamente menos proteína" quando cultivavam 18 variedades de arroz em testes de distribuição normal de dióxido de carbono. "A ideia de que a comida ficou menos nutritiva foi uma surpresa", disse um pesquisador. "Não é intuitivo. Mas acho que devemos continuar esperando surpresas. Estamos alterando completamente as condições biofísicas que sustentam nosso sistema."[13] E não apenas as nossas. Pessoas não dependem do solidago [uma flor], por exemplo, mas as abelhas, sim. Quando cientistas analisaram amostras de solidago no Smithsonian que datavam de 1842, descobriram que o conteúdo de proteína de seu pólen havia "declinado em um terço desde a Revolução Industrial — e a mudança se deu na esteira do aumento do dióxido de carbono".[14]

Abelhas ajudam as plantações, obviamente, então eis aí uma notícia assustadora. Em agosto de 2018, um novo e significativo estudo deparou-se com algo igualmente assustador: houve um aumento nas pragas das colheitas em função do maior calor. "Fica cada vez melhor para elas", disse um pesquisador da Universidade do Colorado. Mesmo atingindo a meta da ONU de limitar a elevação da temperatura a 2 °C, as pragas diminuirão o rendimento do trigo, milho e arroz em 46%, 31% e 19%, respectivamente. "Temperaturas mais altas aceleram o metabolismo de insetos como pulgões e brocas de milho a uma taxa previsível", descobriram os pesquisadores. "Isso os torna mais vorazes[,] e as temperaturas mais quentes também aceleram a reprodução." Mesmo plantas fossilizadas de 50 milhões de anos sustentam essa afirmação: "Danos às plantas causados por insetos estão correlacionados com os ciclos de altas e baixas da temperatura, atingindo um máximo durante os períodos mais quentes."[15]

Assim como as pessoas se acostumaram a ingerir uma certa quantidade de comida todos os dias, acostumaram-se também a viver em lugares específicos. Por motivos óbvios, muitos desses lugares estão próximos do oceano: os estuários, o ponto de encontro dos rios com os mares, estão entre os ecossistemas mais ricos do planeta, e a água facilita o comércio. Desde as cidades da antiguidade (Atenas, Corinto, Rodes) até as maiores metrópoles modernas (Xangai, Nova York, Mumbai), a proximidade com a água salgada tem significado riqueza e poder. E agora isso significa uma extraordinária, e provavelmente fatal, vulnerabilidade.

Ao longo de todo o Holoceno (o período de 10 mil anos, iniciado após a última idade do gelo, que engloba toda a história humana registrada), o nível de dióxido de carbono na atmosfera permaneceu estável, e assim também, portanto, o nível do mar; com isso, demorou um pouco para as pessoas se preocuparem com o aumento do nível do mar. Em 2003, o Painel Intergovernamental sobre Mudanças Climáticas [IPCC, na sigla em inglês] das Nações Unidas previu que o nível do mar deveria subir apenas meio metro até o final do século XXI, principalmente porque a água quente ocupa mais espaço que a fria, mas, apesar de meio metro ser suficiente para causar gastos e problemas, isso não interferiria de fato com os padrões de assentamento.[16] Entretanto, os cientistas do IPCC, não obstante essa estimativa, advertiram que não haviam levado em conta o possível derretimento dos grandes lençóis de gelo sobre a Groenlândia e a Antártida. E praticamente tudo o que aprendemos nos anos seguintes é que os cientistas pensam que essas camadas de gelo são terrivelmente vulneráveis.

Os paleoclimatologistas, por exemplo, descobriram que, no passado distante, o nível do mar aumentava e diminuía frequentemente e com uma velocidade impressionante. Há 14 mil anos, quando a Era do Gelo começou a declinar, enormes quantidades de gelo liquefizeram-se no que os pesquisadores chamam de pulso de água derretida 1A, elevando o nível do mar em 18 metros;[17] dos quais 9 podem ter ocorrido em um século. Outra equipe descobriu que milhões de anos atrás, durante o Plioceno, com níveis de dióxido de carbono quase nos níveis atuais, a camada de gelo da Antártida Ocidental parece ter entrado em colapso em menos de 100 anos.[18] "Os últimos dados de campo da Antártida Ocidental são uma espécie de 'Pelo Amor de Deus'", disse uma autoridade federal em 2016 — e isso foi antes das notícias *realmente* históricas no início do verão de 2018, quando 84 pesquisadores de 44 instituições reuniram seus dados e concluíram que o continente congelado havia perdido 3 trilhões de toneladas de gelo nas últimas 3 décadas, com a taxa de derretimento tendo *triplicado* desde 2012.[19] Em consequência disso, os cientistas agora revisam suas estimativas considerando uma ascensão. Não mais meio metro de aumento do nível do mar, mas um metro. Ou dois metros. "Vários metros nos próximos 50 a 150 anos", disse James Hansen, o principal climatologista do planeta, acrescentando que tal aumento tornaria as cidades costeiras "praticamente ingovernáveis".[20] Segundo Jeff Goodell (que em 2017 publicou o mais abrangente livro até hoje escrito sobre a elevação do nível do mar), tal aumento "criaria gerações de refugiados do clima que farão com que a atual crise de refugiados da guerra na Síria pareça uma produção de teatro do ensino médio".[21]

De tirar o fôlego, realmente, é constatar o quanto estamos mal preparados para essas mudanças. Goodell passou meses em Miami Beach, que foi construída literalmente sobre areia dragada do fundo da Biscayne Bay. Ele conseguiu contatar o maior empresário da Flórida, Jorge Pérez, na inauguração de um museu. Pérez não estava, ele insistia, preocupado com a elevação do nível do mar porque acredita que "daqui a 20 ou 30 anos alguém vai encontrar uma solução para isso. Se é um problema para Miami, também será um problema para Nova York e Boston — então para onde as pessoas irão?" (Ele acrescentou, com o narcisismo típico de Trump: "Ademais, a essa altura estarei morto. Então, qual a importância disso?").[22] Nosso planejamento atual baseia-se em previsões antigas, e superadas, de um metro ou menos. Veneza, por exemplo, está gastando US$6 bilhões em uma série de barreiras de contenção infláveis para conter as marés das tempestades. Entretanto, elas são projetadas para impedir a elevação do nível do mar em cerca de 30 centímetros. A cidade de Nova York está construindo uma "U-Barrier", um sistema de diques e barreiras para proteger a parte baixa de Manhattan da inundação provocada por tempestades equivalentes ao furacão Sandy. Mas à medida que o nível do mar aumenta, ventos como o de Sandy levam muito mais água para Manhattan, então por que não construí-lo mais alto? "Porque o custo sobe exponencialmente", disse o arquiteto.[23] O custo já começou a aumentar. Pesquisadores mostraram, em 2018, que as casas na Flórida próximas às áreas inundáveis estavam sendo vendidas com descontos de 7%, que tendem a ser maiores com o passar do tempo, porque "compradores sofisticados" sabem o que está por vir.[24] As companhias de seguros estão hesitantes: porões, "de Nova York a Mumbai", podem deixar de ser objeto de seguro até 2020, disse em 2018 o CEO de uma das maiores seguradoras da Europa.[25]

Parte do custo da mudança climática pode ser mensurada em unidades com as quais estamos acostumados a lidar. Cientistas do clima, em depoimento a um tribunal federal em 2017, por exemplo, disseram que, se não tomarmos medidas enérgicas agora, os futuros cidadãos terão de desembolsar

US$535 trilhões para lidar com o aquecimento global.²⁶ Como isso é possível? Tome como base uma pequena cidade na Flórida, que precisa elevar a altura de 240km de estrada para evitar inundações da pista mesmo com o aumento mínimo do nível do mar. Considerando US$4 milhões por quilômetro, talvez um pouco mais, isso levará a um custo total de aproximadamente US$1 bilhão, em um município que tem um orçamento anual de US$25 milhões. Ou considere os números do Alasca, onde as autoridades locais estão se preparando para mudar uma vila costeira com 400 habitantes ameaçada pelo aumento das águas a um custo de até US$400 milhões — US$1 milhão por pessoa.²⁷ Multiplique isso por todos em todos os lugares, e você entenderá a razão pela qual os custos são tão altos. Uma equipe de economistas previu haver um risco de 12% de que o aquecimento global reduza a produção econômica mundial em 50% até 2100 — ou seja, há uma chance em oito de que ocorra uma situação oito vezes pior do que a Grande Recessão²⁸ [a que aconteceu nos EUA no final da década de 2000].

Algumas coisas, porém, não podem ser medidas, e o dano se afigura ainda maior. Por exemplo, a estimativa mediana, apresentada pela Organização Internacional para as Migrações, é de que possa haver 200 milhões de refugiados do clima até 2050. (No cenário mais alto, um bilhão.) Já "a probabilidade de ser arrancado da própria casa aumentou 60% em comparação com 40 anos atrás".²⁹ As forças armadas dos EUA se preocupam com isso porque grandes contingentes de pessoas em marcha desestabilizam regiões inteiras. "A segurança começará a ficar extremamente comprometida muito rapidamente", disse o ex-chefe do Comando do Pacífico dos EUA, almirante Samuel Locklear, ao explicar por que a mudança climática era sua maior preocupação.³⁰

A maior preocupação para as pessoas que perdem suas casas é... perder suas casas. Então deixe-me contar sobre uma viagem que fiz no verão passado até a plataforma de gelo da Groenlândia. Eu estava com uma dupla de veteranos cientistas especializados em questões de gelo e duas jovens poetas — Kathy Jetnil-Kijiner, das Ilhas Marshall, no Pacífico, e Aka Niviana, nascida nessa que é a maior das ilhas da Terra, uma extensa capa de gelo que, quando derreter, elevará o nível dos oceanos em mais de seis metros.

E está degelando. Aterrissamos em uma pista de pouso da época da Segunda Guerra Mundial, em Narsarsuaq, e seguimos de barco pelo fiorde Tunullliarfik, atulhado de icebergs, chegando finalmente ao pé da geleira Qaterlait. Nós rebocamos o equipamento pela rampa inclinada da geleira e acampamos em um afloramento de rocha de granito vermelho quase um quilômetro adentro. Na verdade, armamos e levantamos o acampamento duas vezes, porque o sol da tarde avolumava o curso d'água ao lado do local que havíamos escolhido, o que logo inundaria as barracas. Depois do jantar, no final da tarde do sol ártico, as duas mulheres vestiram o traje tradicional de sua respectiva terra natal e subiram a geleira até poder observar o oceano e o gelo alto. Lá, declamando um poema que haviam composto, deram vazão ao clamor de seus corações irados e engajados, lamentando a realidade opressiva que afligia a vida de cada uma delas.

O gelo da terra natal de Niviana estava desaparecendo e, com isso, um modo de vida. Na plataforma de gelo, os pesquisadores relataram que "o gelo marinho mais antigo e mais denso" do Ártico havia se liquefeito, "abrindo as águas ao norte da Groenlândia, que são normalmente congeladas mesmo no verão".[31] Logo acima de onde estávamos acampados, o deslizamento de terra resultante do derretimento do gelo desencadeou recentemente um tsunami de 30 metros de altura que matou 4 pessoas em um vilarejo remoto. Foi, segundo os cientistas, precisamente o tipo de evento que "se tornará mais frequente à medida que o clima esquenta".[32]

O efeito, todavia, provavelmente será ainda mais imediato na casa de Jetnil-Kijiner. As Ilhas Marshall estão a um metro ou dois acima do nível do mar, e as "king tides" [marés muito altas que ocorrem na primavera local] passam por salas de estar e desenterram cemitérios. As árvores de fruta-pão e as bananeiras murcham quando a água do mar penetra na estreita faixa de água doce que sustentou a vida nos atóis durante milênios. Jetnil-Kijiner esteva literalmente em pé no gelo que, ao derreter, afogaria sua casa e, em suas palavras, deixaria ela e seus conterrâneos com "apenas um passaporte para chamar de lar".

É então plenamente compreensível a raiva silenciosa que permeava de ponta a ponta o poema escrito pelas duas mulheres, o qual declamavam em altos brados em meio ao vento gélido a uivar na imensidão, a silhueta delas contrastando com a paisagem mais austera daquela metade do mundo. Era uma fúria gestada em uma longa e amarga história: as Ilhas Marshall foram o local dos testes atômicos após a guerra, e o Atol de Bikini continua inabitável por conta dos resíduos nucleares ao redor do gelo deixados pelos Estados Unidos quando abandonaram as 30 bases que haviam construído na Groenlândia.

> *As mesmas feras*
> *Que agora decidem*
> *Quem deve viver*
> *E quem deve morrer [...]*
> *Exigimos que o mundo veja além*
> *dos SUVs, ACs, e sua conveniência pré-embalada*
> *Seus sonhos manchados de óleo, além da crença*
> *De que o amanhã nunca virá*

Mas, certamente, mudança climática é algo diferente — a primeira crise, embora afete antes e mais duramente os mais vulneráveis, inevitavelmente atingirá a todos nós.

> *Deixe-me levar minha casa para a de vocês*
> *Vamos ver como Miami, Nova York,*
> *Xangai, Amsterdã, Londres*
> *Rio de Janeiro e Osaka*
> *Tentam respirar embaixo d'água [...]*
> *Nenhum de nós está imune.*

A ciência pode nos dizer bastante sobre essa crise. Jason Box, um glaciologista norte-americano que organizou a viagem, passou os últimos 25 anos viajando para a Groenlândia. "Nós chamamos este lugar onde agora estamos de Eagle Glacier [Geleira da Águia], em virtude de sua forma, quando chegamos aqui há cinco anos", disse Box. "Mas a cabeça e as asas do pássaro se derreteram. Não sei como devemos chamá-lo agora, mas a águia está morta." Ele se ocupou em substituir as baterias em suas estações meteorológicas remotas, espalhadas pelo gelo. Elas contam uma história, mas seu colega Alun Hubbard, um cientista galês, admitiu que havia limites para o que os instrumentos poderiam explicar. "É assombroso observar o trauma da paisagem", disse ele. "Eu apenas não consegui registrar mentalmente a escala de quanto a camada de gelo havia mudado."

Artistas, porém, *têm o poder* de registrar escalas. Eles podem, a partir do derretimento de gelo, que inunda lares e desnorteia vidas, ampliar-lhe o contexto, transpondo-o de uma longa história para um futuro perdido. A ciência e a economia não têm uma maneira real de valorizar o fato de as pessoas terem vivido de determinada maneira por milênios, se alimentado da comida e cantado canções de certos lugares que agora estão desaparecendo. É um custo que só a arte pode mensurar, e faz sentido que as unidades dessa medida sejam tristeza e fúria — e também, o que é extraordinário, esperança. O poema daquelas duas mulheres, atirado aos berros no vento gelado, terminou assim:

> *A vida em todas suas formas exige*
> *O mesmo respeito que damos ao dinheiro [...]*
> *Então todos e cada um de nós*
> *Tem que decidir*
> *Se nós*
> *Iremos*
> *Ascender*

E, portanto, é o que temos de fazer — na verdade, este livro terminará com uma descrição daquilo que ascensão possa parecer. Mas se, como agora se afigura como certo, o degelo continuar, então os vilarejos das Ilhas Marshall e os portos da Groenlândia acabarão por submergir. E todos ficaremos um pouco mais pobres, porque um modo de ser terá sido extirpado. O jogo de tabuleiro do ser humano terá perdido algumas de suas mais antigas e artísticas peças.

"A perda de Veneza", escreve Jeff Goodell, não seria apenas a perda dos venezianos de hoje em dia. "É a perda das pedras das estreitas ruas onde Ticiano e Giorgione caminharam. É a perda dos mosaicos do século XI da basílica, do lar não submerso de Marco Polo, e dos palácios ao longo do Grande Canal... a perda de Veneza significa a perda de uma parte de nós mesmos que viaja ao passado e nos une como pessoas civilizadas."[33]

Todos nós já temos perdas. Onde eu moro são as estações: o inverno já não é o mesmo, e a forma visceral como sempre contávamos o passar do tempo começa a evanescer. Na Califórnia, é a sensação de tranquilidade: o odor de queimado do incêndio que virá permanece nos bosques de eucaliptos. Há muitas maneiras de ficar mais pobres, e nos depararemos com todas elas.

4

Este é um livro sobre o ser humano, mas por ora deixaremos as pessoas de lado para nos ocuparmos com o oceano profundo e regressar bem longe no tempo — ou seja, ir para reinos de dimensões tão atordoantes, que teremos condições, finalmente, de compreender a real escala do impacto humano.

Primeiro, a água salgada. Apesar de compreensível, erramos quando nomeamos nosso planeta. "Oceano" teria sido mais apropriado, pois 70% da superfície é coberta pelos mares. Nós vivemos em suas margens, então, o que nos preocupa é o avanço que eles possam ter em nossos domínios. Mas a menos que a pescaria seja seu modo de vida, você raramente ocupa sua mente com o que se passa abaixo da linha d'água. O mar parece tão infinitamente vasto; poucos humanos desaparecem nos confins do horizonte e têm noção da extensão de todo aquele azul — por isso, é claro, o maltratamos de maneira tão casual. Lá por meados deste século, o oceano poderá, em termos de peso, conter mais plástico do que peixes,[1] seja porque jogamos fora tantas garrafas, seja porque retiramos muito mais vida do oceano do que ele consegue reproduzir. Desde 1950, eliminamos talvez 90% dos peixes grandes do oceano: espadartes, marlins, garoupas. Isso não é surpreendente quando um atum-rabilho pode valer US$180 mil no mercado japonês, ou quando 270 mil tubarões são mortos a cada dia, principalmente por causa das barbatanas, que se não acrescentam sabor, dão muito status às tigelas de sopa. Todos os anos, exploramos uma área submarina com o dobro do tamanho dos Estados Unidos continentais, com arrastões que destroem tudo no fundo do mar. Caso ocorresse na superfície, haveria protestos, mas é invisível.[2]

Ainda assim, a pesca predatória, as zonas mortas na foz de todos os maiores rios, onde os fertilizantes são despejados no mar, e as espirais de plástico girando lentamente a milhares de quilômetros da costa são os menores de nossos insultos ao oceano. De novo: a ameaça mais terrível vem dos efeitos deletérios do dióxido de carbono liberado pela queima do combustível fóssil, efeitos que são ainda maiores no mar do que na terra. É no oceano que a maior parte desse calor extra se acumula. Embora nos concentremos no calor do ar à nossa volta, cerca de 93% do calor extra está, de fato, se acumulando no mar. O fundo do mar está agora aquecendo cerca de nove vezes mais rápido do que ocorria nos anos 1960, 1970 ou 1980.[3] (É desnecessário dizer que o governo Trump pretende impor grandes cortes para a agência mantenedora da rede de flutuadores marinhos que monitoram a temperatura da água.) Para ter uma ideia de quanto calor os oceanos absorvem, considere isto: se não houvesse essa absorção, a temperatura da atmosfera teria subido 36 °C desde 1955.[4]

Não é preciso ser um mergulhador experiente para verificar os mais dramáticos efeitos de todo esse aquecimento. Dá para fazer isso com um snorkel ou até mesmo enchendo os pulmões de ar. Partindo de Port Douglas, em Queensland, Austrália, leva-se duas horas de barco a motor até a franja da Grande Barreira de Corais. Na última vez que fiz esse percurso, na primavera de 2018, o mar estava agitado e ninguém falava muito, apenas cochilava ao Sol que se insinuava no alvorecer. Estávamos indo para o Opal Reef, onde, três anos antes, uma equipe havia filmado algumas cenas notáveis da reprodução de corais para a série *Planeta Azul II*, da BBC. As imagens, aceleradas para seguir as fases da Lua e acompanhadas da narração discreta e de bom gosto de David Attenborough, permitiam admirar o jardim de corais liberando simultaneamente nuvens de óvulos e sêmen, na mais mirabolante ostentação de fecundidade do mundo, um espetáculo, se ainda existisse. Mas não mais. Nós atracamos, vestimos as máscaras e os snorkels, e protegidos das águas-vivas por trajes de mergulho, deixamos a popa. Nadei uns 50 metros até os recifes com James Kerry, pesquisador de corais da Universidade James Cook, em Queensland, e quando chegamos à borda deles, olhamos para baixo — e foi como mergulhar de snorkel em um estacionamento vazio. As *formas* de coral continuavam lá — exuberantes ventoinhas, chifres e bandejas —, mas em vez de cores neon vívidas, havia apenas tons sombrios. A quantidade de corais vivos era tão pouca, que Kerry podia discorrer sobre eles individualmente, conforme púnhamos a cabeça fora d'água. "Aquele azul é o *Pocillopora damicornis*. É bem resistente", disse ele. "E você viu uma coisa no fundo que parecia um travesseiro? Esse é um grande coral de pólipo único, um fungo." Alguns peixes perambulavam por ali — principalmente os peixe-papagaio, que se alimentam das algas que envolvem o coral morto.

A Grande Barreira de Corais é a maior estrutura viva da Terra, mas tem aproximadamente a metade da vida de três anos atrás. Grandes ocorrências de branqueamento em 2016 e 2017 (causado pelas incursões de água quente, cada vez mais comuns) devastaram as seções norte e central. Explicar o quão sombrio estava abaixo da superfície é tão difícil quanto explicar com precisão como você sabe instintivamente que um corpo é um cadáver. Porém, todos a bordo do barco a motor naquele dia tentavam expressar a cena em palavras, elaborando uma espécie de luto. Dean Miller, um cientista de corais que é o diretor de mídia e ciência da Great Barrier Reef Legacy, uma organização que trabalha para atrair mais cientistas para estudos marinhos, filmou transectos através dessa seção do recife ao longo dos anos, mapeando a mesma rota através do coral. "Este lugar — bem, parecia que alguém havia criado o recife, tinha implantado todos os seus corais favoritos e em formas e tamanhos perfeitos. Era uma cidade agitada, como em *Procurando Nemo*. Agora, porém, parece calmo, como se as luzes tivessem sido apagadas." As formas do coral morto persistirão até que a primeira grande tempestade o faça desmoronar, mas ninguém viu nenhuma desova na área nos últimos dois anos. Um especialista em corais, Jon Brodie, disse a repórteres que o recife estava agora em "um estágio terminal. Nós desistimos. Tem sido a minha vida. Nós falhamos".[5] A resposta das autoridades locais foi, é claro, emblemática: o diretor da associação de turismo de Queensland chamou o cientista-chefe de estudos sobre os corais de "um idiota" e exigiu que o governo cortasse o financiamento para futuras pesquisas. Os turistas, disse ele, "não farão longas viagens se acharem que o recife está morto".[6]

O calor extra não é a única coisa que estamos adicionando aos oceanos. Como nossas fábricas, carros e fornalhas produziram uma grande nuvem de dióxido de carbono na atmosfera, parte desse gás foi absorvido pela água do mar — no momento, cerca de um milhão de toneladas vão do ar para o mar a cada hora.[7] Os cientistas, por muitas décadas, consideraram que isso fosse uma bênção — alguns dos átomos de carbono que expeliríamos simplesmente desapareceriam nas profundezas daquela imensa salmoura —, mas cerca de 15 anos atrás, os pesquisadores começaram a perceber um profundo perigo nesse fato. Nos volumes em que estamos produzindo carbono, até o oceano é pequeno demais para absorvê-lo sem efeitos colaterais. À medida que o dióxido de carbono flui para dentro do oceano, parte dele se transforma em ácido carbônico, o que por sua vez reduz o pH do mar. Durante todo o Holoceno — em toda a história humana registrada —, o pH do oceano foi de 8,2. Agora caiu para 8,1, o que não parece muito, até que você se lembre de que o pH é uma escala logarítmica. A acidez dos oceanos elevou-se em cerca de 30%. Com as taxas de emissão atuais, o pH dos oceanos cairá para 7,8 ou 7,7 no final do século, "muito além do que peixes e outros organismos marinhos podem tolerar em laboratório sem implicações muito sérias para a saúde, reprodução e mobilidade", segundo o veterano oceanógrafo Eelco Rohling.⁸ O corpo humano, por exemplo, têm um pH de cerca de 7,4. Se isso diminuir em 0,2 unidades (cerca de metade do que esperamos para o oceano neste século), pode "causar sérios problemas de saúde, como convulsões, coma e morte". Conforme a água acidifica, o pequeno fitoplâncton na base das cadeias biológicas do planeta luta para formar carbonato para suas partes esqueléticas. O pH do peixe está em equilíbrio com a água circundante; se esta se torna mais ácida, os peixes usam enormes quantidades de energia para restaurar o equilíbrio em suas células, o que sufoca seu crescimento e diminui sua mobilidade.⁹

O dióxido de carbono está, portanto, aquecendo e acidificando os oceanos que cobrem a maior parte do nosso planeta. Juntos, diz Rohling, esses fatores são "um golpe duplo" que "reduzirá drasticamente a diversidade e o número de espécies-chave em todo o ecossistema marinho. Isso poderia induzir um colapso das espécies, do topo da teia alimentar para baixo".¹⁰ Tais receios não são apenas dele. Em 2013, um relatório das Nações Unidas, para o qual colaboraram 540 dos principais cientistas em estudos marítimos do mundo, previa que os oceanos, ao longo do século, se tornariam "quentes, ácidos e carentes de vento".¹¹ A previsão agora rotineira dos cientistas é a de que, por volta de 2050, praticamente todos os recifes de coral do mundo estarão mortos.¹² Isso é aproximadamente daqui a 30 anos. Vale dizer, o mesmo espaço de tempo no futuro que o colapso da União Soviética no passado. É metade, em termos de tempo, do que estamos distantes da invenção do Frisbee ou do nascimento de Donny Osmond [cantor e ator norte-americano]. Uma criança nascida hoje que pretenda ser um biólogo marinho mal conseguirá obter seu doutorado por volta de 2050.

P olíticos que não desejam lidar com a questão do aquecimento global costumam dizer: "O clima está sempre mudando." Mesmo daquelas pessoas preocupadas de fato com o tempo é comum ouvir um truísmo próprio: "A Terra ficará bem; são os humanos que estão em apuros." Ambas as declarações são tecnicamente precisas: nenhum sistema é perfeitamente estável, e até que o Sol exploda daqui a bilhões de anos, sempre haverá uma rocha orbitando a uma distância de quase 150 milhões de quilômetros. Ambas, porém, estão completamente equivocadas: a mudança climática que estamos forçando será enorme em comparação com qualquer coisa que nossa civilização já tenha conhecido, e degradará fundamentalmente a biologia da Terra. Os seres humanos são agora uma força geológica. Na verdade, somos uma das cerca de meia dúzia de forças geológicas que pontuam os bilhões de anos da história da Terra.

Graças aos registros fósseis, temos conhecimento das grandes perturbações anteriores na biologia da Terra. Mais ou menos 540 milhões de anos atrás, a maioria dos principais filos [classificação científica dos seres vivos animais] apareceu no registro fóssil. Chamamos a isso "explosão cambriana", usando a palavra *explosão* em seu melhor sentido. A vida parecia subitamente abundante, pois a evolução experimentava muitos esquemas para prosperar em nosso planeta. Em cinco vezes desde essa ocasião, grande parte dessa vida desapareceu de repente. Denominamos esses eventos de extinções em massa. O que há de comum entre eles é a presença do dióxido de carbono.

É difícil olhar para 443 milhões de anos atrás até o final do Ordoviciano [período de tempo geológico], quando ocorreu o primeiro desses desastres. Porém, segundo a avaliação de Peter Brannen, em seu belo livro sobre extinção,[13] é evidente que foi algo errático no ciclo do carbono, que mostra "grandes oscilações" em toda a "catástrofe". Brannen cita um geólogo especializado no período: "Quando há mudanças severas e rápidas no ciclo do carbono, isso não acaba bem."[14] Conhecemos muito mais sobre a extinção permiana, 250 milhões de anos atrás. Entre outras coisas, sabemos que foi a pior de todos os tempos e quase o fim de toda a vida na Terra. A causa foi o vulcanismo — não a erupção de carismáticos cones de cinzas, como o Monte Fuji, mas "enchentes de lava" que saíam das formações chamadas de Armadilhas Siberianas. Os vulcões produzem muito dióxido de carbono, mas nesse caso a lava também incendiou enormes depósitos de carvão, petróleo e gás que se acumularam ao longo de centenas de milhões de anos.[15] Em pouco tempo (na escala geológica), a Terra virou uma espécie de inferno, o oceano foi intensamente acidificado, e a maioria das espécies do mundo desapareceu para sempre — essa foi a única extinção que causou sérios danos até mesmo ao reino dos insetos.

Uma "inundação basáltica continental" semelhante, embora dessa vez ao longo de fissuras de Long Island para Quebec, e da Mauritânia para Marrocos, desencadeou a extinção do Triássico-Jurássico, que fez uma limpa no planeta para que os dinossauros prosperassem. E então, há 65 milhões de anos, ocorreu o evento que exterminou os dinossauros. O fim do Cretáceo é o momento em que a maioria de nós pensa ao nos referirmos a extinções. O que vem à nossa mente é um asteroide gigantesco vindo do espaço sideral e colidindo com a Terra, "uma rocha do tamanho do Monte Everest viajando 20 vezes mais rápido que uma bala" (na descrição de Peter Brannen), que esculpiu uma cratera gigante no Golfo do México, provocando um tsunami de 300 metros de altura e enviando enormes quantidades de terra para o espaço, que retornaram em uma "nevasca mundial de meteoritos".[16] Uma deixa para a saída de cena do pesado tiranossauro e a eventual ascensão de… "nosotros".

Só que a imagem de Hollywood a respeito do fim do Cretáceo parece ser, se não errada, consideravelmente mais complicada. Outra coisa um pouco menos dramática, mas pelo menos tão grande, estava ocorrendo em todo o planeta advinda do ataque de asteroides: a erupção de outra extensa inundação basáltica continental, dessa vez nas chamadas Armadilhas de Deccan, na atual Índia. "Tão profundo foi este vulcanismo indiano que teria sido suficiente para soterrar os 48 estados dos EUA sob 180 metros de lava", segundo Brannen. E o suficiente para fazer a maior parte do trabalho de levar adiante a quinta grande extinção em massa pelo método usual: dióxido de carbono, aquecimento global, acidificação oceânica. É possível que o asteroide "fosse a arma, e as Armadilhas de Deccan, a bala".[17] As erupções vulcânicas já aconteciam quando o asteroide se chocou com o planeta, mas estudos de 2018 indicam que o impacto "acelerou esse processo",[18] talvez abrindo novas fissuras submarinas ao longo das bordas das placas tectônicas.[19]

Agora, em nossa época, outra nuvem de dióxido de carbono paira sobre o planeta. Dessa vez a culpa não é dos vulcões; ela é proveniente de escapamentos e chaminés. As inundações de lava em escala continental não estão incendiando vastos depósitos de carvão; em vez disso, redes do tamanho de continentes produzem energia elétrica queimando vastos depósitos de carvão. Os motores V-8 funcionam tão eficazmente quanto os vulcões — e, surpreendentemente, bem mais rápido.

Já não há tanto carbono para queimar como no fim do Permiano — as concentrações de dióxido de carbono na atmosfera nunca mais alcançarão patamares tão elevados —, mas estamos queimando nossos hidrocarbonetos muito mais rapidamente do que aquelas "inundações basálticas continentais". Por 200 anos, a atividade econômica humana consistiu, em grande parte, em desenterrar combustíveis fósseis e queimá-los, e ainda que nos pareça muito tempo, 200 anos em termos geológicos é como se fosse o bater de asas de um beija-flor... bem, fugindo do inferno. No momento, estamos injetando dióxido de carbono na atmosfera dez vezes mais rápido do que durante o fim do Permiano, que foi, apenas para repetir, o pior evento da história da Terra.[20] (Em comparação à crise de extinção no final do Devoniano, 360 milhões de anos atrás, estamos jogando dióxido de carbono na atmosfera algo entre 12 mil e 40 mil vezes a taxa daquela época.)[21] Durante o fim do Permiano, no qual foram eliminadas 90% das espécies marinhas, o oceano permaneceu acidificado por 0,7 unidades de pH ao longo de 10 mil anos; dada a atual tendência, teremos diminuído o pH em 0,5 unidades nos 250 anos terminados em 2100.[22] Emitimos, hoje, 40 gigatoneladas de dióxido de carbono por ano.

Nossos líderes demonstram orgulhar-se de que, aparentemente, estamos nos estabilizando em torno desse nível, só que esse nível corresponde à taxa mais rápida em qualquer momento dos últimos 300 milhões de anos, período que abrange o fim do Permiano — o qual, convém recordar, era a definição de ruim. Seth Burgess, do Serviço Geológico dos EUA, publicou recentemente uma nova pesquisa sobre a questão do dióxido de carbono que surgiu quando os antigos fluxos de lava siberianos queimaram todo aquele carvão. Um repórter perguntou se era apropriado comparar o evento com nossa situação atual. "Não acho que a comparação seja descabida", disse ele. As escalas de tempo das extinções em massa do passado são "assustadoramente semelhantes às escalas de tempo nas quais nosso clima atual está mudando. A causa pode ser diferente, mas as características são semelhantes".[23]

Então vamos definir as proporções plausíveis do perigo que estamos correndo. Aquilo que uma grande equipe de cientistas, em 2017, chamou de "aniquilação biológica" já está em andamento, com o total dos animais do planeta reduzido à metade nas últimas décadas, e a perda de bilhões de populações locais de animais.[24] Em 2018, pesquisadores relataram que algumas populações locais de insetos diminuíram 80% — e é difícil eliminar insetos. Mesmo com a fauna mais carismática, não nos damos conta do declínio no início porque ainda há muitas fotos. (Um estudo descobriu que, em um ano, a quantidade de vezes que um francês vê fotos de leões é maior do que o número de leões que restam na África Ocidental.)[25] Essas perdas, no entanto, resultam de um ataque multifacetado: florestas desmatadas para a produção madeireira e agrícola, águas costeiras envenenadas, caça e pesca predatória de animais de grande interesse em termos de culinária. E agora estamos, muito mais rapidamente do que nunca na história da Terra, preenchendo a atmosfera com a mistura precisa de gases que desencadeou as cinco grandes extinções em massa. Não é que o planeta não consiga lidar com isso: com o incessante passar do tempo, todo esse carbono finalmente acabará se transformando em calcário no oceano, em petróleo, gás e carvão, e eventualmente o ciclo se repetirá. Se olhar para trás o suficiente, nada disso tem importância.

Todavia, nós, entre todas as criaturas, talvez não devêssemos voltar tão longe no tempo. Diferentemente dos peixes no Permiano, recebemos um alerta. Diferentemente dos saurópodes do Cretáceo, podemos fazer algo a respeito. Como Peter Brannen escreveu em sua história dos grandes cataclismos: "Felizmente ainda temos tempo"[26] — pensando bem, não muito.

5

O privilégio é um atributo do esquecimento. (O privilégio branco, por exemplo, envolve ser capaz de honestamente esquecer que raça é importante.) Um dos grandes privilégios de se viver nas regiões mais prósperas do mundo moderno é que conseguimos esquecer que o mundo natural até mesmo existe. Em nossa vida, e na de nossos pais, isso é posto principalmente como pano de fundo. Uma área verde, subdividida e repaginada, é nomeada para o que costumava estar lá: Fox Ridge ["Colina da Raposa", em tradução livre]. Um subúrbio é projetado para esconder o mundo natural: onde, entre as ruas curvilíneas, estão os riachos? Uma grande cidade parece produzir riqueza do nada. Trata-se de uma ilusão, claro, mas de uma poderosa ilusão. Comecei a ter lampejos de compreensão da verdade quando, na condição de jovem repórter da *New Yorker*, passei um ano rastreando cada tubulação e cabo que entrava e saía de meu apartamento em Greenwich Village, seguindo as linhas elétricas e a rede de água e esgoto, para ver de onde vinham e para onde iam, enfim, suas fontes e destinos finais. No processo, passei a entender a notável *concretude* até mesmo de Nova York: os extensos túneis de água construídos com custos, perigos e esforços inimagináveis, as linhas de abastecimento que se estendiam até as represas hidrelétricas da Baía de Hudson e os poços de petróleo da Bacia Amazônica.

Uma vez que tudo funciona tão bem, podemos ser perdoados por ignorar o mundo natural a maior parte do tempo. É seguro no subsolo, nas paredes ou fora de vista, na usina ou na estação de tratamento de resíduos. Mas esse bom funcionamento, essa eficiência murmurante, está começando a ceder sob a pressão da mudança climática. O furacão Sandy abateu-se sobre Nova York, canalizando a energia de um calor recorde na Atlantic Seaboard [uma região no leste dos EUA defronte ao Oceano Atlântico] e elevando o nível do mar — e de repente grandes ondas avançavam pela cidade e, ao se quebrarem, banhavam com sua espuma branca a importante avenida FDR Drive; a entrada do metrô de South Ferry era uma cascata de água salgada caindo sobre os trilhos lá embaixo. Napa explode no fogo; a Cidade do Cabo, sedente pela seca, raciona a água potável.

Deixemos de lado, por um instante, a questão da extinção em massa. Cataclismos em escala geológica são, evidentemente, possíveis; pode-se argumentar que o jogo acabou e ponto final. Entretanto, mesmo que isso sejam favas contadas, a vida primeiro parecerá e será diferente. A vida como a conhecemos não acabará de repente, mas aos poucos; em muitos lugares, isso já acontece. Para usar nossa metáfora, *o tamanho do tabuleiro em que estamos jogando ficará cada vez menor*, e esse pode ser o fato mais notável de nossa estada na Terra.

Esse processo de encolhimento, em si, é algo novo. Por toda a história da humanidade, a narrativa é oposta. Supõe-se que começamos na África e depois nos espalhamos, lentamente no começo, e depois muito mais rápido. Para os norte-americanos, os principais arquitetos do jogo moderno, essa expansão é cronológica o suficiente para ser sua história nacional. Muitos descendem de europeus, que, fartos das más condições de vida e restrições religiosas do Velho Mundo, foram para um novo. Na chegada, massacraram ou afastaram as pessoas que já habitavam o continente e, em seguida, importaram enormes quantidades de mercadoria humana para fazer grande parte do trabalho de construção do "Novo Mundo". Esses fatos básicos e trágicos não os impediram de decidir que a riqueza criada ali era um sinal de superioridade moral: os norte-americanos acreditam que são particularmente inovadores, empreendedores e corajosos. De fato, no entanto, sua conquista foi menos o resultado de um caráter nobre, ou mesmo da disposição constante de oprimir os outros, do que da boa fortuna. Aqueles que se estabeleceram na América do Norte expandiram o tabuleiro no qual os europeus jogavam, tão vastamente que não cabe um termo de comparação.

Como observa o conceituado historiador ambiental Donald Worster, Colombo estava à procura de uma nova rota para a riqueza da Ásia: sedas, especiarias e coisas assim. O que ele encontrou foi muito melhor: "Uma abundância inesperada de espaço, terra, solo, florestas, minerais e água, uma abundância quase livre para ser tomada."[1] Era quase como se os europeus tivessem desembarcado em um novo planeta — não um dos planetas gasosos, hostis e estéreis do nosso sistema solar, mas um planeta como a Europa ou a Ásia, porém, em sua maior parte intacto e não degradado. "Em algum lugar dentro de suas fronteiras, os Estados Unidos ofereciam quase tudo o que as pessoas queriam: a maior extensão do mundo de solos férteis; um suprimento de água doce que parecia sem limites (até se deparar com os desertos no oeste); uma cobertura florestal que superava em qualidade, diversidade e utilidade a de qualquer outra nação; um vasto recurso renovável de peles e peixes; e quase todos os minerais conhecidos pelo homem", observa Worster.[2] Imagine, digamos, o impacto da invenção da internet na vida econômica moderna e depois multiplique-a várias vezes. "A descoberta da América e a da passagem para as Índias Orientais pelo Cabo da Boa Esperança são os dois maiores e mais importantes eventos registrados na história da humanidade", escreveu Adam Smith. Eles trouxeram "terrível desgraça" para os habitantes nativos desses lugares, mas ao ampliar o tabuleiro do jogo, essas novas colônias elevaram "o sistema mercantil a um grau de esplendor e glória que nunca poderiam ter alcançado".[3]

Por fim, é claro, os norte-americanos conseguiram preencher grande parte do novo continente, mas isso não significou o término de nossa expansão. Na década de 1890, quando o historiador norte-americano Jackson Turner lançava sua tese seminal sobre a importância da noção de fronteira na cultura dos EUA, outro novo continente se revelava, dessa vez no subsolo. Humanos em todos os lugares aprendiam rapidamente a queimar combustíveis fósseis, e assim mais uma vez nosso alcance se ampliava. Parte dessa expansão era literal: antes confinados nas poucas aldeias existentes, nas quais as opções de locomoção eram o cavalo ou suas próprias pernas, agora todos podiam se mover, graças a uma liberação geográfica que mudava tudo, até com quem você poderia se casar. E a energia barata levou, na virada do século, ao ar-condicionado, que, por sua vez, significava que lugares outrora tão quentes a ponto de serem marginais eram agora "o Sun Belt" [ou "Cinturão do Sol" é uma região próspera que compreende o sul e sudeste dos EUA].

A maior parte dessa nova expansão, no entanto, era econômica: todos no mundo ocidental agora tinham acesso, em essência, a escravos que realizavam quantidades absurdas de trabalho braçal. O barril de petróleo, cuja cotação, na época da escrita deste livro, girava em torno de US$60, fornece energia equivalente a cerca de 23 mil horas de trabalho humano. O grande economista John Maynard Keynes certa vez calculou que "de 2 mil anos antes de Cristo até o início do século XVIII não havia realmente grande mudança no padrão de vida do homem comum nos centros civilizados do planeta. Altos e baixos, certamente, visitas de peste, fome e guerra, intervalos dourados, mas nenhuma mudança violenta progressista". O que mudou isso foi o carvão, e depois o petróleo e o gás. De repente, o padrão de vida estava dobrando a cada 20 ou 30 anos.

Foram ganhos únicos. Não há novos continentes a serem descobertos, e mesmo se o discurso entusiasmado dos apologistas da mineração de asteroides um dia se tornar realidade, esse é um passo aquém da descoberta das vastas florestas dos Apalaches. (O astronauta do filme protagonizado por Matt Damon conseguiu cultivar batatas em Marte, mas apenas porque seu próprio esterco fornecia os nutrientes necessários. Isso não faz frente ao solo de Iowa.) Estamos, é claro, descobrindo novos tipos de energia. Como veremos na parte final deste livro, o painel solar, em particular, é uma espécie de milagre, mas diferente daquele realizado pelo combustível fóssil, por concentrar tanta energia e ser tão fácil de transportar. Nosso mundo tem se "alargado" há séculos, e isso se constitui, em grande medida, em algo que consideramos normal e comum: se a economia não cresce a cada ano, sofremos, porque nossos sistemas e nossas expectativas tornaram-se dependentes desse crescimento. Jogamos em um tabuleiro muito maior do que o de nossos ancestrais, e o fazemos com muito mais poder.

Em decorrência do aquecimento global, entretanto, essa expansão está agora se aproximando do fim, e um período de contração já está se instalando. Em vez de novos continentes a serem habitados, nosso espaço começa a se estreitar. A Terra é grande, mas não é duas, e estamos começando a perder partes dela.

O calor em si — o mais óbvio efeito da mudança climática — já deu início ao processo de estreitamento das faixas habitáveis de nosso lar. Nove das dez ondas de calor mais mortíferas da história da humanidade aconteceram a partir do ano 2000.[4] Até mesmo lugares definidos como frios, como o noroeste do Pacífico, agora se veem incluídos onde o calor supera 30 °C, e 70% das casas em Portland agora têm ar-condicionado.[5] Em Portland, ondas de calor sufocantes significam a abertura na cidade de "centros de resfriamento" que aceitam animais de estimação e contam com jogos de tabuleiro. Na Índia, em contraste, o aumento médio da temperatura de pouco mais de 0,5 °C desde 1960 elevou em 150% as chances de mortes em massa relacionadas ao calor.[6] Essas ondas de calor são insuportavelmente avassaladoras. No verão de 2016, a temperatura nas cidades do Paquistão e do Irã atingiram um pico de pouco mais de 53 °C por alguns dias em julho, a temperatura mais alta registrada de forma confiável já medida no planeta Terra. (Acabei de verificar o forno na minha cozinha, e é possível configurá-lo em 54 °C, para se ter uma ideia do calor atingido.) Por mais quentes que esses lugares estavam, era um calor seco, de deserto. A mesma onda de calor, mais próxima da costa do Golfo Pérsico e do Golfo de Omã, combinou temperatura e índice de umidade elevados para produzir uma sensação de calor acima de 60 °C. Em 2015, em Bandar-e Mahshahr, no Irã, a sensação térmica atingiu 75 °C, a maior já registrada no planeta.[7]

Cerca de uma década atrás, pesquisadores australianos e norte-americanos decidiram determinar com qual combinação de calor e umidade seria possível sobreviver. Utilizando um psicrômetro, concluíram que um dos termômetros duplos desse dispositivo, o de bulbo úmido, indicava 35 °C como limite para tal — ou seja, quando a temperatura passa disso e a umidade do ar está acima de 90%, "o corpo não consegue se resfriar, e os seres humanos só podem sobreviver por algumas horas, a duração exata do tempo sendo determinada pela fisiologia individual". Isso porque a evaporação da pele diminui na umidade; você não pode se refrescar suando. "Nem os mais aptos podem sobreviver, mesmo em condições de sombra e boa ventilação, quando a temperatura do bulbo úmido fica acima de 35", disse um dos cientistas. Eles concluíram que cerca de 1,5 bilhão de pessoas, um quinto da humanidade, vivia em uma área em forma de lua crescente com alto risco de tais temperaturas do planeta aquecido. Isso inclui algumas das regiões mais densamente povoadas do mundo, na Índia, no Paquistão e em Bangladesh, bem como as cidades litorâneas do Oriente Médio. Nesses lugares, as ondas de calor extremas que agora acontecem 1 vez a cada 25 anos se tornarão "eventos anuais com temperaturas próximas ao limiar por várias semanas a cada ano, o que poderia levar à fome e à migração em massa".[8] Esses são precisamente os locais onde a maior parte da população trabalha ao ar livre. Em 2018, novas pesquisas deixaram claro que a planície norte da China, com 400 milhões de habitantes, caiu diretamente nessa zona vermelha. "Este será o ponto mais quente para ondas de calor mortais no futuro", explicou um professor do MIT. "A continuidade das atuais emissões globais pode limitar a habitabilidade da região mais populosa do país mais populoso do planeta."[9]

O mundo como o conhecemos está em rápida transformação e, em termos práticos, mais próximo do Sol. Na década de 2070, as regiões tropicais, onde hoje há um dia por ano de calor realmente opressivo, podem esperar de 100 a 250 dias nessa condição. O estudo mais recente observa que, em 2100, "mesmo considerando as previsões mais otimistas de redução de emissões, especialistas dizem que quase metade da população mundial estará exposta a calor potencialmente letal durante 20 dias por ano".[10] "Muitas pessoas pereceriam bem antes de se chegar" a condições como essas, explicou um dos analistas. "Elas enfrentariam problemas terríveis." Ele acrescentou que o resultado seria "transformador para todas as áreas do empreendimento humano — economia, agricultura, militar, recreação".[11] O calor e a umidade aumentados já reduziram em 10% a quantidade de trabalho que as pessoas conseguem realizar ao ar livre, e esse efeito deve dobrar em meados do século.[12] Um novo relatório sobre trabalhadores rurais da Flórida apontou "um número crescente de pessoas que têm desidratação" como resultado do aumento das temperaturas. Os imigrantes ilegais são "especialmente vulneráveis, pois evitam exigir descanso, sombra ou água por medo de retaliação".[13] Em muitos lugares, será simplesmente muito abafado para humanos fazerem o trabalho de humanos.

O verão de 2018 foi o mais quente já registrado em grande parte do planeta. Na África, a maior temperatura ocorreu em junho; na península coreana, em julho; e na Europa, em agosto. Nos EUA, o Vale da Morte produziu o mês mais quente já visto no continente. Uma cidade de Omã teve a noite mais quente da história, quando o filete de mercúrio permaneceu acima dos 42 °C até a manhã seguinte. Na Argélia, um repórter do *New York Times* descobriu que os funcionários de uma fábrica de petróleo simplesmente saíam do local de trabalho à medida que a temperatura se aproximava dos 51 °C. "Não dava para ficar lá", disse um deles. "Era impossível trabalhar. Estava um verdadeiro inferno." Em Nawabshah, Paquistão, o calor superou o recorde local, 50 °C, e "as lojas nem se deram ao trabalho de abrir. Os taxistas saíram das ruas para fugir do sol escaldante".[14] Em Montreal, onde uma onda de calor matou 77 pessoas, um morador de rua descreveu como vivia: ele se mudava dois ou três quarteirões de cada vez, de um shopping com ar-condicionado para outro, até ser desalojado. "Precisamos de mais fontes de água no parque", disse ele aos repórteres do *Guardian*, que também entrevistou um estudante no Cairo, onde a temperatura era de apenas 40 °C. Ele tinha uma família numerosa, que economizou para comprar um aparelho de ar-condicionado para a sala de estar, e "agora é lá que todos passam o dia — preparando a comida, assistindo à TV, brincando ou estudando".[15] Em outras palavras, o mundo deles havia encolhido para o tamanho de um simples cômodo. Como disse um repórter, quando uma cidade está demasiadamente quente, "as calçadas ficam vazias, há silêncio nos parques, e bairros inteiros parecem desabitados. Ninguém escolhe se arriscar do lado de fora".[16]

E se o calor faz isso, os oceanos não deixam por menos. Eles estão se elevando, afastando as pessoas dos lugares que sempre habitamos. Os mesmos camponeses asiáticos que têm de lidar com o calor terrível nos campos também estão assistindo à destruição desses solos pela água salgada — todos os anos, agora, dezenas de milhares de pessoas abandonam o Delta do Mekong, área de sublime fertilidade do Vietnã. Nem é preciso pesquisar para encontrar os detalhes assustadores, pois a maioria das comunidades costeiras ao menos já começou a estudar os possíveis impactos. Durante uma semana no final de 2017, e sem fazer qualquer esforço especial, soube que, em Louisiana, funcionários do governo estavam finalizando um plano para retirar milhares de pessoas em caso de elevação do nível do mar ("Nem todos vão poder ficar ou manter seu modo de vida no lugar onde estão agora", disse um funcionário do governo estadual);[17] no Havaí, um novo estudo previa que, nas próximas décadas, 60km de estradas costeiras estariam intransitáveis e sujeitas a inundações crônicas, "pondo em perigo acessos críticos a muitas comunidades";[18] em Jakarta, uma enorme cidade da Indonésia, a elevação do Mar de Java no início daquele mês transformou "ruas em rios e praticamente paralisou essa vasta área de quase 30 milhões de habitantes";[19] e em Boston, um ciclone extratropical nos primeiros dias de 2018 inundou alguns dos bairros nobres da cidade, deixando lixeiras e carros flutuando ao longo do centro financeiro. "Se alguém quiser pôr em dúvida a questão do aquecimento global, basta ver onde estão as zonas de inundação", disse o prefeito de Boston. "Algumas dessas áreas não inundavam 30 anos atrás."[20]

A faixa terrestre situada 10 metros acima do nível atual do mar cobre uma área de apenas 2% do total, então o tabuleiro de jogo não diminuirá *enormemente* com a elevação do nível do mar. Mas esses 2% da superfície acomodam 10% das pessoas e geram 10% do produto mundial bruto.[21] E não há como se defender disso, ao menos na maior parte — ninguém pagará para construir um paredão ao longo da costa bengali; ou para proteger Accra, a capital do Gana, que já inunda durante as tempestades. "Nas cercanias de Lomé, a capital do Togo, prédios destruídos perfilam-se na linha das praias", relata Jeff Goodells.[22] Há alguém disposto a estimar quanto dinheiro o mundo provavelmente gastará defendendo a capital do Togo? "Gostemos ou não, nos retiraremos da maioria das áreas praianas não urbanas do mundo em um futuro não muito distante", escreveu Orrin Pilkey, especialista em elevação do nível do mar da Duke University, em 2016. "Nossas opções de retirada podem ser caracterizadas como difíceis ou catastróficas. Podemos planejar agora e recuar de forma estratégica e calculada, ou deixar para nos preocupar com isso mais tarde e nos retirar em desordem tática em resposta a tempestades devastadoras. Em outras palavras, podemos nos afastar metodicamente, ou podemos fugir em pânico."[23]

No que se refere à água, enquanto algumas pessoas fogem por excesso dela (das zonas úmidas ou devido ao aumento do nível do mar), outras o farão motivadas por sua escassez. Lembre-se: as áreas úmidas ficam mais úmidas à medida que o planeta se aquece, mas as áreas áridas ficam ainda mais secas. No final de 2017, um estudo estimou que até 2050, mesmo que o mundo consiga atingir a meta climática de Paris de uma elevação de "apenas" 2 °C na temperatura, um quarto da Terra sofrerá secas e desertificação severas. "Nossa pesquisa prevê que a desertificação ocorreria em cerca de 20% a 30% da superfície terrestre mundial", disse o principal condutor do estudo. Outro estudo do mesmo ano descobriu que a maior evaporação decorrente dos dias mais quentes poderia ocasionar quedas entre 22% e 49% na produção de milho e soja em todo o Grain Belt dos EUA. A irrigação extensiva poderia ajudar — porém, já exploramos em excesso os aquíferos localizados sob a maioria dos celeiros do mundo.[24] Alguns norte-americanos ainda se lembram do que significam deslocamentos causados pela seca: agricultores de Oklahoma empilhados em caminhonetes fugiam do Dust Bowl [tempestades de areia, provocadas por manejo inadequado do solo, que fustigaram o local ao longo de um período de dez anos na década de 1930] rumo às abundantes pastagens da Califórnia. (Um pesquisador de Harvard previu recentemente que a migração climática nos EUA terá o dobro do tamanho do êxodo da época da Grande Depressão).[25] Mas agora, como vimos, até mesmo rotas de fuga confiáveis estão bloqueadas. As áreas de gelo denso e compacto da Califórnia continuam diminuindo à medida que os anos quentes e secos vão se sucedendo; o estado enfrenta uma queda de até 70% ou 80% em seu suprimento de água.[26]

Mesmo nos lugares em que você espera que o campo de jogo esteja em expansão, vemos o oposto. Temperaturas mais altas deveriam fazer do Ártico um novo Kansas, certo? Eis o que Rex Tillerson disse, jovialmente, quando era CEO da Exxon: "Mudanças nos padrões climáticos que alteram as áreas de produção alimentar agrícola — nos adaptaremos a isso." Exceto que Iowa é Iowa não apenas por causa da temperatura; há também a camada superficial do solo, e nenhuma das duas você encontra quando vai para o norte; em vez disso, o chão está coberto de gelo. E conforme o permafrost derrete, ele expele mais carbono na atmosfera — não é pouca coisa, já que o permafrost reveste um quinto do Hemisfério Norte. Mas esse descongelamento também danifica estradas, inclina casas e até arranca árvores para criar o que os cientistas chamam de "florestas bêbadas". As perdas econômicas devidas ao aquecimento do Ártico podem se aproximar de US$90 trilhões ao longo do século, superando os ganhos de rotas de navegação mais fáceis, de acordo com 90 cientistas que elaboraram um relatório conjunto em 2017.[27]

É possível perceber a razão disso ao analisar lugares específicos: Churchill, Manitoba, por exemplo, nos limites da Baía de Hudson, no Canadá. Uma única linha ferroviária conecta-se ao mundo inferior, mas na primavera de 2017, as inundações recordes levaram consigo grande parte da pista. A empresa proprietária da linha férrea diz que não pode justificar o preço de consertá-la, "particularmente em um clima em aquecimento". Para cancelar seu contrato, a empresa alegou o que os advogados chamam de "força maior", um evento imprevisto que extrapola sua responsabilidade. "Consertar as coisas na era da mudança climática, bem, é algo que dá para fazer, mas você não espera que o conserto dure para sempre", explicou um engenheiro da empresa. "As coisas estão mudando, e não podemos deter, mudar ou administrar." Até mesmo a construção de um novo centro de pesquisa para estudar os efeitos da mudança climática foi interrompida quando o trem parou de correr.[28]

Se você tiver dinheiro suficiente, pode se prevenir de alguma coisa por um certo tempo. O governo canadense reativou a linha férrea no verão de 2018 ao custo de US$117 milhões — cerca de US$130 mil por residente de Churchill. Mas e da próxima vez? Churchill "reivindica para si um lugar mítico na psique canadense" para quando a linha férrea desaparecer. Assim como muitos de outros lugares que podemos abandonar antes do que se imagina. Fort Sumter? Mar-a-Lago? [palco da primeira batalha da Guerra Civil Americana, e nome de um resort histórico em Palm Beach, respectivamente]. O Centro Espacial Kennedy? Vale a pena notar que aquelas cidades iraquianas com temperaturas cada vez mais impossíveis estão próximas do local em que os eruditos bíblicos colocam o Jardim do Éden. Em 2018, arqueólogos escoceses relataram que milhares de sítios pré-históricos — círculos de pedra, salões nórdicos, túmulos neolíticos — corriam risco com a elevação dos mares. Cada maré leva embora artefatos — e também nossa história.[29]

Inúmeras pessoas já hesitam em atravessar um prado a pé porque o tempo quente prolifera carrapatos infectados com a doença de Lyme. Em muitas praias, os banhistas agora se limitam a ficar na areia, porque as águas-vivas, que se multiplicam quando o aquecimento do mar mata outras espécies marinhas, tomam conta das ondas. O diâmetro do planeta continuará sendo de quase 13 mil km, e sua superfície ainda cobrirá 510 milhões de km², mas a Terra, para os humanos, começou a encolher, sob nossos pés e em nossa mente.

6

Mudança climática é uma questão pública há 30 anos. Verdade que ao longo de décadas anteriores houve relatórios científicos e memorandos presidenciais alertando que poderíamos enfrentar problemas, mas o ritmo acelerou nos anos 1980. A fase inicial da política climática foi bem delineada por Nathaniel Rich em recente edição especial da *New York Times Magazine*. Mas o importante a salientar é que tudo acontecia a portas fechadas, em reuniões restritas a alguns cientistas e servidores públicos.[1] O mundo, seus líderes e seus cidadãos, de fato, nada sabiam acerca da ameaça, até um dia quente de junho de 1988, quando James Hansen, um cientista da NASA em meio de carreira, afirmou em depoimento perante um comitê do Senado norte-americano: "O efeito estufa foi detectado e está mudando nosso clima agora."[2]

Nas semanas que se seguiram, membros do Congresso dos EUA aprovaram uma lei que instituía uma política nacional de energia para "tratar da questão... gases atmosféricos quentes produzidos pela queima de combustíveis fósseis". Cientistas do clima em todo o mundo anunciaram a formação do Painel Intergovernamental sobre Mudanças Climáticas para monitorar a crise. E o vice-presidente George H.W. Bush, em meio a uma campanha bem-sucedida para a Casa Branca, anunciou que "combateria o efeito estufa com o efeito Casa Branca". Parecia que os EUA falavam a sério, que uma reação estava começando a tomar forma.

No entanto, como se viu, nada de concreto realmente aconteceu. Nas três décadas seguintes, as emissões globais de carbono quase dobraram. Desde 1988, foi expelida, de canos de escapamento de veículos e chaminés, mais da metade de todos os gases de efeito estufa emitidos desde o início da Revolução Industrial.[3] Em todos os anos a partir de 1988, com uma única exceção, nós queimamos mais combustíveis fósseis do que no ano imediatamente anterior; 2009 ficou de fora por conta da economia ter descido ladeira abaixo.

Isso significa que Donald Trump é um ser humano horrível que tem feito tudo que pode para retardar o progresso a respeito da mudança climática, porém, não é culpa dele o planeta estar superaquecendo.

A resposta pouco assertiva ao que os cientistas logo passaram a chamar de o maior desafio que os humanos já enfrentaram era, de certa forma, previsível. Eu me lembro de que, em 1988, quando estava terminando *O Fim da Natureza*, entrevistei um cientista político que descreveu a questão como "o problema vindo do inferno". Havia muitos interesses diferentes, disse ele, de muitas partes do mundo. O combustível fóssil estava no centro da economia mundial, envolvido em cada momento de um dia moderno — e, ainda assim, era exatamente o que estava nos matando. Era como se um médico lhe dissesse que seu principal problema estava no fato de que o coração e os pulmões bombeavam veneno por todo seu corpo. Não havia nada que pudéssemos fazer, ele disse, pelo menos não no tempo que tínhamos.

Até agora, a avaliação que ele fez tem se mostrado correta, e vale a pena darmos uma olhada nas razões para isso.

Uma delas é a simples inércia, que nunca deve ser subestimada. Os antropólogos volta e meia nos dizem que evoluímos para lidar com um tigre rosnando e saindo de trás de uma árvore: estamos preparados para pensar a curto prazo porque isso permitiu que sobrevivêssemos; quanto ao amanhã, sempre foi um problema para amanhã. Mas pense em quanto essa questão se amplifica quando está em jogo, aqui e agora, um grande investimento — digamos, algumas centenas de bilhões de dólares. O prefeito de Miami Beach, cujas ruas já inundam regularmente, disse a uma multidão na festa de gala comemorativa do centenário da cidade: "Acredito na inovação humana. Se 30 ou 40 anos atrás eu lhe dissesse que você seria capaz de se comunicar com seus amigos ao redor do mundo olhando para seu relógio ou com um iPhone, você pensaria que eu havia perdido o juízo."[4]

Então é isso: neste preciso momento, o tigre rosna, mas não está, realmente, nos devorando. Seja como for, em 30 anos talvez haja um aplicativo para lidar com tigres rosnando. É bem fácil achar graça nesse tipo de reação, mas é como quase todos nós reagimos. Vamos tocando as coisas mais ou menos como de costume. Literalmente, não queremos ouvir nada a respeito.

Mesmo aqueles políticos que quiseram fazer algo a respeito queriam alguma coisa fácil de fazer. Eles procuraram, como seria de se esperar, dar passos relativamente pequenos a fim de provocar o menor clamor possível. E argumentaram, com a capacidade de persuasão das pessoas que precisam ser eleitas, que isso é tudo que poderiam fazer. "Parte do trabalho que faço é descobrir qual é meu caminho mais rápido para ir do ponto A ao ponto B — qual é a melhor maneira de chegarmos a um ponto em que temos uma economia de energia limpa", explicou Barack Obama nos estágios finais de seu último ano no cargo. "E alguém que não está envolvido na política pode dizer: 'Bem, a linha mais curta entre dois pontos é apenas uma linha reta; vamos direto por ela.' Bem, infelizmente, em uma democracia, posso ter que ziguezaguear ocasionalmente e levar em conta preocupações e interesses muito reais."[5]

Os zigue-zagues de Obama são ilustrativos — eles nem aumentaram nem arruinaram nossas chances de sobrevivência, mas refletem o quão difícil pode ser até mesmo um esforço de boa-fé nesse "problema vindo do inferno". O ambientalismo não era sua principal preocupação, mas Obama entendeu que a mudança climática era importante: na noite em que conquistou a indicação democrata em 2008, ele disse que "este foi o momento em que a elevação dos oceanos começou a desacelerar, e nosso planeta, a se curar". E parecia que seu "timing" era, como sempre, impecável. Seu mandato coincidia com o advento do "fracking" [fraturamento hidráulico] em larga escala. De repente, parecia que os EUA tinham um enorme suprimento de gás natural no Texas e nos Apalaches que poderia ser extraído facilmente do xisto. Para os ambientalistas, isso parecia ser, inicialmente, uma notícia muito boa, pois a queima do gás natural libera a metade do dióxido de carbono gerado pela queima de carvão, mineral responsável pela maior parte da produção de energia elétrica dos EUA e do mundo. Para Obama, isso caiu do céu. Ele poderia reduzir as emissões de carbono dos Estados Unidos com o mínimo de transtornos. As grandes empresas petrolíferas, que controlavam grande parte do fornecimento de gás natural, não protestaram. As empresas fornecedoras de serviços públicos gostaram, porque mantinha sua infraestrutura essencialmente intacta — em muitos casos, seria necessário simplesmente converter a antiga usina a carvão para queimar os novos suprimentos de gás. E embora o uso do gás natural tenha dado continuidade à lenta implosão da indústria carvoeira, isso foi mais do que compensado pela forma como o gás ajudou a estimular a economia inoperante que Obama herdou. Na indústria manufatureira, empregos que haviam sido perdidos para o exterior estavam sendo recuperados, atraídos pela energia recém-abundante. Em seu discurso do Estado da União de 2012, o presidente declarou que o novo gás natural não apenas garantia o suprimento por um século, mas também criaria 600 mil novos empregos até o final da década. Na ocasião, vangloriou-se de que, sob sua administração, "foram acrescentados novos gasodutos, suficientes para dar a volta na Terra e um pouco mais".[6]

Assim, ninguém queria ouvir os químicos quando começaram a levantar uma questão desconfortável sobre o gás natural. É verdade, disseram, que em relação ao carvão o metano produz apenas metade do carbono quando você o queima. Mas se você *não* queimá-lo — se ele vai para o ar antes de ser canalizado, ou em qualquer outro lugar ao longo de sua rota para uma usina ou fogão —, então ele absorve calor na atmosfera cerca de 80 vezes mais eficientemente do que o dióxido de carbono. Robert Howarth e Tony Ingraffea, professores de Cornell, escreveram uma série de artigos bem objetivos mostrando que o vazamento de mesmo uma pequena porcentagem de gás liberado por fraturamento, talvez tão pouco quanto 3%, causaria *mais* danos climáticos do que o carvão. E os dados preliminares mostraram que as taxas de vazamento poderiam ser pelo menos tão altas, que, entre as operações de fraturamento e os milhares de quilômetros de tubulações e estações de compressão, algo entre 3,6% e 7,9% do gás metano das operações de "fracking" de xisto realmente escapa para a atmosfera. Em junho de 2018, um novo estudo descobriu que a quantidade de metano que vazava dos campos de petróleo e gás era 60% maior do que a estimativa oficial da EPA.[7] Por fim, dados de satélite mostraram que, de fato, as emissões de metano nos EUA aumentaram em 30% desde 2002. Isso significa que as emissões *totais* de gases de efeito estufa dos Estados Unidos (dióxido de carbono e metano combinados) mal se alteraram durante a administração de Obama. Na verdade, podem ter se elevado. As emissões de dióxido de carbono diminuíram, sim, mas foram compensadas pelo aumento da emissão de metano. Em outras palavras, uma década crucial foi desperdiçada — pior do que desperdiçada, porque todas as novas sondas, dutos e usinas elétricas a gás estarão em operação nas próximas décadas.

Não é, de certo modo, uma falha de Obama. Ele foi eleito para administrar um sistema político e econômico baseado no crescimento recorrente. Ele temia que não se reelegeria caso incomodasse demais o sistema, o que não faria bem a ninguém. (Entretanto, é importante notar que ele continuou a vangloriar-se disso mesmo após deixar o cargo. Em novembro de 2018, diante de uma plateia no Texas, disse que, durante seu mandato, os EUA haviam superado a Rússia e a Arábia Saudita como o maior produtor de petróleo e gás. "Fui eu, pessoal", disse ele.)[8] É assim em todo o planeta, embora líderes diferentes temam coisas diferentes: comitês centrais raivosos, oligarcas contrariados, multidões enfurecidas com os preços mais altos da gasolina. Contra esse tipo de inércia institucional, até o carisma conta pouco. Considere o líder mais bonito, mais progressista e mais aparentemente "consciente" do planeta, o canadense Justin Trudeau. Ele é muito mais sincero sobre a mudança climática do que Obama jamais foi: deve-se à insistência dos diplomatas canadenses, com sua capacidade de persuasão, a redução da meta climática de 2 °C para 1,5 °C quando as negociações de Paris caminhavam para seu final. "Não há país no planeta que possa se afastar do desafio e da realidade da mudança climática", disse Trudeau à Assembleia Geral da ONU. "Temos uma responsabilidade para com as gerações futuras e vamos defendê-la."[9] E, no entanto, está no país de Trudeau um dos dois maiores depósitos de areia betuminosa da Terra, aquela vasta área ao norte de Alberta cujas florestas e água podem sofrer grandes danos com a extração do petróleo embebido no xisto. E Trudeau se recusa a retardar a expansão. Quando uma empresa de gasodutos tentou recuar de seu compromisso de construir um novo gasoduto para a costa da Colúmbia Britânica em 2018, Trudeau a *estatizou*, comprometendo mais de US$10 bilhões de dólares dos impostos pagos pelos contribuintes.

Da mesma forma que muitos políticos, ele mostrou não estar disposto a abrir mão do poder que o petróleo representa. Na primavera de 2017, Trudeau disse a um animado grupo de petroleiros de Houston que "nenhum país encontraria 173 bilhões de barris de petróleo no solo e os deixaria lá". E, todavia, apenas deixá-los lá é exatamente o que ele tinha de fazer se fosse minimamente sério quanto a moderar a mudança climática. Queimar 173 bilhões de barris de petróleo significa liberar dióxido de carbono suficiente para eliminar 30% do caminho para a meta de 1,5 °C que Trudeau insistiu em Paris. Ou seja, uma nação com 1% da população mundial está reivindicando um terço do espaço atmosférico existente entre nós e um desastre.

Se um líder como Justin Trudeau é incapaz de uma postura corajosa, então o que resta de esperança? Especialmente quando o tempo é exíguo. Ao contrário das outras questões com as quais os políticos lidam, essa em particular *não pode* ser tratada com os vagarosos "zigue-zagues" descritos por Obama. A mudança climática não é uma negociação política normal entre interesses diferentes, na qual uma base de compromisso obviamente faz sentido. Ela é uma negociação entre seres humanos e a *física*, e essa ciência não faz compromissos. Passado um certo ponto, não há mais margem de manobra.

Esse ponto está aí, à vista: não é um bom sinal que as maiores estruturas físicas do planeta, suas calotas de gelo, barreiras de corais e florestas tropicais, estejam desaparecendo diante de nossos olhos.

Então é isso: um problema vindo do inferno. Os governos preferem evitá-lo. A psicologia humana não é projetada para lidar com algo assim. Está acontecendo rápido demais.

E mesmo assim, não dá para evitar o pensamento de que *"nós já enfrentamos problemas vindos do inferno antes"*.

No século XX, enfrentamos Hitler. De início, a maioria dos norte-americanos queria negar a ameaça que ele representava — a Câmara de Comércio dos EUA foi contrária a ceder navios aos britânicos para lutar contra ele. O esforço final custou mais dinheiro do que qualquer coisa já feita; milhões e milhões de pessoas tiveram a vida tumultuada; 400 mil norte-americanos tiveram de morrer (e 10 milhões de soldados soviéticos) —, mas nós o fizemos. Então por que não assumimos a crise de dimensão semelhante de nosso tempo?

É verdade que aquela geração teve Pearl Harbor para empurrá-la para a luta contra o Eixo. Mas nós tivemos o Katrina, o Sandy e o Harvey. E não é como se não tivéssemos alternativas — a esta altura, conforme discutiremos, o Sol e o vento são a maneira mais barata de gerar energia no planeta Terra. Ninguém tem que morrer nessa batalha. Como tarefa, seria, de longe, muito mais fácil que lutar em uma guerra mundial.

Então, sim, a mudança climática é um problema muito complicado. Mas há algo mais a ser feito do que a habitual inércia.

7

Deveria haver uma palavra para quando se comete uma traição contra o planeta inteiro.

Em julho de 1977, James F. Black, um dos cientistas seniores da Exxon, dirigiu-se a muitos dos principais líderes da empresa. Falando na sede da gigante do petróleo em Nova York, utilizou slides para mostrar algumas das primeiras pesquisas em curso sobre o que era então chamado de efeito estufa. Ao concluir, disse: "Há um acordo científico geral de que a maneira mais provável pela qual a humanidade está influenciando o clima global é por meio da liberação de dióxido de carbono pela queima de combustíveis fósseis."[1] Um ano depois, ele falou a um grande grupo, composto de executivos da empresa. Pesquisadores independentes, disse ele, estimaram que a duplicação da concentração de dióxido de carbono na atmosfera aumentaria a temperatura média global entre 2 °C e 3 °C a até 10 °C. As chuvas podem aumentar de intensidade em algumas regiões, e em outros lugares pode haver desertificação.[2]

Ou seja, dez anos antes do depoimento de Hansen no Senado tornar a mudança climática uma questão pública, a Exxon, a maior companhia petrolífera do mundo e, de fato, naquela época, a maior companhia do mundo por certo período, tinha conhecimento de que seu produto causaria a destruição do planeta. Sabemos disso graças a reportagens extraordinárias, inicialmente do InsideClimate News, um site ganhador do Prêmio Pulitzer, e depois do *Los Angeles Times* e da Columbia Journalism School. Suas descobertas, aprofundadas em arquivos da empresa e entrevistas com ex-funcionários, evidenciam o mais irresponsável encobrimento da história da humanidade.

A mudança climática foi motivo de alguma preocupação das corporações que exploravam os combustíveis fósseis por um longo tempo. Já em 1959, em um simpósio chamado "Energy and Man" ["A Energia e o Homem", em tradução livre], organizado pelo American Petroleum Institute para marcar o centenário do negócio global de petróleo, o físico Edward Teller disse aos executivos mais importantes do setor: "O dióxido de carbono tem uma propriedade estranha. Ele reflete a luz visível, mas absorve a radiação infravermelha que é emitida da Terra." A temperatura, previu Teller, aumentaria, e quando isso acontecesse, haveria "uma possibilidade de as calotas de gelo começarem a derreter, e o nível dos oceanos, a subir".[3] Esse tipo de aviso, porém, foi facilmente ignorado. Rachel Carson ainda não começara a deslustrar o brilho da modernidade; seu livro *Primavera Silenciosa* seria lançado apenas em 1962. Mais importante, o aquecimento global era mera especulação, porque ninguém tinha o poder da computação para elaborar um modelo de algo tão complicado quanto o clima. É verdade que, já em 1968, o conselheiro científico do presidente norte-americano advertiu a reunião anual das concessionárias de serviços públicos do país que a liberação de dióxido de carbono "poderia ocasionar sérias consequências no clima — possivelmente até mesmo desencadeando efeitos catastróficos como o ocorrido de tempos em tempos no passado".[4] Mas também é verdade que ninguém tinha certeza.

No final dos anos 1970, contudo, quando a Exxon abordou a questão, o efeito estufa mudou de uma vaga possibilidade para algo muito mais ameaçador: "Hoje em dia, há a convicção de que o homem tem um intervalo de tempo de cinco a dez anos antes que seja essencial a necessidade de tomar decisões difíceis sobre mudanças nas estratégias de energia", disse James Black aos executivos da Exxon. Dois anos depois, os cientistas da empresa, em um documento amplamente distribuído entre altos executivos, disseram: "Não há dúvida de que o aumento no uso de combustíveis fósseis e a diminuição da cobertura florestal estão agravando o problema potencial da elevação de CO_2 na atmosfera." O American Petroleum Institute reuniu uma força tarefa industrial, com representantes da Exxon, Texaco, Shell, Gulf e outras, para "examinar a ciência emergente, suas implicações e onde poderiam ser feitas melhorias, se possível, para reduzir as emissões".[5] A Exxon decidiu gastar milhões de dólares em pesquisas — afinal, seu produto era o carbono, e era preciso compreendê-lo. Entre outras coisas, equipou um navio petroleiro, o *Esso Atlantic*, com detectores de dióxido de carbono, em um esforço para medir a rapidez com que os oceanos poderiam absorver o excesso de carbono, e contratou matemáticos para construir modelos climáticos mais sofisticados. Em 1982, chegou à conclusão de que até mesmo as terríveis estimativas anteriores da empresa eram provavelmente muito baixas. Naquele ano, em um documento corporativo marcado para "não ser distribuído externamente", mas com "ampla circulação na administração da Exxon", os cientistas da empresa concluíram que evitar o aquecimento global "exigiria grandes reduções na combustão de combustíveis fósseis". Caso contrário, "há alguns eventos potencialmente catastróficos que devem ser considerados". O atraso, os cientistas advertiam, era perigoso. "Uma vez que os efeitos são mensuráveis, eles podem não ser reversíveis."[6]

Sabemos que os executivos da Exxon levaram esses avisos a sério. Documentos internos revelavam que a empresa (e outras gigantes do petróleo) construiu suas novas plataformas de perfuração de petróleo com deques mais altos para compensar o aumento do nível do mar que agora sabiam estar acontecendo. No Ártico, uma equipe designada para investigar os efeitos do aquecimento concluiu que "o aquecimento global só pode ajudar a reduzir os custos de exploração e desenvolvimento" no mar de Beaufort. Como o líder da equipe disse em uma conferência do setor em 1991: "Os gases do efeito estufa estão crescendo devido à queima de combustíveis fósseis... Ninguém contesta esse fato." A equipe previu que, por consequência, o período de perfurações no Ártico aumentaria de dois meses para cinco meses, o que de fato aconteceu.[7]

A Exxon não era a única que sabia. No outono de 2018, surgiram novos documentos mostrando que os cientistas da Shell haviam estimado, no final da década de 1980, que os níveis de dióxido de carbono poderiam dobrar até 2030 e previsto um aumento nos "deslizamentos de terra, enchentes destrutivas e inundações de terras planas agriculturáveis". Ao todo, os especialistas da Shell disseram que "as mudanças podem ser as maiores da história registrada".[8] Reserve agora um minuto para refletir sobre as implicações dessas denúncias. Em 1988, quando James Hansen tornou o aquecimento global uma questão pública, as companhias de petróleo sabiam que ele e os outros pesquisadores estavam certos. Elas estavam, de fato, usando os modelos climáticos da NASA elaborados por Hansen para descobrir o quanto seus custos de perfuração no Ártico diminuiriam em determinado momento. Imagine, então, o que teria acontecido se elas tivessem apenas contado a verdade. Suponha que, em julho de 1988, após Hansen dizer ao senado norte-americano que o aquecimento global era muito real e muito perigoso, o CEO da Exxon simplesmente dissesse: "Nossa pesquisa confirma que isso aparenta ser verdadeiro." Isso parece o mínimo que qualquer código de conduta moral exigiria. E não teria sido necessariamente destrutivo do ponto de vista econômico. Na realidade, com seu conhecimento avançado, empresas como a Exxon teriam a vantagem de ter dado a largada na construção da economia de energia do futuro. Já em 1978, um gerente da Exxon havia dito: "Este pode ser o tipo de oportunidade que estamos procurando para ter os recursos de tecnologia, gerenciamento e liderança da Exxon colocados no contexto de um projeto destinado a beneficiar a humanidade."[9]

Tivessem a Exxon e seus pares seguido esse caminho, a história — a história *geológica* — teria sido muito diferente. Ninguém teria dito: "Nossa, a Exxon está sendo alarmista." Todos teriam reconhecido a profundidade do problema e começado a trabalhar. Isso não tornaria o trabalho mais fácil — todos os obstáculos que descrevi no capítulo anterior, da inércia à psicologia humana, ainda existiriam. Trinta anos depois, a mudança climática não teria sido *resolvida*, porém, assim como o buraco na camada de ozônio, teríamos avançado a passos largos. Estaríamos a caminho de uma solução; a crise poderia ser atenuada.

Mas não foi isso que aconteceu, é claro, porque esse não era o buraco no ozônio. Nesse caso, a culpa cabia a uma pequena classe de gases para os quais os fabricantes tinham substitutos disponíveis. Dessa vez, o culpado era o combustível fóssil, a substância mais lucrativa da Terra. E então, um mês após o testemunho de Hansen, o gerente de relações públicas da Exxon recomendou em um memorando interno que a empresa "enfatizasse a incerteza" nos dados científicos sobre mudança climática.[10] Assim começou a mentira mais irresponsável da história humana. Em um ano, Exxon, Chevron, Shell, Amoco e outras se uniram para formar o que chamaram de Global Climate Coalition [Coalizão Global do Clima, em tradução livre] "para coordenar a participação das empresas no debate político internacional" sobre mudança climática. A GCC contratou veteranos de lutas anteriores contra a indústria do tabaco; até contratou a empresa que liderou o ataque nos anos 1960 contra Rachel Carson. Também coordenou com a National Coal Association e o American Petroleum Institute uma "campanha popular, por carta e telefone, para evitar que houvesse uma proposta de imposto sobre combustíveis fósseis" e produziu um vídeo insistindo que mais dióxido de carbono "acabaria com a fome no mundo". A GCC também se opôs ao Protocolo de Quioto, de 1997, o primeiro esforço global para se fazer algo a respeito da mudança climática.

Dois meses antes da reunião de Quioto, Lee Raymond (presidente e CEO da Exxon e o homem que tinha a responsabilidade de supervisionar o departamento de ciências que, nos anos 1980, chegou às conclusões inequívocas sobre a mudança climática) discursou em Pequim, no Congresso Mundial do Petróleo, uma fala que figura na curta lista dos discursos mais perniciosos que qualquer norte-americano já fez. Ele afirmou que a Terra estava esfriando e que a ideia de que reduzir as emissões de combustíveis fósseis poderia ter um efeito sobre o clima "desafiava o bom senso"; declarou ainda que, de qualquer maneira, era "altamente improvável que a temperatura em meados do próximo século fosse afetada caso houvesse implementação das políticas agora ou daqui a 20 anos". Lembre-se, os próprios cientistas da Exxon mostraram que cada uma dessas premissas estava errada; a própria Exxon estava baseando suas próprias decisões corporativas nessa ciência. A empresa sabia que o mar de Beaufort estava derretendo e, por isso, construía suas sondas de perfuração de modo a enfrentar a elevação do mar. Só não estava dizendo a verdade ao restante de nós.

A pressão ambiental acabou por forçar a GCC a se dissolver. A BP e a Shell a deixaram depois que grupos ecológicos europeus montaram campanhas furiosas, e muitas das empresas norte-americanas acabaram desistindo. Mas foi uma vitória de Pirro: o dano já havia sido feito. Lembro-me de estar no centro de convenções de Quioto na manhã seguinte, depois que uma longa noite de negociações finalmente acarretou um acordo provisório. Por mais imperfeito e limitado que o acordo fosse, parecia-me que houvera, de fato, uma mudança de rumo positiva quanto a combater as mudanças climáticas. Mas eu estava ao lado de um lobista que coordenava grande parte da luta contra o acordo, e em meio aos aplausos e à animação dos representantes, ele olhou para mim e disse: "Mal posso esperar para voltar a Washington, onde isso está sob controle." Muitos dos mercenários da GCC começaram a trabalhar dentro da administração de George W. Bush. Com nove dias da posse de Bush, Lee Raymond apareceu para uma visita com seu velho amigo, o vice-presidente Dick Cheney, que acabara de deixar o cargo de CEO da gigante de perfuração de petróleo Halliburton. Aparentemente, Raymond ajudou a persuadir Bush a abandonar sua promessa de campanha de tratar o dióxido de carbono como poluente, e, passado um ano, Frank Luntz, o analista de pesquisas de opinião de Bush, produziu um memorando interno que canonizou a estratégia que o GCC popularizara uma década antes: "Os eleitores acreditam que não há consenso sobre o aquecimento global dentro da comunidade científica", escreveu Luntz. "Se o público vier a acreditar que as questões científicas estão consolidadas, mudará a opinião que tem conforme a posição definitiva dos cientistas. Portanto, você precisa continuar a tornar a falta de certeza científica uma questão primordial no debate."[11]

A estratégia funcionou exatamente como precisavam. Em 2017, os analistas de pesquisas de opinião descobriram que quase 90% dos norte-americanos não sabiam que havia um consenso científico sobre o aquecimento global.[12] Lee Raymond deixou o cargo em 2006, levando consigo um pacote de aposentadoria no valor de US$400 milhões, depois que a empresa divulgou os maiores lucros corporativos de sua história. Seu sucessor, Rex Tillerson, tinha uma postura um pouco menos confrontadora e ao menos estava disposto a admitir que a mudança climática pudesse ser real, embora, nas reuniões de acionistas, continuasse a minimizar a ameaça. ("E se nossos modelos forem ruins e não tivermos os efeitos que prevemos?", perguntou ele em 2015.)[13] E a empresa continuou a financiar os que negam a mudança climática e os grupos de fachada. Um deles, o Competitive Enterprise Institute, lançou um comercial de TV intitulado "Carbon Dioxide: They Call It Pollution, We Call It Life." ["Dióxido de Carbono: Eles Chamam de Poluição, Nós Chamamos de Vida", em tradução livre]. Outro, o Heartland Institute, que a Exxon ajudou a fundar nos anos 1990, erigiu cartazes comparando a ciência climática com famosos assassinos em série, como Unabomber e Charles Manson. A Exxon também assinou um acordo de US$500 bilhões para explorar petróleo no Ártico russo (exploração que foi possibilitada apenas devido ao rápido derretimento da área); graças a esses bilhões, Tillerson recebeu oficialmente a Ordem Russa da Amizade em uma cerimônia na casa de campo de Vladimir Putin. Não importa o perigo representado pelo combustível fóssil, a Exxon nunca permitiria uma mudança. Como Tillerson disse na última reunião de acionistas, o planeta "terá que continuar usando combustíveis fósseis, quer eles gostem ou não".[14]

Tillerson acabou sendo nomeado, é claro, secretário de Estado dos EUA, e seu chefe, Donald Trump, foi o exemplo perfeito do quanto a estratégia de relações públicas da empresa havia sido bem-sucedida. Trump, com sua dieta de notícias centrada na rede a cabo da Fox News e que os negadores do clima cultivaram tão assiduamente, acreditava que o aquecimento global era uma "fraude inventada pelos chineses" para prejudicar a indústria norte-americana. (Ele também acreditava que as calotas polares "estão em um nível recorde".)[15] Em consequência, ele retirou os Estados Unidos dos acordos climáticos de Paris, o que significa que a nação que lançou mais carbono na atmosfera do planeta é agora o único país que não está disposto a fingir que agirá para deter a crise. Enquanto isso, na Exxon, os negócios continuavam como de costume. O sucessor de Tillerson, Darren Woods, se livrou da pressão dos acionistas ao concordar que seus executivos escrevessem um relatório divulgando o "risco climático" da empresa. Quando o relatório foi liberado no inverno de 2018, descobriu-se que a Exxon não precisava mudar absolutamente nada. A equipe da Inside-Climate News, que havia descoberto as mentiras da história original da Exxon, resumiu a declaração da empresa: "A Exxon insiste que seria capaz de produzir todo o petróleo em seus campos existentes e continuar investindo em novas reservas."[16]

Isso não significa que essa campanha de engano e ofuscação que já dura três décadas seja ilegal. A Exxon sempre insistiu que "acompanhou o consenso científico sobre a mudança climática, e sua pesquisa sobre o assunto consta em periódicos, revisados por pares, publicamente disponíveis".[17] Seja como for, a Primeira Emenda preserva o direito de mentir. Entretanto, no outono de 2018, Barbara Underwood, procuradora-geral de Nova York, propôs uma ação contra a Exxon por mentir aos investidores, e isso *é* um crime. Em janeiro de 2019, a Suprema Corte decidiu que a empresa deveria ceder milhões de páginas de documentos internos à procuradora-geral de Massachusetts, Maura Healey, cuja análise poderá esclarecer o caso.

O indiscutível, porém, é que essa campanha nos custou a geração humana que poderia ter feito a diferença crucial na luta pelo clima. Alex Steffen, um escritor ambientalista, cunhou o termo *atraso predatório*, "o bloqueio ou refreamento da mudança necessária no intuito de ganhar dinheiro com sistemas insustentáveis e injustos nesse meio tempo". Essa ação tem na mudança climática e no comportamento das empresas petrolíferas seu exemplo perfeito. "Se tivéssemos começado a cortar as emissões globais em 1990, poderíamos ainda ter enfrentado a crise climática com confiança", escreve ele. "Calculando grosseiramente, poderíamos ter reduzido as emissões em algo na ordem de um quarto por década e nos mantido dentro de nossa meta de CO_2." Uma tarefa assim "não teria sido fácil", mas poderíamos dar conta dela implementando "reformas regulatórias incrementais bem compreendidas, e sistemas de negociação ou precificação de carbono bem planejados". Mas agora, com 2020 à vista e após três décadas de emissões crescentes de carbono, alcançar as modestas metas do acordo climático de Paris, por exemplo, tornou-se quase impossível. "O caminho agora é íngreme, quase perpendicular — a nova curva em que estamos exige uma redução de emissões totalmente disruptiva" de até 50% por década. Como disse o geofísico Michael Mann: "O que teria sido como aprender a nadar era agora como quebrar um recorde olímpico." Isso significa, explicou Steffen, que "a ação climática não pode mais ser organizada, gradual ou até mesmo alinhada com nossas expectativas".[18] No início de 2018, a posição dos analistas que calculavam os esforços de transição, em todo o mundo, era inclemente. "Não é rápido o suficiente", disse um deles. "Não é grande o suficiente. Não há ação suficiente."[19]

Eu sempre soube que a luta pelo clima seria difícil, muito mais do que qualquer coisa que os humanos já tenham enfrentado. Em O *Fim da Natureza*, afirmei que duvidava que faríamos progresso rápido o suficiente para impedir a transformação generalizada de nosso planeta. Mas eu tinha 28 anos na época e era incapaz de conceber que, enquanto escrevia o livro, algumas das pessoas mais poderosas da Terra planejavam uma mentira que tornaria a tarefa infinitamente mais complicada. Vivi os últimos 30 anos envolto nessa mentira, em meio a um debate interminável sobre se o aquecimento global era "real" — *um debate no qual ambos os lados sabiam a resposta desde o início.*

Só que um desses lados estava disposto a mentir. É preciso, então, entender de onde veio essa mentira.

PARTE DOIS

Alavancagem

8

Eu disse que fui um jovem ingênuo. Permita-me provar isso novamente.

Um ano depois da faculdade, escrevendo para o *New Yorker*, fui a uma pequena cidade do delta do Mississipi chamada Tunica. Meu objetivo era fazer uma reportagem sobre uma favela que se estendia ao longo de um riacho pequeno e fétido chamado Sugar Ditch. Os moradores, todos negros, não dispunham de tratamento de esgoto ou água corrente. Jesse Jackson batizara o local de "Etiópia da América", e aquilo logo virou um escândalo. Em dado momento, o *60 Minutes* [programa jornalístico da televisão norte-americana] esteve lá para uma cobertura especial. Sob um sol inclemente, o lugar exalava um mau cheiro terrível, insetos ocupavam as paredes daqueles casebres, e os moradores pareciam tão abatidos quanto era possível imaginar. Não longe dali — mas a uma distância intencional — ficavam as ruas suburbanas dos moradores brancos da cidade, que pareciam as ruas sem saída e as casas assobradadas de pé direito baixo entre as quais fui criado.

A ingenuidade a que me refiro não era sobre a existência da pobreza — naquela época, eu cuidava de um abrigo para pessoas sem-teto no porão de minha igreja em Manhattan. Eu era ingênuo sobre o *futuro*. Pensava que faríamos alguma coisa quanto à falta de moradia e tinha certeza de que Tunica era uma aberração, algo do passado distante. Na ocasião, todos cobriram a história com este pensamento: aquilo era uma reminiscência negligenciada de dias mais tristes que de certa forma sobreviveu, uma espécie de anti-Williamsburg [cidade colonial histórica dos Estados Unidos] que retrata o pior da era da agricultura de meação. Era um eco, tanto uma esquisitice quanto um constrangimento. E no ano seguinte, como previsto, o governo federal começou a derrubar aquelas casas e a substituí-las por novos apartamentos. Afinal, como o Departamento de Habitação e Desenvolvimento Urbano dos EUA apontou na época, mais de 50 doenças estavam associadas ao contato com os dejetos humanos. Doenças assim, obviamente, não fazem sentido em um país rico.

Minha ingenuidade foi o resultado natural do fato de eu ter crescido exatamente no período em que os Estados Unidos estavam fazendo grandes progressos em direção à redução da desigualdade, quando parecia que a tarefa óbvia era tornar nosso mundo mais justo. Nasci em 1960, entre o New Deal e a Great Society*. Durante minha infância, eclodiram os movimentos dos direitos civis e das mulheres. Pensei que era disso que se tratava a política. Em 1978, ano em que me formei no ensino médio, o 1% dos norte-americanos mais ricos viram sua parte da riqueza nacional cair para 23%.

Essa foi a menor participação já registrada. Dessa ocasião em diante, a parcela detida pelos ricos duplicou. Quando nasci, a renda dos CEOs não chegava a 20 vezes a do trabalhador médio; agora eles ganham 295 vezes mais.[1] E com o rápido aumento da desigualdade, cresceu o número de pessoas em condições de extrema pobreza, tal como vi em Tunica e imaginei ser uma relíquia. Em 2017, um representante das Nações Unidas, especializado em pobreza extrema e direitos humanos, visitou os Estados Unidos. Após duas semanas no país, esse especialista, um australiano, concluiu que "para um dos países mais ricos do mundo, ter 40 milhões de pessoas vivendo na pobreza e mais de 5 milhões vivendo nas condições do 'Terceiro Mundo' é cruel e desumano".[2] Ele relatou muitos horrores — 14 mil sem-teto em São Francisco presos por urinar em público quando a proporção de banheiros por pessoas em Skid Row [área da cidade onde há grande concentração de moradores de rua] "nem mesmo atendia aos padrões mínimos estabelecidos pela ONU para os campos de refugiados sírios"; e as pessoas desdentadas que viu porque o atendimento odontológico para adultos não é coberto pelo Medicaid —, mas se concentrou mais na prevalência da ancilostomíase na zona rural. Esse mal é ocasionado pelo *Necator americanus*, um parasita que penetra no organismo pela planta dos pés descalços e por fim se aloja no intestino delgado, "onde começa a sugar o sangue de seu hospedeiro. Depois de meses ou anos, causa deficiência de ferro e anemia, perda de peso, cansaço e prejudica a função mental, especialmente em crianças, ajudando a aprisioná-las na pobreza em que a doença se desenvolve".[3]

Em Lowndes, um município alvo de estudos de pesquisadores da Faculdade de Medicina Baylor (e um dos focos da luta pelos direitos civis do Alabama na década de 1960), *34% dos residentes fizeram testes que confirmaram os sinais da doença.* Como em Tunica décadas antes, o esgoto não tratado era

---

* N.E.: O Neal Deal foi um conjunto de medidas econômicas e sociais do governo Roosevelt cujo objetivo era recuperar a economia norte-americana da grave crise de 1929. A Great Society foi uma série de medidas adotadas pelo governo de Lyndon Johnson entre 1964 e 1965 que visavam a eliminar a pobreza e a injustiça racial.

objeto de atenção — os repórteres que acompanharam o estudo encontraram estacionamentos de trailers nos quais o saneamento constituía-se simplesmente de um cano rachado que levava à floresta, entrecruzando-se com o cano que levava a água de volta para os trailers. "O esgoto a céu aberto estava infestado de mosquitos, e via-se uma longa fileira de formigas seguindo o cano de esgoto da casa", relatou o *Guardian*. "Brilhando ao sol, a esteira de água viscosa que se empoçava bem próxima à casa revelava, a um olhar mais atento, que estava, na verdade, se movendo, os dejetos humanos voluteando e se agitando com milhares de vermes." Os pesquisadores estimaram que 12 milhões de norte-americanos podem, hoje, estar sofrendo de doenças tropicais negligenciadas, como a ancilostomíase, nas regiões quentes do país.[4]

Este não é um livro sobre pobreza e desigualdade. Há uma ampla literatura a respeito, e quanto mais rica, melhor, porque pessoas reais estão tendo a vida real arruinada todos os dias. Pobreza, desigualdade e injustiça, porém, não acabarão com o jogo humano. O pêndulo pode, e irá, por fim, voltar para o outro lado, em direção ao tipo de esforço pelo igualitarismo que marcou minha infância. Isso acontecerá, seja por reformas, seja por uma revolução, pois esse é um ciclo repetitivo nos assuntos humanos. Precisamos acelerar essa próxima inflexão; feita corretamente, a luta contra a desigualdade combina poderosamente com a luta contra ameaças mais existenciais, como a mudança climática. É por isso que na 350.org falamos muito sobre "justiça climática", convencidos de que é certo e inteligente trabalhar mais estreitamente com as comunidades nas linhas de frente dos danos ambientais. Por essa razão, estamos empolgados com esforços como o da Poor People's Campaign ["Campanha das Pessoas Pobres", em tradução livre], ou do Leap Manifesto ["Manifesto do Salto", em tradução livre], que Naomi Klein produziu em conjunto com uma série de sindicatos trabalhistas e povos indígenas. Tudo isso constitui uma só luta.

Mas, para este livro, o rápido aumento da pobreza e da desigualdade servirá principalmente como um marcador de quem somos neste momento e de como chegamos aqui; com o que nos importamos e como entendemos o mundo. E para tal propósito, a parte mais importante desse "nós" são as pessoas no poder, formal ou não, que permitiram que essa pobreza e desigualdade aumentassem nas últimas quatro décadas. Permitiram não — *incentivaram*. Poucos dias depois do relatório do enviado especial da ONU aos EUA sobre a situação da pobreza no país, o Congresso reagiu aprovando um enorme corte de impostos, o que, segundo a previsão de praticamente todos os economistas, pioraria ainda mais a desigualdade. Como o especialista da ONU observou em seu relatório oficial ao órgão mundial: "A estratégia parece ter sido feita sob medida para maximizar a desigualdade. Parece impulsionada por desprezo, e às vezes até por ódio, pelos pobres, junto com uma mentalidade de 'o vencedor leva tudo'."[5] O vencedor leva tudo e controla tudo: um décimo de 1% dos norte-americanos forneceu 40% das contribuições de campanha durante a corrida presidencial de 2016 — ou seja, 24.949 pessoas.[6] Essas são as mesmas pessoas, ou pelo menos a mesma classe de pessoas, que nos têm impedido de agir sobre as mudanças climáticas. Então é preciso compreender o que as impulsiona. Precisamos diagnosticar o verme intelectual e espiritual que invadiu o corpo e se entranhou no cérebro dessas pessoas.

A primeira coisa a dizer é que os níveis atuais de desigualdade são quase inacreditáveis, terrivelmente sérios, mas também caricaturais. O patrimônio dos oito homens mais ricos do mundo é maior do que o da metade da humanidade mais pobre. Essa tendência, não surpreendentemente, é mais acentuada nos Estados Unidos, no qual 3 homens detêm mais riqueza do que as 150 milhões de pessoas do estrato inferior de renda juntas.[7] Entre os 1% mais ricos, 10% deles possuem tanto quanto o total dos 90% mais pobres.[8] Jeff Bezos, que antes de seu divórcio era o homem mais rico do mundo, teria de gastar US$28 milhões todo santo dia apenas para impedir que sua fortuna aumentasse — o que é engraçado de uma maneira doentia, já que em 2017 seu funcionário médio ganhava US$28 mil por ano.[9] O patrimônio dos Walton, uma família da linhagem Walmart, é superior ao do pertencente a 42% das famílias norte-americanas combinadas.[10]

A situação, claro, é pior para quem se espera que seja. A riqueza média de uma família negra nos Estados Unidos, que é de US$1,7 mil, vem declinando constantemente.[11] E, logicamente, está piorando a cada nova geração à medida que a dívida estudantil aumenta e os salários continuam os mesmos. (Pelo lado positivo, o Credit Suisse relata um salto no número global de bilionários com menos de 40 anos; em 2006, eram 46, em comparação a apenas 21 em 2003.[12] E no verão de 2018, a *Forbes* informou que Kylie Jenner, a mais jovem do clã Kardashian, estava prestes a se tornar o quadragésimo sétimo, com a força de sua linha de brilho labial.) Em relação aos membros de gerações anteriores, as crianças norte-americanas têm agora muito menos probabilidade de ganhar mais do que seus pais, uma mudança bastante essencial na forma como percebemos o mundo.[13]

Entretanto, ainda que tenhamos a sorte de ganhar mais do que nossos pais — mesmo que sejamos vencedores —, essa desigualdade tem um custo real. Em 2009, os epidemiologistas Richard Wilkinson e Kate Pickett estudaram uma série de países de alta renda. Eles descobriram que, conforme a desigualdade aumentava, crescia também o número de presos e a evasão escolar, a gravidez na adolescência e o uso de drogas, a incidência de doenças mentais e a obesidade. Eles compararam um bebê nascido na Grécia com um nascido nos Estados Unidos, onde a renda per capita é duas vezes maior e se gasta duas vezes mais por pessoa em assistência médica. Não obstante, o bebê grego viverá, em média, 1,2 ano a mais. "Existem hoje muitos estudos de desigualdade de renda e saúde que comparam países, estados norte-americanos ou outras grandes regiões, e a maioria deles mostra que sociedades mais igualitárias tendem a ser mais saudáveis", eles observaram.[14] Trata-se de um experimento que funciona para tudo, de taxas de alfabetização a taxas de homicídio. Acontece que a desigualdade não prejudica apenas os menos favorecidos; prejudica a *todos* em uma sociedade.

Em 2015, dois estatísticos apontaram outra tendência notável: as taxas de mortalidade de norte-americanos brancos de meia-idade começaram a subir. De tão inesperada, a descoberta fez com que, a princípio, os pesquisadores duvidassem de seu próprio trabalho. "As taxas de mortalidade sempre declinaram", disse um deles, o vencedor do Prêmio Nobel Angus Deaton. "Houve um grande aumento na expectativa de vida e na redução da mortalidade por mais de 100 anos, e então esse retrocesso repentino nos fez pensar que deveria estar errado. Passamos semanas checando nossos números, porque simplesmente não acreditávamos que isso poderia ter acontecido." Deveras convencidos de que os números estavam corretos, e de que, na realidade, a tendência vinha desde 1999, Deaton e seu parceiro de pesquisa partiram em busca de explicações. Os grupos mais atingidos eram norte-americanos da classe trabalhadora. Em contraste com as pessoas de outras partes do mundo, eles não eram tão pobres — tinham televisores e celulares —, mas também eram tomados pela ansiedade de estar próximos da base da pirâmide de renda de uma economia mutável em um país com uma limitada rede de segurança social. Os pesquisadores rotularam essa nova mortalidade como "mortes por desespero" — por suicídio, abuso de opiáceos e má nutrição. Não houve um aumento similar nos países da Europa, muito mais igualitários, os quais obviamente também estavam lidando com recessão global, a ascensão da China e o solapamento das economias manufatureiras.[15] Em 2016, Alan Krueger, ex-presidente do Conselho de Assessores Econômicos do presidente norte-americano, divulgou um estudo mostrando que metade das pessoas com idade entre 25 e 54 anos que haviam deixado seus empregos tomavam analgésicos diariamente. Tais pessoas também passavam 40 horas por semana, em média, em frente a uma tela de vídeo, de um ou outro tipo, como se fosse um trabalho de tempo integral.[16] Essa é a vida de muita gente na sociedade mais rica e desigual que o mundo já viu.

Há uma tendência da esquerda política de atribuir tudo isso — desigualdade, cobiça sancionada, destruição ambiental — ao "capitalismo", e em certo nível, isso é correto: os vencedores nessa guerra de classes usaram a mecânica de nosso sistema econômico para obter vantagem. Mas também permite que os vilões dessa história saiam impunes com muita facilidade. Se você vai para a Escandinávia, está em um lugar reconhecidamente capitalista: há mercados, você troca dinheiro por mercadorias, e algumas pessoas ficam mais ricas que outras. (Eles também são bons nisso. Ao longo do século XX, o mercado de ações sueco teve um desempenho superior ao de todos os outros.) Mas o capitalismo ali tem peculiaridades consideravelmente diferentes. De fato, caso queira, poderia chamar de socialismo democrático. Caracteriza-se por impostos elevados e serviços sociais generosos, inteiramente regulamentados pelo governo, e um compromisso com certa igualdade. (Apenas para dar o menor dos exemplos, os escandinavos relacionam as multas de trânsito com a renda anual de uma pessoa: um magnata finlandês do ramo da telefonia celular pagou recentemente US$103 mil por andar de moto a pouco mais de 70km/h em uma zona na qual a velocidade máxima era de 50km/h.) Já o tipo de capitalismo que transforma os Estados Unidos em uma selva assustadora é muito diferente: seja chamando-o de laissez-faire ou neoliberalismo, seja usando expressões como "governo fora do caminho" ou "amigável para as corporações" para adjetivá-lo, ele é uma variante particularmente predatória que está na origem de nossos problemas atuais, e que vale a pena estudar cuidadosamente.

Também é nítido o enorme papel desempenhado pela questão racial na condução da transformação política dos EUA: é a grande mancha na nação estadunidense, um pecado irredutível. E não há dúvida de que os ricos usaram os ódios e medos de muitos norte-americanos brancos como uma alavanca poderosa para mudar a política do país. A "estratégia do sul" republicana tem sido o esforço espetacularmente bem-sucedido de agir em profundos reservatórios de ódio racial (em todas as regiões) e tem eco nos nacionalismos de direita de muitas outras nações. Isso é particularmente óbvio hoje em dia, quando um verdadeiro racista, Donald Trump, preside a Casa Branca. E, no entanto, penso que os homens que de fato conceberam e realizaram essa mudança, desde as eras de Nixon e Reagan até o presente, foram movidos menos pela supremacia branca do que pelo cálculo cínico. Eles podem ter sido racistas em suas intenções e certamente em seus efeitos, mas também foram movidos por um tipo diferente de energia ideológica bruta.

É preciso entender em que consiste essa energia ideológica. Há algo mais entranhado ali, ao lado da busca pelo lucro e da intencionalidade do discurso racista. Alguns de nós chegaram, em pouco tempo, a uma noção muito diferente do que significa ser uma pessoa. A solidariedade humana básica, em especial para os mais poderosos entre nós, foi substituída por uma ideia muito diferente.

9

Você poderia argumentar que o filósofo político mais importante do nosso tempo é a romancista Ayn Rand. De fato, dada a alavancagem do momento presente, a qual está ameaçando finalizar o jogo humano, você poderia argumentar que ela é a filósofa mais importante de todos os tempos. Ela teria concordado: uma vez disse a um repórter que era "a pensadora mais criativa viva" e que o único outro filósofo que a influenciou foi Aristóteles.

Para começar, isso não faz sentido. Há algo de infantil em seus escritos; suas ideias sobre o mundo são simples, unidimensionais e venenosas. Mas você não precisa estar certo para ser influente. Seus livros entusiasmaram muitas das pessoas que dominavam a política norte-americana em momentos cruciais. Quando os Estados Unidos ocupavam o papel de superpotência, mapeando os rumos do planeta, ela preenchia o coração e a mente de muitas das personalidades mais poderosas do país.

Foi o caso de Alan Greenspan, o avatar do neoliberalismo e principal arquiteto da economia mundial nos anos após o colapso da União Soviética — como o *Economist* disse uma vez, "os homens do dinheiro" o chamavam de "Santo Alan".[1] Greenspan conheceu Rand no início dos anos 1950, quando ele tinha 25 anos e já fazia previsões econômicas. Ela já era a famosa autora de *A Nascente*, e ele se integrou em seu círculo, frequentando o apartamento dela em Nova York todo sábado à noite para ouvi-la ler para seus acólitos os rascunhos de seu romance seguinte, *A Revolta de Atlas*. Quando o livro foi publicado, em 1957, sofreu críticas do *Times*, mas Greenspan escreveu uma carta ao editor em sua defesa: "*A Revolta de Atlas* é uma celebração da vida e da felicidade. A justiça é implacável. Indivíduos criativos, constância de propósitos e racionalidade resultam em alegria e satisfação. Parasitas que evitam persistentemente propósito ou razão pereçam como deveriam."[2] Durante a década seguinte, ele publicou artigos na revista de Rand, *The Objectivist*, e quando foi nomeado por Gerald Ford para presidir o Conselho de Assessores Econômicos do presidente, Rand estava a seu lado quando jurou. Ela já havia falecido quando Ronald Reagan nomeou Greenspan para presidir o Federal Reserve, mas graças a pessoas como Greenspan, sua influência continuou — os anos de Thatcher e Reagan foram, nas palavras de um escritor, "a segunda era de Rand... quando a filosofia do laissez-faire passou da excêntrica obsessão dos economistas de direita ao credo governante do capitalismo anglo-americano".³

E foram precisamente os Estados Unidos, precisamente naquelas décadas, que podem ter decidido o futuro geológico e tecnológico do planeta. Rand chamou sua teoria de "objetivismo", que geralmente é agrupada ao "libertarianismo", o qual, na sua forma mais sofisticada e acadêmica, é uma escola econômica real, com gráficos, tabelas e equações. Ela detalhou argumentos teológicos, alguns deles levando a conclusões sensatas — que a guerra às drogas foi uma fracasso estúpido, por exemplo, ou que as pessoas deveriam poder se casar com quem elas gostassem —, mas seu núcleo emocional, canalizado perfeitamente por Rand, é simples: governo é algo ruim. Egoísmo é bom. Cuide de si mesmo. Solidariedade é uma armadilha. Impostos são roubo. *Você não é meu chefe.* Quando o *New York Times* descreveu Rand como a "laureada romancista" do governo Reagan, esses eram os tipos de atitudes cruas a que se referia. O secretário de comércio de Reagan, por exemplo, era um homem chamado William Verity, herdeiro de uma fortuna proveniente da siderúrgica fundada por seu avô. Ele mantinha um cartão em sua mesa com uma citação bem ao estilo ríspido de Rand: "Não há nada de importante na vida, exceto o quão bem você realiza seu trabalho. Nada mais. Só isso. O que mais você fizer virá disso. É a única medida do valor humano. *Todos os códigos de ética que eles tentarão enfiar por sua goela abaixo nada mais são que muita conversa fiada de trapaceiros para enganar as pessoas.*"⁴

O legado se fortalecia à medida que os anos passavam após Reagan. Magnatas corporativos e congressistas continuavam entregando cópias uns aos outros dos romances de Rand: "Por conversar com muitos CEOs da Fortune 500, sei que *A Revolta de Atlas* teve um efeito significativo em suas decisões de negócios", disse o principal executivo de um dos maiores bancos regionais dos Estados Unidos. "Ele oferece algo que não se encontra em outros livros: os princípios que se aplicam aos negócios e à vida em geral. Eu diria que é completo."⁵ A influência de Rand atravessa os oceanos: o "arquiteto intelectual do Brexit" mantém uma foto dela em sua mesa.⁶ Paul Ryan disse à Atlas Society, um fã-clube de Rand, que seus livros eram "a razão pela qual me envolvi no serviço público" e que ele exigiu que todos os seus estagiários os lessem. "Acho que Ayn Rand fez o melhor trabalho possível para construir um embasamento moral para o capitalismo", explicou ele em uma série de vídeos postados no Facebook.[7] Rand foi a inspiração para seu Path to Prosperity ["O Caminho da Prosperidade", em tradução livre], uma proposta orçamentária que visava acabar com o Medicare [sistema público de seguro de saúde norte-americano para idosos]. No entanto, Ryan também demonstrou o único senão que os políticos republicanos tinham com Rand — ela era, como seria de se esperar em face de seus pontos de vista, veementemente contra o Cristianismo, chamando os evangelhos de "o melhor jardim de infância possível do Comunismo". Assim, quando Mitt Romney nomeou Ryan como vice-presidente em sua chapa para as eleições de 2012, o sempre corajoso Ryan anunciou que há muito havia "rejeitado" o Randianismo como "antitético à minha visão de mundo".[8]

Mas ele estava praticamente sozinho em sua apostasia. Clarence Thomas, antes de ser juiz da Suprema Corte, insistiu que sua equipe da Comissão de Igualdade de Oportunidades de Emprego assistisse à adaptação cinematográfica do livro *A Nascente* [filme exibido no Brasil com o título *Vontade Indômita*] durante o horário de almoço; um assessor a chamou de "uma espécie de filme de treinamento". De fato, quando a Casa Branca estava analisando possíveis candidatos ao tribunal federal, Thomas foi recomendado pelo direitista Instituto de Justiça justamente graças à "sua devoção à filosofia de Ayn Rand".[9] Rex Tillerson, ex-secretário de Estado, diz que *A Revolta de Atlas* é seu "livro favorito". Idem para seu sucessor, Mike Pompeo. De fato, o bilionário Ray Dalio, um daqueles confidentes para quem Donald Trump telefona tarde da noite quando não consegue dormir, disse: "Os livros dela capturam muito bem a mentalidade" do presidente e de seus homens. "Este novo governo detesta pessoas e políticas socialistas fracas e improdutivas e admira os fortes e capazes de gerar lucro."[10] Andrew Puzder, o primeiro indicado de Trump para a pasta do trabalho, nomeou seu fundo de capital privado em homenagem a Howard Roark, um dos heróis fictícios de Rand.

E o que dizer do grande homem? Donald Trump chamou *A Nascente* de seu livro favorito. "Relaciona-se a negócios, beleza, vida e emoções interiores", disse ele ao *USA Today*. "Esse livro se relaciona com… tudo."[11]

O culto de Ayn Rand se estende muito além dos mais ricos e poderosos. Quando a Modern Library pediu aos leitores em 1998 que catalogassem os melhores livros do século XX, esqueça Hemingway, Joyce e Bellow: *A Revolta de Atlas* e *A Nascente* foram classificados em primeiro e segundo lugares, respectivamente. Muitos leitores podem ter concordado com Barack Obama, que descreveu o trabalho de Rand como "uma daquelas coisas a que muitos de nós, quando tínhamos 17 ou 18 anos e nos sentíamos incompreendidos, nos apegávamos".¹² Mas muitos outros nunca a deixaram de lado. Um biógrafo descreveu-a como "a definitiva droga de entrada para a vida à direita".¹³

Quando pessoas poderosas lhe dizem, repetidamente, que os livros de Rand são os mais importantes que já leram, que moldaram seu pensamento e apontaram uma direção específica para suas vidas, quando eles amam algo a ponto de dar para seus fundos de hedge ou seus iates o mesmo nome em homenagem, o resto de nós deve ficar muito atento. Como se explica tamanha influência?

Vamos começar com o que ela acertou. Pode-se pensar nela, e no neoliberalismo de direita do laissez-faire em geral, como uma espécie de extrapolação tóxica de uma reação natural e apropriada às ameaças totalitárias do século XX encharcado de sangue. O jornalista Thomas Ricks publicou recentemente uma fascinante biografia conjunta de Winston Churchill e George Orwell, dois homens muito diferentes um do outro que, no final da vida, uniram-se na convicção de que a principal tarefa dos humanos era "preservar um espaço para o indivíduo na vida moderna", em contraposição à ameaça de um Estado todo-poderoso.¹⁴ No dia em que a Grã-Bretanha declarou guerra à Alemanha nazista, Churchill disse: "Esta não é uma guerra por dominação, engrandecimento imperial ou ganho material... É uma guerra, em sua essência, que visa estabelecer, gravados em rochas inexpugnáveis, *os direitos individuais*, e é uma guerra para consagrar e reviver a estatura do homem."¹⁵ Embora ele tenha lutado na Segunda Guerra Mundial ao lado de Stalin, Churchill temia o comunismo totalitário pelo menos tanto quanto temia o nazismo, assim como Orwell, que fora à Espanha para combater o fascismo e acabou escrevendo seus maiores romances contra uma União Soviética levemente disfarçada. Como Orwell escreveu com relação ao fim da guerra: "Esta é a era do estado totalitário, que não permite e provavelmente não pode permitir ao indivíduo qualquer liberdade. Quando se fala em totalitarismo, pensa-se imediatamente na Alemanha, Rússia, Itália, mas acho que se deve enfrentar o risco de que esse seja um fenômeno mundial."¹⁶

Ayn Rand compartilhava essa mesma visão, mas ela não precisava imaginar como seria esse estado totalitário. Nascida Alisa Zinovyevna Rosenbaum em 1905, ela cresceu em uma casa de classe média judaica em São Petersburgo. (Sua melhor amiga, Olga, era a irmã mais nova de Vladimir Nabokov.) Em 1918, após a Revolução Bolchevique, membros da Guarda Vermelha bateram à porta da farmácia bem-sucedida de seu pai e disseram que ela havia sido apreendida "em nome do povo". Nas palavras de Jennifer Burns, sua biógrafa, Alisa, "com 12 anos de idade época, foi tomada pela indignação. A loja era do pai dela; ele havia trabalhado para isso, estudou longas horas na universidade, forneceu conselhos valiosos e medicamentos para seus clientes. Agora, em um instante, aquilo se fora, levado para beneficiar camponeses sem nome e sem rosto". Os soldados chegaram armados, ameaçando matar seu pai, mesmo que "falassem em justiça e igualdade, que seu objetivo era construir uma sociedade melhor para todos. Observando, ouvindo, absorvendo, Alisa soube de uma coisa: os que invocavam ideais tão elevados não eram confiáveis. Falar sobre ajudar os outros era apenas uma cobertura diáfana para a força e o poder".[17]

A família fugiu para a Crimeia, então sob o controle dos Russos Brancos [os que se opunham à Revolução Bolchevique], mas os bolcheviques tomaram o poder na região, e, em pouco tempo, a propriedade dos Rosenbaum foi confiscada novamente, e eles precisaram vender as joias da família para sobreviver. Alisa cursou a universidade na cidade hoje conhecida como Petrogrado, sobrevivendo a mais um expurgo de estudantes burgueses, e se apaixonou por Nietzsche e, principalmente, por Aristóteles. "Consistência foi o princípio que chamou sua atenção", disse Burns, "não surpreendentemente, dada sua vida imprevisível e assustadora".[18] Ela morava com seus pais, mas o lar agora era uma favela, e a comida, escassa. Cinco milhões de russos morreram de fome entre 1921 e 1922, e os moradores da cidade subsistiam graças a cartões de racionamento. Não surpreende que Alisa tenha aproveitado a primeira oportunidade para escapar: ela viajou para os Estados Unidos com um visto de curta duração, supostamente para visitar familiares no Meio-oeste, mas já ao partir, viajando sob um novo pseudônimo, ela sabia que não voltaria.

Chegando em Chicago, ela passou a frequentar os cinemas em todos os momentos possíveis. Segundo seu diário, ela assistiu (e meticulosamente classificou) 138 filmes entre fevereiro e agosto de 1926; seus favoritos eram as extravagâncias de Cecil B. DeMille. Ela foi visitar Hollywood e, no que se parece com uma cena digna de um filme, viu o diretor ao volante de seu carro conversível em marcha lenta falando com alguém. Na narrativa de Burns, Rand "olhava fixamente, sem desviar os olhos. DeMille, embora acostumado à adulação, ficou impressionado com a intensidade daquele olhar e a chamou. Rand respondeu, balbuciando em seu sotaque gutural, dizendo que acabara de chegar da Rússia. DeMille reconhecia uma boa história quando a ouvia e impulsivamente convidou Rand para entrar no automóvel. Ele dirigiu pelas ruas de Hollywood, citou nomes famosos", e a convidou para ir ao set de filmagem de *O Rei dos Reis* no dia seguinte. Ela transformou o encontro em uma oportunidade de emprego como escritora júnior em seu estúdio, para resumir os textos que DeMille possuía e sugerir como poderiam ser melhorados. Rand acabou por elaborar seu próprio roteiro, inspirada no sensacional caso de um assassino adolescente chamado William Hickman, que havia mutilado sua vítima e "se vangloriava do que fizera quando foi pego". Rand, no entanto, mostrava compreensão, se não encantamento — para ela, Hickman personificava "o indivíduo forte que se libertara das regras do homem comum".[19] Em seu diário, ela o citou: "O certo é aquilo que é bom para mim", e acrescentou sua própria resposta: "Esta é a melhor e mais forte expressão da psicologia de um homem de verdade que já ouvi."

E assim, desde o princípio, temos a Rand que por fim se tornaria famosa. Eis o que ela escreveu em um breve esboço autobiográfico aos 30 anos: "Se uma vida pode ter uma música tema, e acredito que todos têm uma que vale a pena, a minha é uma religião, uma obsessão ou uma mania, ou todas essas coisas, que expresso em uma palavra: *individualismo*."[20] Dada sua infância, fazia todo sentido. Qualquer pessoa que, aos 12 anos de idade, presenciasse seu pai ser assaltado à mão armada, odiaria os ladrões; qualquer pessoa de mente vivaz seria capaz de tirar uma conclusão mais ampla sobre o sistema que perpetrou o assalto. Mas Rand, diferentemente de um grande pensador, não via outra experiência senão a dela, e sua necessidade emocional de consistência a pressionava constantemente a generalizar a partir dessa experiência. Tivesse ela se dedicado a ensaios e manifestos, teria sido um exemplo menor e esquecido desse tipo do século XX, uma pessoa excêntrica.

Em vez disso, ela escreveu histórias. E isso fez toda a diferença, porque, é claro, as histórias são como entendemos o mundo. O fato de serem melodramas, um gênero de escrita que agrada a adolescentes ou àqueles que não leem muitos livros, teria sido uma decisão tática sábia, todavia, no caso, parece simplesmente refletir o modo de pensar de Rand.

A Nascente conta a história de um arquiteto chamado Howard Roark. Ele é o maior arquiteto do mundo, embora, é claro, ninguém reconheça isso, porque todos são um bando de sujeitos "second-handers"* coletivistas que apenas imitam o trabalho que outros fizeram no passado. Já os edifícios que

---

* N.E.: Termo cunhado por Rand que se pode traduzir livremente por "sujeito de segunda mão". Tem sentido pejorativo, significando alguém que deriva suas decisões da visão de mundo dos outros.

Roark projetou, por outro lado, "não eram clássicos, não eram góticos, não eram renascentistas. Eram apenas Howard Roark".[21] Eis o que pensava Roark durante uma visita a uma pedreira:

> Ele olhou para o granito. É para ser fendido, ele pensou, e transformado em paredes. Ele olhou para uma árvore. É para ser cortada e transformada em caibros. Ele olhou para um veio ferruginoso na pedra e pensou em minério de ferro embaixo da terra. Para ser derretido e emergir como vigas contra o céu. Essas pedras, ele pensou, estão aqui para mim: esperando a broca, a dinamite e minha voz; esperando para serem divididas, arrancadas, trituradas, renascidas; esperando o formato que minhas mãos lhes darão.[22]

Não é fácil compreender por que Donald Trump se identifica tanto com ele, esse poderoso Roark, que "não havia feito ou procurado um único amigo no campus". Ah! Roark também é mais ou menos um estuprador — a "história de amor" que permeia o livro mostra-o subjugando a bela Dominique, um "retrato brutal de uma conquista, um episódio que deixou Dominique machucada, golpeada e querendo mais".[23] Rand ofereceu "explicações conflitantes para a cena sadomasoquista" que é "uma das partes mais populares e controversas do livro", observa Burns. Não é um estupro de verdade, explicou Rand uma vez a um fã; é "um estupro consentido".[24]

O livro atinge seu clímax, no entanto, não entre quatro paredes, mas na sala do tribunal, onde Roark precisa se defender por ter explodido um projeto habitacional. Por quê? Porque não foi construído exatamente como ele o projetou. Isso é um insulto ao individualismo, à ideia, como ele expõe ao júri, de que a "faculdade de criar não pode ser dada ou recebida, compartilhada ou emprestada. *Pertence a homens singulares e individuais*". Roark continua explicando que "a preocupação daquele que cria é a conquista da natureza", enquanto "a preocupação do parasita é a conquista dos homens". Enquanto aquele exerce sua total independência, a qual "não pode ser restringida, sacrificada ou subordinada a toda e qualquer consideração", este é servil, a fim de "garantir seus laços com os homens que o sustentam. Ele declara que o homem existe para servir aos outros. Ele prega o altruísmo".[25]

Altruísmo é talvez o maior dos palavrões no léxico de Rand. É uma "arma de exploração", caçoa Roark, que "inverte a base dos princípios morais da humanidade. Aos homens foram ensinados todos os preceitos que destroem aquele que cria. Aos homens foi ensinado que a dependência é uma virtude". O júri absolve Roark, que continua construindo um arranha-céu realmente gigante, e os compradores de livros recompensaram Rand, que passou a escrever mais um volumoso romance.

A Revolta de Atlas é sua obra mais renomada, ambientada em um futuro próximo distópico, no qual o governo, usando de muitas práticas regulatórias, conseguiu sufocar os negócios. Em consequência disso, os industriais, pensadores e inventores mais qualificados do país entraram em uma greve organizada por um herói chamado John Galt. Eles se refugiam em um vale bem protegido nas montanhas do Colorado, onde "recriam um mundo do século XIX". O ex-presidente de uma fabricante de aeronaves passa a ser um criador de porcos, e assim por diante — a questão é que esses produtores levam uma vida moral porque não se apropriam de recursos de outras pessoas por meio de impostos, e dependem de seus próprios talentos e de sua engenhosidade para progredir. Como antes, há uma mulher. ("Seu ombro nu traiu a fragilidade do corpo sob o vestido preto, e a pose a tornou verdadeiramente uma mulher. A força orgulhosa se tornou um desafio à força superior de alguém.") E, como antes, há um longo e tendencioso discurso, dessa vez não para um tribunal do júri, mas por intermédio de uma rede radiofônica que os industriais invadiram para transmitir uma exaltação de 70 páginas ao 1% [referência ao 1% mais rico da pirâmide de renda nos EUA]. Como Galt explica a uma nação supostamente fascinada, "O homem no topo da pirâmide intelectual contribui mais para todos os que estão abaixo dele, mas não recebe nada além de seu pagamento material, não recebe bônus intelectual algum de outras pessoas por agregar o valor de seu tempo. O homem lá embaixo, que deixado sozinho morreria à míngua em sua inépcia sem esperança, nada contribui para os que estão acima dele, mas recebe o bônus de todos os seus cérebros... Esse é o padrão de exploração pelo qual você condenou os fortes".[26]

Igualmente um best-seller, A Revolta de Atlas, no entanto, parecia nadar contra a corrente. Foi a público em 1957, mas Primavera Silenciosa, de Rachel Carson, lançado alguns anos depois, e de longe muito mais aclamado, ofuscou parte do brilho da modernidade. Na Manhattan de Rand, a grande urbanista Jane Jacobs estava ocupada derrubando Robert Moses, um mestre construtor [em inglês, "master-builder", um profissional precursor do arquiteto ou engenheiro moderno] estilo Roark de Nova York que não dava ouvidos a ninguém enquanto construía estradas a seu bel-prazer. Como a escritora Andrea Barnet apontou recentemente, um rol de mulheres notáveis enriqueceu aqueles anos, de Carson e Jacobs a Betty Friedan e Jane Goodall, todas elas irmanadas em um mesmo sentimento: o de reagir ante as "hierarquias e separações estritas" dos anos 1950. Em substituição a isso, o que elas queriam ver eram "entidades e conexões, o mundo como um sistema holístico. Em vez de generalizações amplas, buscavam complexidade e detalhes refinados. Em vez do mundo como um lugar inerte, almejavam movimento e fluxo, evolução e processo".[27] Os anos 1960 estavam prestes a se transformar em um momento de triunfo para aqueles que acreditavam que *não éramos* apenas indivíduos: o movimento pelos direitos civis e, principalmente, a Great Society de Lyndon Johnson eram estações no que parecia ser o caminho para uma maior solidariedade humana. As guerras culturais estavam em andamento, e você não apostaria suas fichas em Rand.

Especialmente porque ela mesma estava claudicante. Ela escreveu seu romance final e interminável à base de benzedrina [um medicamento que contém anfetamina, um estimulante], vício que acabou por deixá-la perto de um colapso nervoso. Como refúgio, Rand se cercou de um pequeno círculo de acólitos (inclusive Greenspan), que se encontravam toda semana em seu apartamento para ouvi-la falar de seus escritos. Ela teve um caso com seu discípulo principal, um homem chamado Nathaniel Branden (que havia mudado seu sobrenome, "Blumenthal" para "Branden", palavra que inclui "rand", para se ligar mais estreitamente a ela), mas apenas depois de informar a esposa dele, também integrante do círculo íntimo de Rand, sobre seus planos. (Quando a esposa, porém, desenvolveu "ataques persistentes de ansiedade", Rand desenvolveu "uma nova teoria do 'emocionalismo'" para "explicar" os sentimentos da mulher traída.)[28] Enquanto isso, profundamente perturbada pela fala de John F. Kennedy aos norte-americanos — "Pergunte-se o que você pode fazer por seu país." —, ela propôs um livro chamado *The Fascist New Frontier*. ["A Nova Fronteira Fascista", em tradução livre]. A editora recusou o título, substituído por *A Virtude do Egoísmo*, contudo, não dispondo das tramas melodramáticas de sua ficção, seus ensaios filosóficos eram inertes. Rand ficou doente. É claro que ela continuava fumando, apesar das advertências médicas, e dava palestras sobre a "natureza não científica e irracional das evidências estatísticas" que vinculavam o tabaco a doenças.[28] E quando contraiu câncer de pulmão, ela obviamente se recusou a admitir que tinha se equivocado. (Depois de alguns impedimentos iniciais por motivos filosóficos, ela se inscreveu no Medicare e no Seguro Social.) Rand morreu em 1982, com uma corbélia fúnebre de 1,80m de altura no formato de cifrão ao lado de seu túmulo.

Na época, Ronald Reagan dirigia os Estados Unidos, e Margaret Thatcher governava a Grã-Bretanha com mão de ferro, e ambos encarnavam as ideias básicas de Rand, matizando-as com o poder melodramático próprio de cada um desses mandatários. A frase mais famosa de Reagan foi: "O governo não é a solução para o nosso problema; o governo é o problema." Thatcher, em seu ponto mais estridente, soava como se ela *fosse* John Galt. "Você sabe", disse ela uma vez, como se fosse a maior obviedade da Terra, "não existe essa coisa de sociedade. Existem homens e mulheres individuais e há famílias".† Essas ideias radicais contra a instituição governo mostraram-se vitoriosas. Logo pareciam menos radicais e, por fim, eram mera sabedoria convencional. Elas eram acompanhadas de duros ataques a sindicatos, "prerrogativas" e qualquer outra coisa que fizesse lembrar a solidariedade humana. No momento de maior alavancagem, tais ideias moldaram as escolhas dos Estados Unidos quando esse era o país mais importante do planeta.

Rand não fez isso sozinha — como veremos, havia outros intelectuais muito mais sistemáticos trabalhando no mesmo terreno e organizadores políticos muito mais diligentes e eficazes —, mas ela havia contado uma história que fazia bastante sentido emocional para várias pessoas em posição de autoridade e/ou de exercer influência e que ajudaram a remodelar o funcionamento de sua nação adotada.

E a razão pela qual essa história fazia sentido era que estava enraizada em algo muito real: naquele momento em que a Guarda Vermelha confiscou a farmácia de seu pai "em nome do povo". Eu visitei a União Soviética apenas quando ela já estava em decadência, mas a experiência foi suficiente para verificar que havia sido um fracasso em todos os sentidos: seu meio ambiente foi prejudicado porque as pessoas não podiam protestar contra a poluição, seu povo foi desmoralizado porque lhes determinaram o que fazer com a vida, sua arte e literatura oficiais são uma piada estúpida. Até a economia, cujo sucesso deveria justificar toda a repressão, não funcionou, uma vez que o planejamento central nessa escala acaba sendo uma ideia estupendamente ruim. Lembro-me de estar com minha esposa do lado de fora do mais prestigiado ponto de venda de Moscou, a vasta loja de departamentos GUM. Havia duas longas filas de pessoas esperando, uma do lado de fora da porta esquerda e

---

† Todavia, Thatcher não integrava o grupo de negadores do clima. Já em 1989, ao discursar na ONU, ela declarou que o aquecimento global era "real o suficiente para fazermos mudanças e sacrifícios, já que não podemos viver à custa das gerações futuras".

outra do lado de fora da direita. Quando a porta esquerda foi aberta primeiro, todos do lado direito simplesmente foram para casa: haviam feito a escolha errada e sabiam que tudo o que estava à venda desapareceria muito antes de entrarem. Enquanto isso, os compradores sortudos entraram correndo pela porta esquerda, passaram por vários departamentos vazios e subiram as escadas até a seção de maior movimento, que vendia casacos de inverno para crianças. Era preciso mostrar seu comprovante de residência, até mesmo para ter a chance de comprar um. Uma sociedade industrial que não pode produzir casacos infantis suficientes para o inverno russo — o nome disso é fracasso em grande escala.

A grande vantagem do século XXI deveria ser a oportunidade de aprender com os erros do século XX. Nós somos capazes de riscar algumas ideias da lista, o que era algo fora do alcance das pessoas 100 anos atrás. É muito útil saber, por exemplo, que o estado comunista é uma ideia realmente terrível. Não é que já estejamos livres de temer um governo central poderoso; como demonstrado por Edward Snowden, os estados-nação ainda estão no ramo da vigilância. E a Alexa [assistente virtual inteligente da Amazon] também.

Entretanto, aprender demais as lições do passado é tão perigoso quanto ignorá-las. Se você não conseguir distinguir entre o seguro público de saúde e a servidão por contrato, se a Dinamarca lhe fizer lembrar a Coreia do Norte, você danificará o presente em nome do passado. Se você tem de resistir à Lei do Ar Limpo devido a seu medo visceral de que isso leve a um controle excessivo do governo a ponto de sua farmácia ser confiscada, o século XX se tornou não um professor, mas uma barreira irracional.

A menos, é claro, que você ganhe uma fortuna violando a Lei do Ar Limpo.

10

O pai de Ayn Rand teve sua porta arrombada pela Guarda Vermelha em 1918.

Após 96 anos, no outono de 2014, Tom Perkins temia ser a próxima vítima de um expurgo — um "Kristallnacht" ["A Noite dos Cristais", em tradução livre, foi um ataque maciço e violento aos judeus pelos nazistas em um dia de novembro de 1938], como ele chamou em uma carta ao *Wall Street Journal*. Um dos homens mais ricos do planeta, Perkins havia literalmente construído um dos maiores iates da Terra, o *Maltese Falcon*, com 289 pés [equivalente a 88 metros], que carregava seu próprio submarino, o qual ele chamou de *Dr. No*. Acontece que Perkins havia se dado conta de que as pessoas menos favorecidas de São Francisco estavam se manifestando contra o grande volume de compras de imóveis de sua cidade por magnatas da tecnologia e capitalistas de risco como ele — de fato, alguns arruaceiros ousaram quebrar uma pinhata no formato de um dos suntuosos ônibus em que o Google costumava transportar os funcionários de seus lofts para o Vale do Silício. E assim, pensativamente, Perkins escreveu ao *Journal* para "chamar a atenção para os paralelos fascistas entre a Alemanha nazista, em sua guerra contra o '1%' dela, ou seja, os judeus, e a guerra progressista contra o '1%' norte-americano, ou seja, os 'ricos'". Na televisão, no dia seguinte, ele explicou que simplesmente queria ter certeza de que os norte-americanos não "demonizavam a parte mais criativa da sociedade". Depois de explicar que o relógio que ele usava valia "uns seis pacotes de Rolex", acrescentou: "Estamos começando a entrar em uma guerra de classes. Os ricos, como uma classe, são ameaçados por impostos mais altos, mais regulamentação."[1]

É fácil ridicularizar Tom Perkins. (De fato, é tão fácil que não dá para resistir. Entre outras coisas, ele escreveu um romance chamado *Sex and the Single Zillionaire*, ["O Sexo e o Multimilionário Solteiro", em tradução livre], sobre um viúvo rico chamado Steven Hudson, que é convidado a participar de um reality show no qual "um bando de mulheres interesseiras" competem para ser a parceira amorosa dele. Muitas delas, por fim, acabam indo à sua maravilhosa cobertura em Manhattan, "um espaço ultramoderno, elegante, minimalista e muito confortável, envidraçado e com terraço". E quando chegam lá, bem: "O corpo suado de Heather cintilava enquanto ela gemia, antecipando a chicotada.")[2] Como eu estava dizendo, é fácil zombar de Tom Perkins, mas é fato que o diminuto grupo de homens que constitui seus pares econômicos passou a dominar a vida política dos EUA, fazendo precisamente as escolhas que podem encurtar o jogo humano. A linguagem deles é sempre a mesma: os "produtores", os "criadores", as "pessoas de valor" são ameaçados pela multidão, e, assim, devem se organizar e lutar. A maioria deles não é tão estrepitosa ou tão pública quanto Perkins, que, um mês depois de sua carta do "Kristallnacht", declarou que no mundo que ele considera ideal, "Você não pode ser votado se não pagar um dólar em impostos. Mas o que realmente penso é que deveria ser como uma corporação. Se você paga 1 milhão de dólares, obtém 1 milhão de votos".[3] Ainda assim, em essência, eles pensam como ele.

Para deixar bem claro, estou argumentando que uma ideia sistemática sobre o mundo surgiu na segunda metade do século XX, uma ideia tão poderosa quanto foi o Leninismo na metade anterior. Essa visão de mundo (governo era algo ruim e os indivíduos produtivos e suas empresas precisavam se libertar de suas garras) mudou a política dos Estados Unidos, o suficiente para que nem mesmo os liberais pudessem ou fossem capazes de fazer frente a ela: Bill Clinton, nadando a favor da maré, conseguiu forçar, por meio do Congresso, o NAFTA e o Acordo Geral de Tarifas e Comércio, preservando o comércio global irrestrito como o objetivo óbvio. Ele também deu fim à "seguridade social como a conhecemos", ajudando a construir a nação do "cada um por sua conta" na qual vivem agora os norte-americanos. É o que acontece quando alguém consegue mudar o zeitgeist [o "espírito de uma época", ou seja, o clima intelectual e cultural do mundo]; é por isso que Rand e Reagan foram tão crucialmente importantes.

Os irmãos Koch — Charles e David — são o exemplo clássico dessa visão de mundo e, sem dúvida, os homens mais poderosos do mundo ocidental. Não são tão arrogantes quanto Donald Trump e não se interessam pelos ódios e campanhas mais espalhafatosas do presidente, mas são os arquitetos mais importantes e os maiores beneficiários de seu governo. Em tudo, desde cortes de impostos a regulamentação ambiental, os anos Trump, para os Koch, têm sido o que Jane Mayer, sua biógrafa, chama de "a realização de um sonho".[4]

É importante lembrar a nós mesmos que os irmãos Koch, que se tornaram referência do excesso plutocrático, são homens de verdade com histórias reais, também enraizadas no século XX (e contadas com mais habilidade por Mayer em seu livro *Dark Money*) ["Dinheiro Escuro", em tradução livre]. Não muito diferente de algum herói de Ayn Rand, o pai deles, Fred Koch, havia inventado um processo aprimorado para refinar petróleo em gasolina. Isso despertou o interesse da União Soviética, que após a Revolução Bolchevique passou a estabelecer suas próprias refinarias. No início, Fred disse que não queria trabalhar para os comunistas, mas como eles estavam dispostos a pagar adiantado, deixou de lado os escrúpulos e ajudou Stalin a cumprir seu primeiro plano quinquenal ao construir 15 refinarias e depois assessorar mais umas 100. Em seguida, Fred procurou outro autocrata muito ocupado com planos de expansão, Adolf Hitler, e viajou com frequência para a Alemanha, onde, segundo Mayer, "forneceu os planos de engenharia e começou a supervisionar a construção de uma enorme refinaria de petróleo pertencente a uma empresa no rio Elba, em Hamburgo". Essa instalação se tornou uma parte crucial do poder militar do Reich, "uma das poucas refinarias da Alemanha" que poderia produzir "a gasolina de alta octanagem necessária para abastecer aviões de combate".[5] Isso transformou o velho Koch em admirador do regime, tão fã, que, em 1938, escreveu para um amigo: "Os únicos países sólidos do mundo são Alemanha, Itália e Japão, simplesmente porque eles estão trabalhando, e trabalhando duro." Comparando as cenas que ele viu em Hamburgo com o New Deal de Roosevelt, Fred Koch disse que lhe dava esperança de que *"talvez esse curso de ociosidade, de viver à custa de dinheiro público, de dependência do governo etc., com o qual estamos aflitos, não seja permanente e possa ser superado"*.[6]

Fred conheceu sua esposa, Mary, em uma partida de polo em 1932, quando seu "trabalho para Stalin o colocou no caminho de se tornar extremamente rico". Eles construíram uma mansão de pedra de estilo gótico nos arredores de Wichita, Kansas, com estábulos, um canil para cães de caça e outras parafernálias necessárias para fingir nobreza. Nos primeiros oito anos de casamento, nasceram seus quatro filhos: Frederick, Charles e os gêmeos David e William. Os dois mais velhos foram criados por uma babá alemã, que "impôs um regime rígido de treinamento de toalete no qual os meninos deveriam evacuar pela manhã em horários predeterminados ou seriam obrigados a ingerir óleo de rícino e aliviar os intestinos via lavagens retais". Felizmente para os gêmeos, ela retornou a seu país quando nasceram, aparentemente porque "ficou tão emocionada quando Hitler invadiu a França, que sentiu que precisava voltar à pátria para se juntar ao führer em comemoração".[7]

Dos quatro filhos, Charles se tornou a força dominante, e David, seu grande colega. Em dado momento, segundo nos conta Mayer, eles tentaram chantagear o irmão mais velho, Frederick, ameaçando dizer ao pai que ele era gay, a fim de fazê-lo abrir mão de sua parte nos negócios da família. Posteriormente, Bill também se separou de seus irmãos, colocando sua parte na herança em um lucrativo negócio de petróleo e, em seguida, usando parte dos recursos para financiar a oposição às turbinas eólicas na praia de Cape Cod. Mas Charles sempre foi o Koch crucial, aquele que seguiu com mais afinco os passos de seu pai.

Fred, não obstante a fonte original de sua fortuna, tornou-se um fervoroso anticomunista e um dos 11 membros fundadores da John Birch Society. Robert LeFevre, uma das figuras que orbitavam esse grupo de pressão política de direita, tornou-se o guru de Charles, abrindo uma "Escola da Liberdade" em Colorado Springs em 1957, na qual pregou não apenas o anticomunismo dos Birchers, mas também uma oposição inflexível ao governo dos Estados Unidos. "O governo é uma doença que se disfarça como sendo sua própria cura", insistia LeFevre. Em 1966, Charles era o administrador da escola, na qual celebrava o trabalho dos economistas austríacos Ludwig von Mises e Friedrich Hayek e, por intermédio deles, o mundo de um libertarianismo mais ortodoxo (e menos melodramático) do que o de Rand. Muitos dos discípulos do chamado movimento Mont Pelerin (em homenagem ao resort suíço onde os eruditos libertarianos* se reuniram pela primeira vez em 1947) continuariam ocupando altos cargos, construindo a estrutura econômica neoliberal básica em que os EUA vivem desde Reagan.

Mas Charles Koch era mais jovem, ainda mais ferozmente agressivo e concentrado em mudanças verdadeiramente revolucionárias. Em meados da década de 1970, ele fundou o Centro de Estudos Libertarianos em Nova York e escreveu um artigo "sobre como o movimento não convencional poderia obter um poder genuíno". Seu ensaio se notabilizou, entre outras coisas, por sua defesa do sigilo. "Para evitar críticas indesejáveis", ele escreveu, os detalhes de "como a organização é controlada e dirigida não devem ser amplamente divulgados".[8] No início, ele trabalhou no Partido Libertariano, convencendo seu irmão David a ser seu candidato à vice-presidência em 1980, porque assim

---

* N.E.: Como o termo "libertário" possui várias vertentes, optamos por usar o termo "libertariano" para convergir com as ideias pregadas por Ayn Rand.

eles poderiam usar seu próprio dinheiro e evitar leis de financiamento de campanhas. Contudo, o fraco apoio à candidatura (apenas 1% dos votos) o convenceu de que eles precisavam agir nos bastidores, valendo-se do Partido Republicano como veículo. Reagan havia começado a mudar o *status quo*, mas depois de décadas do New Deal e da Great Society, sua ação foi só o começo do trabalho. Os Koch desejavam ir muito mais além; queriam provocar um terremoto de grau 10 na escala Richter.

Chamemos ao palco, agora, um acadêmico do sul chamado James McGill Buchanan, que forneceu a Charles Koch e outros, nas palavras da historiadora Nancy MacLean, "uma estratégia operacional para derrotar o modelo de governo que eles criticavam há décadas". Buchanan foi um economista bastante obscuro que, no final da década de 1950, começou a estabelecer uma série de centros de pesquisa universitários (bem financiados) para "formar uma nova linha de pensadores" capazes de se contrapor àqueles que procuravam impor "um papel crescente do governo nas questões da vida econômica e social", apresentando, em vez disso, uma "ordem social... construída sobre a liberdade individual".[9] A contribuição particular de Buchanan, que lhe rendeu um Prêmio Nobel, foi uma tese econômica que passou a ser chamada de teoria da escolha pública. Nela, ele sustentava que "a alocação de recursos pela tomada de decisão majoritária instava os eleitores a se agruparem em 'interesses especiais' ou 'grupos de pressão' com o propósito coletivo de obter 'lucros' dos programas do governo". Ou seja, Buchanan achava que as maiorias desejavam "coisas grátis" dos governos e votariam nos políticos que se obrigassem, em troca, a tributar os ricos para pagar por tudo. O resultado era "um inchaço no setor público", pois essa poderosa coalizão de eleitores, políticos e burocratas (que gostavam dos cargos no governo resultantes) poderia impor o custo aos bilionários "vítimas" de exagero tributário. Esse tamanho excessivo do setor público, por sua vez, impedia a acumulação de capital e, portanto, o investimento e, consequentemente, o crescimento econômico.[10]

Assim de relance, tudo isso faz lembrar um padrão republicano bastante comum, o ataque familiar ao "grande governo". Em termos puramente econômicos, incorre em suspeição, como muitos analistas apontaram: as economias realmente se saem bem quando investimos em coisas como educação e estradas. Mas se você for mais fundo, como fizeram Buchanan e Koch, perceberá que há outra razão pela qual é improvável que a análise prevaleça. E essa razão é... a democracia.

Mitt Romney descobriu essa falha em particular em 2012, quando disse aos participantes de um evento de arrecadação de fundos que cerca de metade dos norte-americanos votaria na reeleição de Obama simplesmente porque eram uns aproveitadores. Um garçom com uma câmera escondida capturou suas palavras: "Eis aí os 47% que estão com [Obama], que dependem do governo, que se veem como vítimas, que acreditam que o governo tem a responsabilidade de cuidar deles e que têm direito a cuidados de saúde, alimentação, moradia etc. Creem ser uma prerrogativa sua e que o governo tem a obrigação de lhes conceder. E eles votarão nesse presidente, não importa o que aconteça." Os norte-americanos ficaram chocados ao ouvir o candidato presidencial republicano declarar isso sem rodeios — esse foi o dia em que Romney perdeu definitivamente a eleição —, mas apenas porque não prestaram a devida atenção ao que a direita libertariana realmente acreditava. A afirmação de Romney: "Eu nunca os convencerei de que eles deveriam assumir responsabilidade pessoal e cuidar de suas vidas" foi apenas um eco da retórica que homens e mulheres como Buchanan, Koch e Rand desenvolviam há décadas. Essa crença, de que eles estavam sendo injustamente tributados para apoiar os preguiçosos, estava no cerne não apenas de sua política, mas de sua visão emocional do mundo. Quando Charles Koch decidiu se casar, insistiu que sua futura esposa fosse "doutrinada com essas ideias, para que o casamento deles não carecesse de harmonia de propósitos". O casamento ficaria em suspenso até que esse "treinamento intenso" tivesse sido bem-sucedido, o que aparentemente não demorou muito: Elizabeth Koch logo se queixava de que os Estados Unidos haviam se tornado "um país de gente que não assumia riscos", o tipo de pessoas "que só querem ser cuidados e mimados".[11]

Essa lógica, por mais atraente que pareça para os muito ricos, é ofensiva para muito mais pessoas. Em uma luta justa — isto é, em uma democracia em pleno funcionamento —, os bilionários não vencerão a maioria de suas batalhas, porque a maioria das pessoas votará em seus próprios interesses. Portanto, a conclusão bilionária era, em essência, a de que a democracia não poderia realmente funcionar — foi o que Tom "O Maior Iate" Perkins quis dizer quando sugeriu que os ricos deveriam obter mais votos. Tais observações diretas foram mais restritas a conversas privadas e jornais obscuros, mas se constituiu na premissa central do que se tornou um esforço conjunto para minar as instituições democráticas. Buchanan uma vez perguntou: "Por que os ricos devem sofrer" como resultado da "simples votação por maioria"? Um cidadão "que acha que deve, por causa do medo de ser punido, pagar impostos por bens públicos acima do valor que pode contribuir voluntariamente" não é diferente de alguém assaltado por um "bandido que leva sua carteira no Central Park". Ele defendeu uma "reforma generalizada do contrato social", dando aos Estados Unidos "um novo conjunto de freios e contrapesos", mudanças que seriam "suficientemente dramáticas para justificar o rótulo de 'revolucionárias'".[12]

E assim, eles começaram a trabalhar, silenciosamente arregimentando pessoas e instituições que poderiam proporcionar essa mudança. Os Koch criaram uma rede de agentes políticos em grupos como Americans for Prosperity ["Norte-americanos pela Prosperidade", em tradução livre]. Eles e seus aliados também formaram grupos de reflexão e centros acadêmicos em todo o país que elaboraram documentos de caráter político destinados a apoiar seus planos e transmitir "mensagens", com o objetivo de convencer as pessoas a votar contra seus próprios interesses. (Os exemplos clássicos incluíam a reformulação do imposto sobre herança, cuja alíquota era de mero 1%, como um "imposto sobre a morte" que todos deveriam temer.) Grupos como a Federalist Society ["Sociedade Federalista, em tradução livre] se concentraram no Judiciário, avaliando candidatos que defendiam ideias libertarianas. A Fox News, a primeira rede de televisão partidária dos EUA, surgiu para ampliar o alcance das mensagens. Muito do trabalho foi realizado em nível estadual e local, onde bilionários locais — como os Koch mais novos — empenharam-se em ganhar o controle das casas legislativas, manipular os distritos eleitorais e aprovar leis de supressão de voto, as quais reduziram o tamanho da "multidão" que eles precisavam derrotar.

Porém, acima de tudo, eles usaram a principal coisa que os bilionários possuem em excesso: dinheiro. Como Karl Rove disse logo após a decisão da Suprema Corte no *Citizens United* [caso jurídico histórico sobre financiamento de campanhas nos EUA]: "As pessoas nos chamam de uma vasta conspiração de direita, mas na verdade somos uma conspiração de direita 'meia-boca'. Agora é hora de levar a sério." Em 2010, "grupos independentes alinhados aos republicanos" gastaram US$200 milhões, um montante completamente sem precedentes em eleições de meio de mandato, conquistando 63 cadeiras na Câmara. Em 2012, mais de 60% de todas as contribuições de campanha vieram de menos da metade de 1% da população. Em 2016, a rede arregimentada por Koch prometeu gastar absurdos US$889 milhões nas eleições. "Tínhamos dinheiro no passado, mas isso está muito além do inimaginável", disse o chefe da Common Cause [uma organização social que pode atuar politicamente até um limite de seus recursos]. "Isso é inédito na história do país. Nunca houve nada que se aproxime disso."[13] Como se verificou, a operação de Koch gastou "apenas" cerca de três quartos de 1 bilhão de dólares, principalmente em campanhas estaduais e de congressistas, porque, por um momento, Trump pareceu rever suas posições. Em que pese todo seu amor por Ayn Rand, ele passou a dirigir o que se parecia mais com uma campanha democrata: na área da saúde, por exemplo, ele disse: "Teremos seguro para todos... Há um ditado que diz que se você não pode cumprir, não pode prometer. Isso não vai acontecer conosco." De fato, ele prometeu: "Todos serão mais bem cuidados do que são agora." Mas, como sabemos hoje, Trump estava simplesmente trazendo algo novo para o jogo: não mensagens inteligentes, mas mentiras deslavadas.

E ao chegar em Washington sem uma ideologia que não a de alimentar seu narcisismo e enriquecer sua família, Trump provou ser o presidente perfeito para finalmente oficializar toda a agenda de ódio ao governo. Robert Mercer, que financiou não apenas a campanha de Trump, mas também a Cambridge Analytica, fonte de tanta enganação no Facebook, era uma figura-chave — e um randiano clássico. Como um colega explicou: "Bob acredita que os seres humanos não têm valor inerente além de quanto dinheiro ganham. Um gato tem valor, ele disse, porque proporciona prazer aos humanos. Mas se alguém recebe subsídios do governo[,] tem valor negativo. [Bob] acha que a sociedade está de ponta-cabeça — que o governo ajuda as pessoas fracas a se fortalecer, e enfraquece as fortes tirando o dinheiro delas por meio de impostos." Outro colega, referindo-se a Mercer, comentou: "Ele acha que quanto menos governo, melhor. E quanto ao presidente ser um palhaço? Ele não está nem aí, quer que *tudo* se exploda."[14]

Nesse meio tempo, Mercer e seus companheiros alegremente se prontificaram a ajudar a colocar o governo Trump a seu serviço. "Ao não dispor de um network próprio, Trump deixa as portas abertas para que esse espaço vago seja preenchido por pessoas cultivadas há anos pelos grupos ligados a Koch", disse um especialista.[15] Marc Short, ex-diretor do Freedom Partners, um fundo de investimento de Koch, tornou-se o representante de Trump no Congresso, cuja função é a de monitorar a agenda de iniciativas do Poder Legislativo; o maior êxito de Short foi o enorme corte de impostos para os ricos que o Senado aprovou no final de 2017. A vitória exigiu lobby intenso da rede de doadores de Koch — "o esforço federal mais significativo que já fizemos", disse o diretor do Americans for Prosperity.[16] O projeto economizará mais de 1 bilhão de dólares por ano para os irmãos Koch e sua empresa. Dias após a promulgação da lei, eles doaram US$500 mil para o fundo da campanha à presidência da Câmara dos Deputados de Paul Ryan, uma quantia que, na verdade, equivale a uma gorjeta das mais miseráveis. Em 2018, eles enviaram um memorando a seus doadores ricos, creditando-se por vários triunfos políticos, desde a obstrução de novas reformas sobre horas extras até a garantia de que a descoberta de artefatos culturais dos nativos norte-americanos não viria a desacelerar a perfuração de petróleo. É verdade que eles não gostavam muito de Trump, um sentimento que, graças ao narcisismo do presidente, acabou por ser recíproco. Em agosto de 2018, Trump tuitou que, devido à oposição dos irmãos Koch ao muro na fronteira com o México e às tarifas, eles "se tornaram uma piada total nos verdadeiros círculos republicanos". Mas parecia mais provável que Trump fosse a piada. Era cada vez mais claro que os Koch haviam obtido do governo aquilo que realmente queriam (cortes de impostos, desregulamentação, juízes da Suprema Corte) e agora estavam ansiosos pelos anos Pence [Mike Pence, atual vice-presidente dos EUA].

O trabalho deles não ficou restrito a Washington. Muitos governos estaduais foram transformados pelo Conselho de Intercâmbio Legislativo Americano [ALEC, na sigla em inglês], financiado por Koch. Enquanto isso, em municípios pelo país afora, os Koch realizavam campanhas onerosas, opondo-se a projetos como o de transporte público, pois diminuía a demanda pela gasolina que vendiam e porque ônibus e trens "contrariam as liberdades tão caras aos norte-americanos". Como explicou, pacientemente, um porta-voz do Americans for Prosperity: "Se alguém tem a liberdade de ir aonde quer, de fazer o que quiser, não escolherá o transporte público."[17] Especialmente se não houver um.

"Fizemos mais progressos nos últimos cinco anos do que eu tive nos últimos 50", disse Charles Koch a seus colegas bilionários em 2017. "O potencial que temos agora pode nos elevar a um patamar totalmente novo."[18] E então eles prometeram continuar lutando — quando as eleições de meio de mandato de 2018 entraram na reta final, mais de um quarto dos comerciais externos das campanhas para o Congresso vinham de apenas dois grupos de apoio patrocinados pelos Koch,[19] que também estavam financiando um "comercial de 7 dígitos" a favor de Brett Kavanaugh, candidato à Suprema Corte, aparentemente satisfeitos por este prometer o que um estudioso chamou de "o fim do Estado regulador como o conhecemos".[20] A lista de tarefas deles incluía ainda mais "reformas" da legislação trabalhista e, acima de tudo, reduções nos gastos com "prerrogativas" como Seguro Social, os quais, é claro, eles argumentaram que os Estados Unidos não poderiam mais pagar em razão dos déficits deixados por aquelas enormes reduções de impostos.

Basicamente, eles venceram.

11

Tal vitória, provavelmente, não durará para sempre. Poucas vitórias o fazem, e essa é particularmente instável, pois se respalda em um senso fundamentalmente errôneo de quem realmente são os seres humanos. A ideia de que somos apenas indivíduos, de que "não existe essa coisa de sociedade", de que não devemos nada um ao outro — nada disso se encaixa em nossa natureza mais profunda. Nós somos criaturas sociais. Não me incomodarei em resumir a história de nosso desenvolvimento como espécie: cooperando para caçar, desenvolver uma linguagem para ter mais sucesso na caça. Basta dizer que evoluímos da tribo, do bando. Até Ayn Rand sabia disso, embora tenha dado sua própria e sórdida versão: "Civilização é o progresso em direção a uma sociedade de privacidade", escreveu ela. "Toda a existência do selvagem é pública, governada pelas leis de sua tribo. A civilização é o processo de libertar o homem dos homens."[1]

Afastar-nos de nossos semelhantes é um enorme equívoco, porque, na verdade, não evoluímos para ser uma nova criatura. Isso se prova facilmente: encontre um norte-americano que não pertence a nenhum grupo — infelizmente, não é uma tarefa tão difícil — e convença-o a ingressar em um clube ou sociedade. O mero ato de se juntar a outras pessoas *reduz pela metade o risco de morrer nos próximos 12 meses.* Pesquisas recentes deixam claro que a separação social nos prejudica: indivíduos com menos conexões modificaram os padrões de sono, alteraram o sistema imunológico e apresentam níveis mais altos de hormônios do estresse. Pessoas que se isolam têm um risco 29% maior de doenças cardíacas e uma taxa 32% maior de derrames. E isso começa cedo: "Crianças socialmente isoladas têm uma saúde significativamente pior 20 anos depois." (Até Rand se assegurou de viver dentro de um pequeno círculo de acólitos, sua tribo adorada.) No fim das contas, a solidão é tão ruim para você fisicamente quanto a obesidade ou o tabagismo.[2] O inverso também se aplica: "Estudos vêm continuamente demonstrando que boas relações sociais são o preditor mais forte e consistente de uma vida feliz, chegando ao ponto de chamá-las de 'uma condição necessária de felicidade'... Essa é uma descoberta que independe de raça, idade, sexo, renda e classe social, e de forma tão esmagadora, que supera qualquer outro fator", relata a jornalista e crítica cultural Ruth Whippman.³ E é incrível que tal descoberta abrange várias espécies: *formigas* que podem socializar vivem dez vezes mais que suas colegas que se isolam.

O altruísmo, que Rand chamou de "o veneno da morte no sangue da civilização ocidental", revela-se, em vez disso, um tônico. Quando os neurocientistas estudam nosso cérebro, descobrem que ele "se comporta de maneira diferente durante um ato de generosidade do que durante uma atividade hedonista", relata o *New York Times*. O Dr. Richard Davison, fundador do Center for Healthy Minds, da Universidade de Wisconsin, afirma: "Quando fazemos as coisas para nós mesmos, essas experiências de emoções positivas são mais efêmeras. Mas quando nos envolvemos em atos de generosidade, essas experiências e emoções positivas podem ser mais intensas e duradouras do que o episódio específico em que estamos envolvidos." Não surpreende, portanto, que os adultos mais velhos que se voluntariam para ajudar crianças a ler e escrever tendem a incorrer em menos perda de memória — ou seja, o grande terror pessoal para a maioria de nós, de perder o senso de si mesmo, torna-se menos provável se nos envolvermos com os outros.⁴ Por que a perda auditiva aumenta o risco de demência? Provavelmente porque a perda auditiva "tende a fazer com que algumas pessoas se afastem das conversas e participem menos das atividades. Como resultado, você se torna menos social e menos envolvido", de acordo com a Cleveland Clinic.⁵

Na vida corporativa, inclusive, de acordo com a *Harvard Business Review*, aqueles que "se oferecem para ajudar, compartilham conhecimento precioso ou indicam profissionais valiosos" se tornam muito mais úteis para uma empresa do que aqueles que "tentam fazer com que seus objetivos sejam cumpridos por outras pessoas enquanto preservam cuidadosamente sua expertise e tempo". Em 38 estudos realizados em 3,5 mil empresas, a revista descobriu que "taxas mais altas de colaboração prediziam maior lucratividade, produtividade, eficiência e satisfação do cliente, além de custos mais baixos e menores taxas de rotatividade".⁶ Isso fala diretamente ao coração agitado do capitalista. De fato, o Prêmio Nobel de Economia, certa vez concedido a James Buchanan por sua teoria de que a maioria de nós é parasita, foi concedido mais recentemente a Elinor Ostrom, a grande teórica dos bens comuns. O que ela descobriu, nas sociedades e épocas históricas, foi que as comunidades eram capazes de cooperar com o senso comum — a "tragédia dos comuns" não era em absoluto uma tragédia, desde que ninguém decidisse ter tudo.

Desde a pesca de lagosta no Maine até os sistemas de irrigação na Espanha e as florestas no Nepal, Ostrom descobriu que "os esquemas eram mútuos e recíprocos e muitos funcionavam bem há séculos".[7]

Não se quer dizer aqui que os hiperindividualistas estejam errados. Eles estão meio errados, e é isso que os torna tão perigosos. Nós *aspiramos* a um certo quinhão do que Rand chamou de "privacidade". Se você passar algum tempo, digamos, na China rural, visitará diversas moradias nas quais muitos membros de uma família numerosa compartilham uma casa ou uma pequena instalação. É comum as pessoas dormirem todas em um só quarto e, às vezes, acompanhadas também do porco da família. Nesse mundo, construir mais um quarto, para que marido e mulher às vezes possam ficar sozinhos, vale muito. A literatura econômica sobre felicidade deixa claro que, até certo ponto, mais renda equivale a mais realizações desse tipo e, portanto, a mais satisfação: é possível alguém sair de sua vila para uma viagem, algo que na maior parte da história humana era quase impossível. Contudo, a literatura também deixa claro que, além de um certo e surpreendentemente baixo nível, não há muita ligação entre mais dinheiro e mais felicidade. E em parte isso pode ocorrer porque o dinheiro leva a *muita* "privacidade". Os Estados Unidos do pós-guerra gastaram a maior parte de sua riqueza em um único projeto, construindo casas maiores e mais distantes umas das outras, e o resultado foi que as pessoas se encontravam menos: o número de amigos íntimos citado pelo norte-americano médio caiu pela metade.[8] Agora estamos seguindo o mesmo projeto com nossa variedade de dispositivos e suas telas, como a psicóloga Jean Twenge aponta em seu recente retrato estatístico de jovens atualmente cursando o ensino médio e a faculdade, os quais ela chama de "iGen". Esse pessoal passa muito menos tempo saindo com os amigos do que qualquer geração na história, e os dados mostram que, em consequência disso, são singularmente infelizes.[9]

De fato, há uma espécie de equilíbrio natural entre público e privado que as pessoas sábias sempre reconheceram. Pode-se dizer que Adam Smith lançou o movimento que os Koch finalizaram: seu trabalho de referência, *A Riqueza das Nações*, fornece a primeira explicação de que perseguir o interesse próprio poderia resultar em maior prosperidade geral. Mas esse não foi o único livro de Smith. Em *A Teoria dos Sentimentos Morais*, ele ressalta que "por mais que o homem seja egoísta, é evidente que em sua natureza subjazem alguns princípios que o fazem interessar-se pela sorte dos outros e lhe tornam necessária a felicidade deles". O interesse não era a mais admirável de nossas características. Em vez disso, Smith listou "humanidade, justiça, generosidade e espírito público... as qualidades mais úteis para os outros".[10] Mas a tradição econômica que cresceu em seu rastro desprezou, e muito, tais percepções. Como os mercados desempenharam tão brilhantemente sua tarefa específica de criar riqueza, os economistas se esqueceram amplamente de que *existem* outras tarefas.

Na verdade, uma nada virtuosa descoberta parece afetar mais profundamente aqueles que estudam economia. Os pesquisadores constataram que, comparativamente à avaliação dos calouros, os alunos do 3º ano de economia reputavam como muito menos importantes valores altruístas como prestatividade, honestidade e lealdade. "Após fazerem um curso de teoria econômica dos jogos, os estudantes universitários se comportaram de maneira mais egoísta e esperavam que os demais o fizessem também", observaram. E, disseram ainda, os professores de economia "doam significativamente menos dinheiro para a caridade do que seus colegas mais mal pagos em muitas outras disciplinas".[11] Este é o mundo em que os "think tanks" [grupos de especialistas] debatem se é rentável salvar o Ártico e no qual o *Wall Street Journal* estampou a seguinte manchete: COMO PRECIFICAR UM PROBLEMA COMO A COREIA: ANALISTAS TENTAM PROGNOSTICAR O QUE ACONTECE COM OS MERCADOS SE HOUVER UMA GUERRA NUCLEAR TOTAL. (Bem apropriado caso você esteja se perguntando: na eventualidade de um "conflito militar potencialmente não contido no qual as superpotências globais se envolvam", a curva de juros dos títulos em euro "provavelmente se nivelará em face do menor apetite por risco".)[12]

Como isso é tão contrário à nossa natureza, até o sistema político dos EUA, a seu tempo, retornará a algum tipo de equilíbrio. Os irmãos Koch podem muito bem ter atingido seu ápice. Cientistas políticos, analisando os dados das pesquisas, disseram que as duas leis respaldadas pelos Koch (a tentativa de revogação do Obamacare e o pacote de "reforma" tributária bem-sucedida) eram as "partes mais impopulares dos atos legislativos da nação do último quarto de século", salienta o jornalista Michael Tomasky. Das nove leis recentes mais populares, ele observa, "oito assumiram o que poderia ser amplamente definido como metas progressistas, como controle de armas e proteção ambiental".[13] Nos últimos anos, o político mais benquisto dos EUA, de longe, tem sido um socialista, Bernie Sanders, que fez campanha sob o slogan antilibertariano "Not Me, Us" ["Eu não, Nós", em tradução livre] e que coloca a Escandinávia como modelo. Dinamarca, Suécia e Noruega, é claro, exemplificam como esse "equilíbrio" que descrevi se parece na prática: um sistema de mercado com um forte compromisso com a justiça social, os mais baixos níveis de desigualdade no planeta e, segundo a maioria das métricas, os cidadãos mais felizes, pessoas que levam vidas privadas sem deixar os outros para trás. Seria preciso procurar muito para encontrar um caso de ancilostomíase em Bergen ou Aalborg.

O caminho de volta ao equilíbrio será longo, e muita gente sofrerá desnecessariamente durante o percurso, mas a visão randiana do mundo está simplesmente muito desconectada da natureza humana para nos dominar para sempre. Talvez nossos sistemas eleitorais sejam fortes o suficiente para reverter a loucura: as eleições de meio de mandato de 2018 sinalizam um bom começo. (No início de 2019, a recém-empossada congressista norte-americana Alexandria Ocasio-Cortez defendeu que a maior alíquota de imposto de renda dos EUA, que incide sobre ganhos superiores a US$10 milhões, praticamente duplicasse, e muitos aplaudiram.) Talvez o poder do dinheiro na vida política dos Estados Unidos seja tão grande que exigirá algo mais parecido com uma revolução não violenta. Mas meias-mentiras têm meias-vidas. Nessa ocasião, os humanos se reerguerão, nos EUA e em todos os outros lugares que, no momento, se encontram um pouco desestabilizados.

Se bem que há um problema, e dos grandes. Há muita alavancagem no sistema.

No passado, quando o pêndulo ideológico inclinava-se com força em uma direção, havia tempo e espaço para, em algum momento, recuar. No final do século XIX, os barões inescrupulosos da Gilded Age ["Era Dourada", em tradução livre, foi um período entre a Guerra Civil Americana e a Primeira Guerra Mundial de grande expansão da economia dos EUA] (ou, se você preferir, os capitães da indústria) impulsionaram a riqueza e, portanto, o poder político tanto quanto os bilionários libertarianos de nosso tempo. Estatísticas são mais difíceis de encontrar, mas estima-se que 4 mil famílias na década de 1890 tinham tanta riqueza quanto as outras 11 milhões de famílias nos Estados Unidos. Assim, isso inevitavelmente deu origem aos movimentos Popular e Progressista, e ao imposto de renda; a desigualdade diminuiu durante a

Era Progressista, apenas para aumentar novamente durante os anos 1920, e depois cair acentuadamente com o New Deal, a Segunda Guerra Mundial e a prosperidade massiva que se seguiu. Muito dano foi causado ao longo do caminho, nenhum deles permanente, ao menos no sentido mais amplo — certamente nada ameaçou acabar com o jogo humano, *não porque os barões inescrupulosos fossem menos venais, mas devido ao fato de que não possuíam suficiente poder de alavancagem* para fazer mudanças em tal escala, e porque as pessoas os enfrentaram.

Ou pense na Segunda Guerra Mundial, a maior conflagração militar que o mundo já viu, com milhões de mortos, continentes virados de cabeça para baixo e tanques que causaram erosão em paisagens inteiras. Vez por outra os agricultores atingem com seus arados a concha metálica de uma munição não detonada, mas o mundo seguiu em frente, pois não havia alavancagem suficiente para derrubá-lo completamente do seu curso. Tivemos sorte. Hitler chegou perto de desenvolver armas nucleares. Seja devido à traição ou simples incompetência de Heisenberg, os nazistas por pouco não chegaram lá — mas e se tivessem mais um ano ou dois? Sabemos como os EUA teriam reagido, pois jogaram a bomba no Japão, embora a guerra estivesse quase vencida. A guerra nuclear com a Alemanha poderia ter sido alavancagem suficiente para alterar fundamental e permanentemente o globo.

O aquecimento global acaba sendo o exemplo perfeito de muita alavancagem. Os homens cuja ideologia ganhou muita força a partir dos anos Reagan, vários deles diretamente ligados à indústria de petróleo e gás, estavam no controle exatamente no momento em que podiam causar o maior dano. Nos anos desde 1990 — desde quando, digamos, os Exxon e Koch do mundo começaram a lançar os vários "think tanks" e grupos afins para envenenar o debate com o que eles sabiam ser uma série de mentiras —, o mundo emitiu mais dióxido de carbono do que em todas as décadas anteriores. E esse acabou por ser o dióxido de carbono crucial. Sabemos agora que 350 partes por milhão de dióxido de carbono é o máximo que poderíamos ter com segurança na atmosfera, número que ultrapassamos exatamente nesses anos. Não precisava necessariamente ter sido assim. Em um mundo no qual as condições físicas fossem ligeiramente diferentes, 800 partes por milhão poderiam ter sido o ponto de ruptura — nesse caso, ainda teríamos espaço para recuperar. Se alguém agarrasse o volante quando você estivesse a um quilômetro do penhasco, haveria tempo de retroceder. Porém, como se constatou, estávamos à beira do abismo.

Essa alavancagem não fica só na mudança climática garantida; também estabelece novas formas de desigualdade que não podem ser desfeitas mesmo por uma revolução. À medida que a temperatura sobe, os mais pobres são os que mais sofrem, um sofrimento que não esmorece. Quando o pico de temperatura nos subúrbios arborizados pode ser menor em uns 9 °C, "a paisagem é um preditor de morbidade nas ondas de calor", de acordo com um estudo que descobriu que os afro-americanos eram "52% mais propensos do que os brancos a viver em áreas de 'cobertura de terra relacionada ao risco de calor' não natural".[14] Imagine como é um campo de refugiados ou uma prisão. Um inferno, é o que é.

E, repetindo, as pessoas que contavam as mentiras sabiam que eram mentiras. Não foi uma conspiração difícil de organizar — apenas 100 empresas da indústria de combustíveis fósseis representam 70% das emissões do planeta. Mas também não se tratava de simples ganância. Interesse próprio mesclava-se perfeitamente com ideologia. Lembra-se dos CEOs distribuindo alegremente cópias de *A Revolta de Atlas* e dos bilionários que medraram nos pântanos febris do movimento antigovernamental? Esse pessoal pensou ter decifrado o código da história. Para eles, a mudança climática era inconcebível porque ela se interpunha no caminho dos lucros — os irmãos Koch administram enormes redes de dutos; eles estão entre os maiores arrendatários das areias betuminosas do Canadá —, *mas também porque ela maculava a pureza de seu sistema de crenças*. De certo modo, as forças antigovernamentais não tiveram outra escolha a não ser negar o aquecimento global, porque combatê-lo exigiria que os governos agissem energicamente — pelo menos fixando um preço no carbono para que os mercados pudessem então executar sua suposta magia. Tais forças acreditavam mais fortemente em sua particular fantasia econômica do que em física ou química e, assim, improvisaram uma série interminável de artimanhas.

Um desses casos vem de Rupert Murdoch, o mais influente comunicador do planeta e alguém que por um momento pareceu ser uma exceção à regra. Em 2007, na esteira da aclamação popular do filme de Al Gore, *Uma Verdade Inconveniente*, ele anunciou que havia encontrado a religião do clima. Em um discurso que republicou em seus jornais, ele disse: "A mudança climática representa ameaças catastróficas" e "[Não] podemos arcar com o risco de inação." Ele se comprometeu a tornar o NewsCorp [seu grupo de mídia, um dos maiores do mundo] neutro em carbono, prometendo tudo, de carrinhos de golfe elétricos nos estúdios da 21st Century Fox "a mais recente tecnologia de iluminação LED nas principais salas de controle da Fox News". Os meios de que dispunha, disse ele, "mudariam a maneira de pensar do público quanto a essas questões". A realidade parecia ter sofrido uma metamorfose.¹⁵ Mas essa realidade estava sempre em guerra com a ideologia randiana mais profunda de Murdoch, o pensamento de que o governo queria roubá-lo. "Onde está a justiça de pegar dinheiro de pessoas que o ganharam por esforço próprio e dá-lo a pessoas que não o fizeram?", ele escreveu alguns anos depois.¹⁶ Essa retórica parecia mais autêntica e, portanto, era inevitável que sua promessa de divulgar a mudança climática desse lugar à mentira sobre ela a serviço da causa maior, a antigovernamental. Entre 2012 e 2016, mesmo quando o caso científico para o perigo climático se tornou cada vez mais óbvio, o *Wall Street Journal* de Murdoch publicou 303 artigos, colunas e editoriais sobre mudança climática, 287 dos quais versavam sobre "repúdio e desmascaramento de assuntos polêmicos enganosos, teorias da conspiração ou ataques políticos". Ou, dito de outra maneira, aproximadamente 95% do que ele publicou "discordava do consenso de aproximadamente 97% dos cientistas do clima".¹⁷ Em 2016, o ano mais quente já registrado em nosso planeta, a Fox News dedicou seis minutos para cobrir a questão,¹⁸ o que pode ter sido bom, pois, quando os âncoras da rede a mencionavam, estavam propensos a dizer coisas como: "Ninguém está morrendo devido a mudanças climáticas."¹⁹ No verão de 2018, mesmo quando o mundo vivenciou um recorde de calor e incêndios, o *Journal* concluía, de maneira apropriada contra o governo, que "a mudança climática acabou. Tudo o que resta são... mandatos burocráticos em favor de 'rent seekers'* com interesse especial em energia renovável".²⁰

O responsável pelo departamento de economia da Universidade George Mason, onde James Buchanan terminou seus dias em uma sinecura financiada por Koch, explicou isso perfeitamente: "Aqueles que reconhecem esses importantes benefícios do capitalismo... relutam em ceder poder aos governos para combater o aquecimento global." De fato, ele continuou, talvez "a melhor política com relação ao aquecimento global seja negligenciá-lo".²¹

Essa rigidez ideológica está no cerne do singular e mais bizarro argumento padrão dos que negam a mudança climática: a ideia de que os cientistas climáticos estão "nisso para garantir o dinheiro" e, portanto, distorcem os números em uma conspiração para aumentar a ansiedade e obter mais financiamento do governo. A alegação é obviamente absurda, ao menos para quem teve a oportunidade de conhecer cientistas climáticos e executivos do petró-

---

* N.E.: Pessoas ou empresas que obtêm vantagens econômicas por meio do governo, que podem consistir em recursos monetários ou privilégios legais para atividades que têm impacto social negativo por não haver reciprocidade em termos produtivos.

leo e comparar seus estilos de vida, mas deixa no ar a suspeita sobre quem trabalha para o governo. No início dos anos 1990, estudiosos do Center for the Study of Public Choice da George Mason publicaram um livro chamado *The Economics of Smoking*, ["A Economia do Fumo", em tradução livre], que argumenta que, com a cura do câncer, "muitos burocratas anticâncer perderiam seus empregos" e, portanto, os cientistas teriam fracos "incentivos para encontrar e desenvolver tratamentos eficazes" e fortes "incentivos para engrandecer o risco de câncer".[22] Outro acólito de Buchanan explicou que o "interesse dos funcionários da área da saúde em testar o chumbo no sangue de crianças pequenas fazia sentido quando se considerava que encontrar crianças envenenadas validava seus empregos".[23] Em outras palavras, quem se preocuparia com a intoxicação por chumbo em crianças se não estivesse sendo pago por isso? (Provavelmente não seria o principal membro bilionário da rede de doadores de Koch, cuja empresa promoveu a cobertura vegetal contaminada com arsênico como "ideal para parques infantis".)[24] Acreditar que os médicos do governo se preocupam com as crianças tão somente para ganhar mais dinheiro ou que cientistas do clima fazem seu trabalho tendo em mente o lucro é uma visão tão cínica, que só pode ser explicada como um reflexo da vida em uma bolha bilionária. Se a ganância deforma sua vida, você supõe que deve deformar a de todos.

Então é assim que são as coisas: o aquecimento global é "o" problema para as empresas de petróleo porque o petróleo o causa; ao mesmo tempo, é "o" problema para quem odeia o governo, porque sem a intervenção do governo não se pode resolvê-lo. Essas ameaças paralelas, a do dinheiro e a da visão de mundo, significam que jamais houve escassez de recursos para a tarefa de negar as mudanças climáticas.

Já vimos como tudo começou no final dos anos 1980, com grupos financiados pela Exxon, como a Global Climate Coalition; no novo século, porém, aquilo se transformou em uma enorme rede de plutocratas e seus funcionários. Os professores financiados por Koch em 400 faculdades espalhadas pelos Estados Unidos estavam ocupados pregando o novo evangelho. "Apenas a idiotice concluiria que a capacidade da humanidade de mudar o clima é mais poderosa que as forças da natureza", explicou um deles às acusações em Maryland. No Colorado, outro produziu e estrelou um filme com um título capcioso: *An Inconvenient Truth… or Convenient Fiction?* ["Uma Verdade Inconveniente… ou Uma Ficção Conveniente?", em tradução livre]. Na Universidade do Kansas, o ex-economista chefe de uma das empresas dos Koch assumiu o novo Centro de Economia Aplicada (financiado pelos Koch) e começou a trabalhar tentando revogar o "padrão de portfólio renovável" daquele estado, que exigia um pouco mais de uso de energia solar e eólica.[25] A rede dos Koch no Kansas também recrutou um cientista que nega as mudanças climáticas, que recebeu US$230 mil em doações da Fundação Charles G. Koch (e que explicou em um memorando que estava no negócio de criar "recebíveis" para seus clientes da indústria de combustíveis fósseis). A esse "cientista" se juntou um confrade do Heartland Institute, o grupo financiado pela Exxon que montou os outdoors comparando os cientistas climáticos com Charles Manson. Ano após ano, eles mantiveram a pressão, com inúmeros anúncios de rádio promovendo a (falsa) noção de que a energia eólica estava aumentando as contas de luz no Kansas. Tanto fizeram, que, por fim, venceram, e as metas obrigatórias para energia renovável foram substituídas por um "compromisso voluntário".[26]

Esforços desse naipe foram replicados com sucesso em capitais de estado, uma após a outra. Em Wisconsin, o governador Scott Walker, um acólito de Koch, ordenou que os funcionários encarregados da supervisão de terras de propriedade do estado se abstivessem até mesmo de discutir sobre mudanças climáticas no trabalho.[27] Na Carolina do Norte, Art Pope, um magnata de uma cadeia varejista e membro da rede de doadores de Koch, tornou-se o personagem mais poderoso na política do estado, fazendo consideráveis doações de campanha. Um dos primeiros objetivos de sua organização foi revogar o compromisso do estado com níveis modestos de energia eólica e solar. Ajudou a patrocinar o "Hot Air Tour", evento organizado pelo Americans for Prosperity, dos Koch, que trouxe proeminentes negacionistas do clima ao estado. Por fim, a Carolina do Norte decidiu que proibiria os formuladores de políticas estaduais de usar estimativas científicas do aumento do nível do mar nas questões de planejamento relacionadas às áreas litorâneas.

Enquanto isso acontecia, a pressão exercida pela rede em Washington era no mínimo tão forte quanto no resto do país. Mike Pompeo, deputado representante do Kansas, que havia recebido mais dinheiro dos Koch do que qualquer outro membro da Câmara (e que agora é secretário de Estado), patrocinou, ao chegar a Washington, uma legislação que visava extinguir créditos tributários para a energia eólica, dizendo que ela deveria "competir por conta própria", o que é particularmente risível, haja vista os vastos subsídios federais concedidos aos combustíveis fósseis. Outras autoridades, como Scott Pruitt, então procurador-geral de Oklahoma, instauravam processo atrás de processo contra a Agência de Proteção Ambiental — em um dos casos, Pruitt literalmente recebeu uma carta da Devon Energy, uma das principais empresas de fraqueamento hidráulico do estado, e simplesmente copiou-a em seu papel de carta oficial antes de enviá-la para Washington.

A questão é que muito antes de Donald Trump assumir, a rede dos Koch já havia dado fim à possibilidade de qualquer ação séria sobre as mudanças climáticas. Lembro-me, em 2004, de entrevistar o senador John McCain, que havia decidido que o aquecimento global era um desafio crucial. "Acredito que os norte-americanos e nós, formuladores de políticas em todos os ramos do governo, devíamos nos preocupar com a crescente evidência de que algo está acontecendo", disse ele, e convocou audiências sobre ciência do clima que levaram a um modesto projeto de lei. Na votação, perdeu por 55 a 43, mas parecia ser um começo. "A corrida começou", ele me disse. "Teremos uma mudança climática significativa com todas as consequências, ou tentaremos fazer algo desde o início? No momento, não acho que agiremos tão rapidamente para impedir uma degradação significativa do meio ambiente. Espero estar errado."[28] Ele, claro, não estava errado — de fato, depois que um adversário do Partido Republicano apoiado por Koch o atacou, McCain começou a se afastar daqueles com quem já havia concordado. Quando o secretário de Estado John Kerry chamou a mudança climática de "arma de destruição em massa", McCain respondeu: "Em que planeta ele mora?"[29] Em 2014, por ocasião desse gracejo sarcástico, apenas 8 dos 278 republicanos no Congresso ainda estavam dispostos a reconhecer que a mudança climática provocada pelo homem era real; e fazer algo a respeito, muito menos ainda.

A campanha contra a energia renovável foi particularmente eficaz, dada a rapidez com que caía o custo dos painéis solares e da energia eólica. Em 2017, na contramão dos países em todo o mundo, que aceleravam seus esforços para instalar turbinas eólicas e painéis solares, o crescimento da energia solar em telhados sofreu uma "parada brusca" nos Estados Unidos, principalmente em virtude de um "esforço de lobby articulado e bem financiado em prol dos serviços públicos tradicionais de fornecimento de energia, que tem trabalhado em capitais dos Estados Unidos para reverter os incentivos", de acordo com o *New York Times*.[30] Esses concessionários tradicionais adotaram o modelo de legislação proposto pelo American Legislative Exchange Council (financiado por Koch), e, em um lugar após o outro, as comissões de serviços públicos financiadas por Koch travavam a expansão do segmento de energias renováveis.

Veja o caso do Arizona, talvez o lugar mais fácil do planeta para implantar a energia solar — em Phoenix há 299 dias de sol por ano. Em uma manhã agradavelmente fresca de março, há alguns anos, eu e Lyndon Rive estávamos no telhado de uma residência nos arredores de Surprise, um subúrbio de Phoenix. Lyndon é primo de Elon Musk e, na época, era o CEO da Solar City, o maior instalador de painéis solares em telhados dos EUA. Ao nosso redor, uma equipe de cinco homens distribuía uma grade de painéis solares, seguindo um projeto elaborado por um funcionário na Califórnia que fizera as medições no telhado utilizando o Google Earth. A equipe havia se reunido na casa às 7h, e o novo painel solar estaria pronto para ser ligado às 17h. A proprietária não precisou adiantar pagamento algum e, no primeiro mês, veria o total da conta de energia elétrica diminuir — por que alguém não faria isso? "É como pensar no e-mail em 1991", disse Rive. "Quando olho para esta rua, não vejo nenhuma razão para que cada uma dessas casas não esteja usando energia solar em uma década." Naquele ano de 2015, a empresa dele instalava um painel solar a cada 3 minutos em algum lugar dos 18 estados em que prestava serviço. "Isso parece impressionante, mas são apenas 200 mil casas até agora, de um total de 40 milhões. Meu objetivo é chegar a uma casa a cada três segundos. Ou, quem sabe, consiga ir mais rápido do que isso — uma a cada segundo", ele disse, estalando os dedos. Ele puxou um iPhone do bolso, acessou o aplicativo da calculadora e digitou alguns números. "Nesse ritmo, poderíamos fazer todas as casas em... 76 anos. Não, isso é muito tempo, eu esqueci uma divisão. Daqui a um ano e meio."

 Números como esses aterrorizavam as empresas de serviços públicos de fornecimento de energia e a rede Koch, então eles arregaçaram as mangas. Assim, surgiram alertas segundo os quais as empresas do setor enfrentavam "uma espiral da morte". À medida que os clientes começassem a gerar mais eletricidade própria a partir de painéis solares em seus telhados, as receitas das empresas começariam a declinar, e os clientes restantes teriam de pagar mais pelos postes e fios que mantêm a rede ativa, aumentando o incentivo para a evasão de mais clientes. Em vez de descobrir (como algumas empresas da Califórnia e Nova York) como lucrar com essa transição intermediando a eficiência energética, os concessionários do Arizona reuniram seu poder político para simplesmente impedir as mudanças. A maior empresa desse tipo do estado, a Arizona Public Service (APS), começou a fazer grandes contribuições de campanha para candidatos favoráveis à Corporate Comission, a agência reguladora do setor. Ou seja, estava pagando para escolher seus próprios chefes. (A APS até ajudou a financiar a campanha de um candidato a secretário estadual do Arizona porque o pai dele era um voto importante na Corporate Comission.) Esses reguladores logo permitiram que algumas dessas prestadoras de serviços públicos do estado começassem a cobrar taxas altas dos clientes que desejavam colocar painéis em seus telhados, ocasião em que os negócios da Solar City decaíram. Trabalhadores foram demitidos, e centros de distribuição fecharam as portas.

Isso em Phoenix — no "Valley of the *Sun*", ["Vale do Sol", em tradução livre], onde *Suns* é o nome do time local de basquete profissional e as equipes universitárias de basquete e futebol são os *Sun* Devils —, que logo entrará em uma "espiral da morte", a menos que controlemos as mudanças climáticas. Multiplique essa história por 20 ou 30 outros estados e você entenderá como as instalações solares chegaram àquela "parada brusca", mesmo antes de o presidente Trump tarifar os painéis solares, e por que os empregos em energia solar realmente caíram nos Estados Unidos em 2017, pela primeira vez desde o início da grande expansão da indústria.

Há exemplos semelhantes em todos os lugares. Scott Pruitt, obediente garoto de recados de Koch e primeiro chefe da Agência de Proteção Ambiental [EPA, na sigla em inglês] de Trump, liquidou os planos de aumentar a autonomia de carros elétricos em um esforço para reduzir esse mercado. No Departamento do Interior, Ryan Zinke pediu à equipe de um instituto financiado por Koch que redigisse sua resolução que diminuía o tamanho das áreas públicas de preservação para permitir mais perfurações de petróleo e gás. No Departamento de Energia, Rick Perry (que certa vez não compareceu à audiência de duas acusações criminais contra ele para participar de um evento de Koch) expediu novas análises mostrando que os Estados Unidos não reduziriam sua pegada de carbono até 2050, o que significa que os EUA "esgotariam quase sozinhos o orçamento de carbono do planeta".[31] Os principais cargos na área de energia renovável do Departamento de Energia foram preenchidos por pessoas vindas diretamente dos "numerosos esforços por energia não limpa dos irmãos Koch". O novo diretor do setor que cuidava de questões relativas à eficiência energética e energia renovável, por exemplo, ganhou experiência para o cargo instando os cidadãos a armazenar lâmpadas incandescentes da Amazon, argumentando que um eventual próximo governo intrusivo poderia proibir o beisebol noturno para economizar eletricidade.[32] Se você tentasse descobrir a pior maneira de reagir às mudanças climáticas, todas essas atitudes seriam a resposta.

Na verdade, o *pior* plano possível também incluiria tentar reprimir a ação em todos os outros países. E foi isso que toda a rede de ódio do governo procurou fazer em 2017, quando o presidente Trump retirou os Estados Unidos dos acordos climáticos de Paris. Mais um momento vergonhoso, tanto quanto outros em nossa história recente: o país que produz mais carbono do mundo anunciando que agora era o único que não estava disposto a fazer nem mesmo um modesto compromisso internacional para resolver a mudança climática. O *Washington Post*, em uma extensa reportagem especial, deixou claro que chegar a esse ponto exigiu uma "cruzada de duas décadas", precisamente pelo grupo antigovernamental de fanáticos — de todos os matizes sociais — por combustíveis fósseis que já conhecemos. O presidente da "Cooler Heads Coalition" ["Coalizão das Cabeças Mais Frias", em tradução livre], o economista Myron Ebell, que estava ao lado do presidente quando ele fez seu pronunciamento no Rose Garden, trabalhava no Competitive Enterprise Institute [CEI], o local onde um funcionário havia explicado que seria mais inteligente "negligenciar" a mudança climática, em vez de dar ao governo a autoridade para lidar com ela. Ebell já havia participado de um grupo chamado Frontiers of Freedom ["Fronteiras da Liberdade", em tradução livre], ajudando a realizar uma "complexa campanha de influência" em apoio à indústria do tabaco. De fato, a Philip Morris USA foi uma das primeiras financiadoras da Cooler Heads Coalition, ao lado de empresas como a Chevron. Elas se juntaram ao Instituto Heartland e ao Americans for Prosperity. (A Exxon concordou em fazer doações à CEI para ajudar a apoiar o trabalho.) Eles trabalharam por anos, de Quioto a Copenhague e Paris, e nunca desistiram da luta. Quando Trump foi eleito, eles lhe enviaram uma carta lembrando-o de sua promessa de campanha de retirar os Estados Unidos dos acordos climáticos de Paris: "Sr. Presidente, não ouça o pântano. Mantenha sua promessa." Apesar das objeções da maioria de seus conselheiros, foi o que ele fez.

O Acordo de Paris, verdade seja dita, foi essencialmente fruto de adesões voluntárias — o resto do mundo desistiu de negociar um tratado real, porque viu, após as conversações de Quioto na década de 1990, que o poder da indústria de combustíveis fósseis significava que o Senado dos EUA nunca reuniria os dois terços de votos necessários para ratificar um tratado. Portanto, os diplomatas internacionais sabiam que o melhor que podiam esperar em Paris era um apanhado de promessas, as quais não seriam rigorosas o suficiente para cumprir as metas estabelecidas para manter o aumento da temperatura do planeta abaixo de 2 °C. Para eles, o acordo de Paris representava a esperança de que o início do trabalho colocasse em ação um ciclo virtuoso: quando os países percebessem que a energia renovável era barata e eficaz, eles aumentariam seus compromissos. Mas a retirada de Trump diminuiu consideravelmente esse impulso.

Não é que nunca teremos um mundo conduzido pelo Sol e pelo vento. Isso ocorrerá: é difícil superar a energia livre, e daqui a 75 anos, será ela que usaremos. No entanto, se continuarmos no mesmo rumo, vento e Sol encontrarão um planeta deveras extenuado. Aqueles homens estavam em uma posição em que puderam usar seu poder para frear nosso ímpeto em prol do meio ambiente, precisamente no momento em que precisávamos acelerar, no momento em que mais uma explosão de carbono derrubaria o planeta. E, assim, eles se tornaram definitivamente poderosos. Milênios após terem perdido as lutas ideológicas, o nível do mar continuará subindo. Eles escreveram seus nomes na história geológica, uma pichação de mau gosto que os cientistas decifrarão daqui a milhões de anos (assumindo que existam cientistas). Muitas dessas mesmas pessoas também trabalharam para prejudicar o Obamacare, o que é uma tragédia — com isso, muitas pessoas sofrerão desnecessariamente e morrerão. Mas quando, por fim, a política norte-americana escapar das garras deles, não será impossível construir um sistema de saúde como os de todas as outras nações do mundo. Entretanto, com a mudança climática as coisas são diferentes. Uma vez que o Ártico derreter, não há como congelá-lo novamente, não no tempo humano. Por um período de 50 anos, a política específica de um país terá reescrito a história geológica da Terra e fará o jogo humano fracassar. É com isso que a alavancagem se parece.

12

Há um outro lugar na Terra em que o grau de alavancagem é daqueles capazes de mudar a ordem das coisas. E embora não tenha tanto alcance quanto o drone que levanta voo dos resorts de Palm Springs, onde os Koch reúnem seus companheiros todos os anos, é um mundo muito diferente.

Os bilionários da tecnologia que habitam o Vale do Silício não se parecem, em absoluto, com os figurões dos combustíveis fósseis e vários outros magnatas que comemoraram a ascensão de Trump ao poder. Em vez de idosos trogloditas, são principalmente jovens progressistas sociais. Não os procure em campos de golfe; eles estão praticando kitesurf. Não, não estão. Eles *costumavam* praticar kitesurf, mas agora aderiram ao hydrofoil. "É como voar", disse Ariel Poler, um investidor em startups, a um repórter — ele estava de pé junto às portas aladas do seu Tesla, vestindo uma roupa protetora e um capacete antes de ir para o mar. "A armação não toca na água. É como uma asa de avião."[1]

De qualquer forma, esses mestres da tecnologia riem, e nada educadamente, do pensamento de tentar ressuscitar uma tecnologia do século XVIII como o carvão. Eles têm tudo a ver com o futuro: a Tesla está instalando o maior painel solar do mundo no alto da sua enorme fábrica Gigafactory, que produz mais baterias de íons de lítio do que qualquer instalação na Terra. O Google soletrou seu logotipo corporativo em espelhos na gigantesca estação solar no Deserto de Mojave no dia em que anunciou que utilizaria somente energia renovável em seus negócios globais; é o maior comprador corporativo de energia verde do mundo.[2]

Ou seja, há um abismo cultural entre essas diferentes espécies de plutocratas. Mas há exatamente um ser humano que construiu uma ponte entre esses dois universos. A *Vanity Fair*, em 2016, declarou que Ayn Rand era "talvez a personalidade mais influente na indústria de tecnologia". Steve Wozniak (cofundador da Apple) disse que Steve Jobs (a divindade) considerava *A Revolta de Atlas* um de seus guias na vida.³ Elon Musk (também uma divindade, e vindo direto de um romance de Rand, com seus foguetes, hyperloops [tubos para transporte de passageiros e cargas via ar comprimido] e robotáxis) diz que Rand "tem uma série de colocações bastante extremadas, mas ela tem alguns pontos positivos".⁴ Isso é tão débil quanto o elogio oferecido. Travis Kalanick, que fundou a Uber, usou a capa de *A Nascente* como seu avatar no Twitter. Peter Thiel, um dos fundadores do PayPal e um dos primeiros investidores no Facebook, certa vez propôs a missão de desenvolver uma cidade flutuante, um "lugar no mar" que seria uma cidade-estado politicamente autônoma sobre a qual os governos nacionais não exerceriam influência alguma.⁵

Alguns dos sentimentos antigovernamentais do Vale do Silício são antigos, ou pelo menos tão antigos quanto pode ser qualquer coisa lá. Já em 2001 — antes do iPhone e do Facebook, naqueles dias em que apenas se checava os e-mails —, uma escritora chamada Paulina Borsook publicou *Cyberselfish* ["Egoísmo Cibernético", em tradução livre], um livro que ela descreveu como uma "sátira da cultura terrivelmente libertariana da tecnologia de ponta". Ela disse que, mesmo naquela época, não era surpreendente abrir o jornal local — isso foi logo antes do Craigslist [rede de classificados online] dizimar os jornais locais — e ver um anúncio pessoal que dizia: "Entusiasta de Ayn Rand procura mulheres de orientação libertariana para conversas gratificantes e romance. Eu sou um empreendedor de alta tecnologia muito inteligente e atraente." Todo setor de atividade econômica tem a marca de um sentimento peculiar, e o da tecnologia era o ódio à regulamentação, uma "visão generalizada" que "se manifesta em tudo, desde uma postura de rebeldia" até "uma embaraçosa ausência de filantropia".⁶ A suspeita quanto ao governo, disse ela, era "o equivalente tecnológico à herança judaico-cristã ocidental. Da mesma forma que quem vive no Ocidente, independentemente de como foi criado, é moldado por essa herança judaico-cristã", a arrogância randiana fluiu como água em Cupertino e Menlo Park.⁷ Para Borsook, isso se devia a muitas coisas: para começar, ao aborrecimento com as tentativas iniciais do governo de regulamentar a tecnologia proibindo, digamos, uma forte proteção criptográfica. E também havia o fato de que os programadores vivem, por necessidade, em um universo lógico e baseado em regras, que "pode colocá-lo em um estado contínuo de exasperação quase furiosa com o quanto são confusos e imperfeitos os seres humanos e a sociedade".⁸ Isso tudo é um tanto tolo, pois foram os investimentos do governo que colocaram a internet em funcionamento, mas não há como negar que alguém que fica atrás de um teclado pela primeira vez internaliza um senso de autonomia: você pode explorar qualquer lugar aonde queira ir. Isso o faz sentir-se *livre*.

Seja como for, há nos líderes dessa comunidade a ideia profundamente arraigada de que devem ser deixados sozinhos com sua arte: criar valor, desenvolver aplicativos, mudar o mundo. Para eles, a citação-chave de Rand não diz respeito à imoralidade da comunidade — afinal, a maioria das novas tecnologias está teoricamente focada na *construção* da comunidade — ou mesmo ao horror dos impostos. Em vez disso, está no início de *A Nascente*, quando Howard Roark explica aos professores de arquitetura que ele projetará edifícios da maneira que deseja. O reitor da escola, que o acusou de ser "contrário a todos os princípios que tentamos ensinar, contrário a todos os precedentes estabelecidos e a todas as tradições da arte", pergunta: "Você quer me dizer que está pensando seriamente em construir *desse jeito*, quando e *se* você for arquiteto?"

"Sim."

"Mas, meu caro, quem o deixará fazer isso?"

"A questão não é essa. A questão é: quem irá me impedir?"[9]

Por razões que logo ficarão claras, essa pode se tornar a questão decisiva do futuro da humanidade.

PARTE TRÊS

O Nome do Jogo

13

Conversando com Ray, um conhecido meu, ele me perguntou o que eu faria naquele dia. Disse a ele que praticaria esqui cross-country com o cachorro.

"Esquiar é legal", ele disse. "Mas eu não gosto de ir colina abaixo. Também não gosto de ficar próximo a penhascos. Já não dirijo mais em estradas no meio das montanhas. Evito essas coisas porque não temos substitutos para a versão um de nosso corpo biológico."

Perguntei como ele estava se sentindo.

"Por enquanto, tudo bem", respondeu. "Ajustei meu regime. Diminuí para 100 comprimidos por dia. Era mais."

"Cem comprimidos?"

"Um exemplo bom é a metformina. Parece que mata células cancerígenas quando elas aparecem. Na bula, é para diabetes. Venho dizendo há 25 anos que se trata de um mimético de restrição calórica."

"Uau!", exclamei.

"As pessoas não eliminam *por completo* as células cancerígenas porque elas não tomam direito. Elas ingerem uma grande dose de manhã. Você precisa tomar uma pílula de liberação prolongada de 500mg a cada quatro horas. É mais do que a dose máxima estipulada na bula."

Bem, acontece que essa pessoa, Ray Kurzweil, é o diretor de engenharia do Google, talvez a companhia mais importante do planeta. Ele lidera uma equipe encarregada de desenvolver uma inteligência artificial. E a razão pela qual ele é tão cauteloso em sua vida cotidiana é acreditar firmemente que se apenas puder permanecer vivo até 2030, nunca morrerá, pois estamos acelerando rapidamente em direção a um poder tecnológico tão imenso, que tudo a nosso respeito será completamente remodelado. De novo: ele não é um excêntrico — se for, trata-se de um excêntrico no comando dos esforços de engenharia de uma empresa com o maior valor de mercado já registrado.

"Em 1955, quando eu tinha sete anos de idade, lembro-me de meu avô contando sobre uma viagem à Europa", disse-me Kurzweil certo dia.[1] "Lá, ele teve a oportunidade de manusear os cadernos de anotações de Leonardo da Vinci. Ele descreveu essa experiência em termos reverenciais. Não eram documentos escritos por Deus, mas por um humano. Eu cresci sob essa religião, a do poder das ideias humanas para mudar o mundo, e a noção de que poderia encontrar essas ideias. Até hoje, continuo acreditando nessa filosofia básica. Sejam dificuldades de relacionamento ou grandes questões sociais e políticas, existe uma ideia que nos permitirá prevalecer."

De todas as muitas ideias de Kurzweil, a aceleração é a mais profunda, "uma base essencial para o meu futurismo", diz ele. Essencialmente: nossas máquinas estão ficando mais e mais inteligentes. "O número de cálculos por segundo, por dólar constante, segue uma trajetória suave desde o censo de 1890", diz ele, uma trajetória que, enfatiza, está acelerando exponencialmente, não linearmente. Aqueles que o criticam, ele continua, "pensam em termos lineares. Veja quando estávamos sequenciando o genoma. As pessoas diziam que levaria 700 anos. Mas após 7 anos estava quase pronto; muito menos tempo. Portanto, nossa capacidade de sequenciar, entender e reprogramar essa genética também está crescendo exponencialmente. Isso é biotecnologia. Já estamos obtendo um progresso significativo em coisas como imunoterapia. Podemos reprogramar seu sistema para considerar as células cancerígenas um patógeno e segui-las. *Hoje é um fio de água correndo, mas será uma inundação na próxima década*".

A máxima de Kurzweil, ele insiste, não se aplica apenas à biotecnologia. A ideia básica (de que o poder de um computador continua dobrando e dobrando e depois dobrando novamente) orienta uma ampla variedade de áreas, todas sinalizando que estão entrando na inclinação acentuada da curva de crescimento. Para Kurzweil, isso é muito parecido com o que aconteceu 2 milhões de anos atrás, quando os humanos adicionaram ao cérebro o grande conjunto de células que chamamos de neocórtex. "Esse foi o fator que nos permitiu inventar linguagem, arte, música, ferramentas, tecnologia, ciência. Nenhuma outra espécie faz essas coisas", diz ele. Mas havia limites intrínsecos nesse grande salto adiante: se o cérebro continuasse se expandindo, acrescentando novos neocórtex, o crânio que o abrigava cresceria tanto, que nunca poderíamos deslizar pelo canal de parto. Dessa vez, porém, isso não é um problema, pois o grande cérebro novo será externo a nós: "Minha tese é a de que faremos isso novamente, na década de 2030. Teremos um neocórtex sintético na nuvem. Conectaremos nosso cérebro à nuvem da mesma maneira que seu smartphone está conectado agora. Nós nos tornaremos mais interessantes, inteligentes e capazes de nos expressar de maneira mais eficaz. Criaremos formas de expressão que não podemos imaginar hoje, assim como os outros primatas não conseguem entender a música."

Mais uma vez: esse é o diretor de engenharia do Google. E não se trata de uma fala isolada. Seu chefe, Sergey Brin, tem a mesma opinião e a expressa bem claramente: "Pode-se presumir que um dia seremos capazes de fabricar máquinas que possam raciocinar, pensar e fazer coisas melhor do que nós."[2] Aliás, já há notícia disso. Em 2016, o melhor jogador de Go do mundo foi derrotado por um programa de computador que, no ano seguinte, venceu todos os 60 melhores jogadores do planeta, cabendo ressaltar que o Go é considerado muito mais difícil, sutil e *humano* do que o xadrez. Em 2017, um programa de inteligência artificial ganhou dos melhores jogadores do mundo de Texas Hold'Em [uma variedade de pôquer] — ou seja, sabia blefar. Há muitos exemplos de que os programas de IA agora podem aprender quase tudo: o algoritmo DeepFace do Facebook reconhece rostos humanos específicos nas fotos 97% das vezes, "mesmo quando esses rostos estão parcialmente ocultos ou mal iluminados", o que se parece com o que as pessoas podem fazer.[3] (A Microsoft se orgulha do fato de que *seu* software pode distinguir de maneira confiável as imagens das duas variedades de corgi galês [cachorro de raça nativo do País de Gales].)[4] Um robô de IA passou duas semanas aprendendo a jogar um videogame chamado *Defense of the Ancients* e depois derrotou os melhores do mundo. "Parece um ser humano, mas com um pouco de algo mais", disse um dos jogadores que foi derrotado.[5]

Claro, isso tudo parece um tanto prosaico — afinal, são jogos. O produto mais visível até agora da equipe de Kurzweil no Google é o Smart Reply, aqueles três ícones de sugestões de respostas simplificadas e rápidas na parte inferior do Gmail. ("Isso parece ótimo."; "Não dá para fazer isso."; "Deixe-me verificar!") Mas, na realidade, Kurzweil não está disposto a ajudá-lo a responder seu e-mail; ele está coletando mais dados para ajudar a nuvem a aprender. A revista *Wired* relatou em 2017 que trata-se "apenas da primeira parte visível do projeto principal do grupo: um sistema para entender o significado da linguagem. Apelidado de Kona, a ideia é criar um software tão linguisticamente fluente quanto você ou eu."[6] Parece irreal? Se for esse o caso, não será pela falta de poder de computação. Kurzweil estimou que até 2020, um PC de

US$1 mil terá o poder computacional de um cérebro humano: 20 quatrilhões de cálculos por segundo. Em 2029, deve ser mil vezes mais poderoso do que o cérebro humano, pelo menos por essas medidas brutas. Até 2055, "US$1 mil em poder de computação será igual ao poder de processamento de todos os seres humanos no planeta", diz ele.[7] Em 2099, se a humanidade chegar lá, "um centavo de dólar de poder computacional será 1 bilhão de vezes maior que o poder de processamento de todos os cérebros humanos hoje no planeta".

Não nos preocupemos, no momento, em tentar descobrir se isso é bom ou ruim. Por enquanto, apenas consideremos a suposição de que se trata de algo *grande*, representativo de um grau de alavancagem incomparável. Se a queima não controlada e acelerada de combustível fóssil foi poderosa o suficiente para mudar fundamentalmente a *natureza*, então o poder tecnológico não controlado e acelerado, que pode ser observado no Vale do Silício e em seus postos avançados globais, talvez seja suficiente para desafiar fundamentalmente a *natureza humana*. A primeira mudança, com a combustão de carvão, gás e petróleo, demorou 200 anos para acontecer, embora ela também tenha sido um exemplo de aceleração — metade das emissões, e aquelas que parecem ter quebrado vários limiares físicos, ocorreram nas últimas três décadas. A segunda, promovida pela inteligência artificial, provavelmente não levará esse tempo todo, pelo menos segundo os cientistas especializados no assunto.

Convém deixar claro que já alcançamos o que o escritor Tim Urban chama de inteligência artificial restrita, às vezes chamada de "IA fraca". "Existe uma IA que pode jogar xadrez e derrotar o campeão mundial da modalidade, mas é a única coisa que faz. Peça-lhe para descobrir uma maneira melhor de armazenar dados em um disco rígido e não haverá reação", diz ele.[8] Essa IA fraca está ao nosso redor. É por isso que a Amazon sabe o que você quer comprar em seguida e a Siri responde às suas perguntas, e também porque seu novo carro diminui a velocidade se outro veículo estiver parando na sua frente. Quando o carro totalmente autônomo finalmente conseguir entrar e sair da garagem, será a IA fraca em seu máximo: milhares de sensores implantados para executar uma tarefa específica melhor do que você pode fazer. Você poderá degustar sua cerveja por horas no seu bar predileto, e o carro autônomo o levará para casa — e talvez poderá lhe recomendar com precisão outros tipos da bebida que se adequam à sua preferência. Mas não será possível para ela manter uma discussão interessante sobre se esse é o melhor caminho para sua vida.

O próximo passo é a inteligência artificial geral, às vezes chamada de "IA forte". É um computador "tão inteligente quanto um ser humano *em todos os sentidos*, uma máquina que pode executar qualquer tarefa intelectual de que um ser humano é capaz", na descrição de Urban. Esse tipo de inteligência exigiria "a capacidade de raciocinar, planejar, resolver problemas, pensar abstratamente, compreender ideias complexas, aprender rapidamente e com a experiência".[9] Cinco anos atrás, dois pesquisadores perguntaram a centenas de especialistas em IA, em uma série de conferências, quando alcançaríamos esse patamar; mais precisamente, solicitaram que eles indicassem um "ano otimista", quando existiria 10% de chance de chegarmos lá, um ano realista, com 50% de probabilidade, e um ano "pessimista", no qual haveria 90% de chance. Em termos de mediana estatística, 2022 foi o ano otimista. O ano realista (o ano em que eles pensavam que haveria uma chance de 50%): 2040. O ano pessimista: 2075. Ou seja, as pessoas que trabalham na área estavam convencidas de que haveria uma probabilidade de 90% de existir uma inteligência artificial forte quando uma criança nascida este ano estiver na meia-idade (de acordo com nosso conceito atual para o termo — atente para esse detalhe). Uma pesquisa similar, realizada mais recentemente, simplesmente perguntou a especialistas quando eles achavam que chegaríamos lá. A resposta de 42% foi 2030 ou antes; apenas 2% disseram "nunca".[10] Como um professor de Carnegie Melburn disse: "Não tenho mais a mesma sensação de 25 anos atrás, a de que havia espaços em branco. Sei que não temos uma maneira boa de encaixar os componentes, mas não me parece óbvio que estejamos perdendo peças."[11]

O que acontece então? O que acontece quando um computador é tão inteligente quanto uma pessoa? Provavelmente, dizem alguns desses especialistas em IA, apenas continua a avançar. Se foi programado para continuar aumentando sua inteligência, talvez leve uma hora para passar do nível de entendimento de uma criança de quatro anos para "impulsionar a grande teoria da física que unifica a relatividade geral e a mecânica quântica, algo que nenhum humano tem sido capaz, definitivamente, de fazer", diz Urban. "Após 90 minutos, a IA se torna uma superinteligência artificial, 170 mil vezes mais inteligente que um humano." Como ele ressalta, é extremamente difícil imaginar algo assim, "tal como uma abelha não consegue enfiar em sua cabeça a economia keynesiana. Em nosso mundo, inteligente significa QI 130 e estúpido significa QI 85 — não temos uma palavra para um QI de 12.952".[12] Dá para perceber como o que venho chamando de "jogo humano" pode ser de alguma forma alterado por tal desenvolvimento ou qualquer um remotamente parecido. É alavancagem em uma escala diferente.

Porém, antes de descobrirmos o quanto isso é provável, e se é uma boa ideia, convém observar um específico exemplo real do rápido desenvolvimento desses novos poderes. Ele nos dará uma melhor compreensão do quão longe podemos ir sem deixarmos de ser nós mesmos.

14

Em 1953, Francis Crick e James Watson descobriram a estrutura de dupla hélice do DNA, uma conquista notável, mas que não mudou o mundo da noite para o dia. A seguir, alguns destaques na linha do tempo da genética a partir desse acontecimento.

1974: Primeiro animal geneticamente modificado (um camundongo).

1996: Escoceses clonam uma ovelha e a chamaram de Dolly.

1999: Um artista chamado Eduardo Kac insere um pouco de DNA de água-viva em um coelho, o que o faz brilhar em verde fosforescente quando exposto à luz negra. "É uma nova era e precisamos de um novo tipo de arte", explica ele. "Já não faz sentido pintar como no tempo das cavernas."

Também em 1999: Cientistas de Princeton, MIT e Universidade de Washington descobrem que podem ampliar consideravelmente a memória de um rato alterando um único gene — esses "camundongos Doogie", assim chamados em analogia a um personagem de TV precocemente inteligente, agora perdido nas brumas do tempo, podem localizar uma plataforma subaquática oculta mais rápido do que os ratos não aprimorados.

2009: Na Ásia, cientistas produzem um rato ainda mais inteligente, ao qual chamaram Hobbie-J, em homenagem a um personagem de um desenho animado chinês.

"Quando aqueles camundongos tiveram a opção de virar à esquerda ou à direita para obter uma recompensa de chocolate, Hobbie-J conseguiu fixar o caminho correto na memória por muito mais tempo do que os demais. Porém, após cinco minutos, ele também se esqueceu. 'Nunca faremos dele um matemático', explica o pesquisador. 'Afinal, são ratos'."[1]

Os trabalhos genéticos em outros organismos estavam em andamento simultaneamente, é claro, e alguns deles avançando muito mais rápido. A Monsanto descobriu como fazer muitas culturas resistentes a herbicidas, levando os agricultores a aumentar a pulverização desses químicos, o que elevou consideravelmente os lucros (da Monsanto, não dos agricultores). Mas para o organismo humano em particular, não havia muito a mostrar para a revolução genética; o trabalho era lento porque faltavam ferramentas. Como Michael West, CEO da Advanced Cell Technology, disse: "O sonho dos biólogos é ter a sequência do DNA, o código de programação da vida, e poder editá-lo do mesmo modo que se faz com um documento em um processador de texto."[2] Pelo uso do termo arcaico *processador de texto*, percebe-se que ele disse isso há algum tempo — em 2000, para ser exato.

Foi então que o CRISPR aconteceu. Cientistas japoneses notaram algo estranho em algumas bactérias que estavam sendo estudadas: repetições regulares de sequências de DNA cujo "significado biológico é desconhecido". Eles as chamavam de "repetições palindrômicas curtas, agrupadas e regularmente interespaçadas", ou CRISPR [na sigla em inglês]. Descobriu-se que elas realmente faziam parte do sistema imunológico da bactéria. "Sempre que as enzimas da bactéria conseguem liquidar um vírus invasor, surgem outras pequenas enzimas que recolhem o que sobrou do código genético do vírus, retalham-no e depois armazenam os pedacinhos nos espaços CRISPR." As bactérias, então, passam a usar as informações genéticas armazenadas como um referencial, combinando o RNA em qualquer novo vírus para verificar se ele também precisa ser retalhado e armazenado.[3] Pensando nisso, a certa altura — há apenas uns poucos anos —, alguns cientistas reconheceram que o talento dessa enzima, chamada Cas9, poderia ser útil. Se eles se valessem de um RNA artificial — uma falsa referência, por assim dizer —, ela procuraria qualquer coisa com o mesmo código e começaria a retalhar.

Com bilhões de dólares envolvidos, há controvérsias: qual cientista descobriu e exatamente quando? Em 2012, Jennifer Doudna, de Berkeley, e uma pesquisadora sueca chamada Emmanuelle Charpentier publicaram um artigo no qual mostravam que poderiam usar a técnica para cortar qualquer genoma em qualquer lugar que desejassem. No ano seguinte, Feng Zhang, no Broad Institute de Boston, demonstrou que isso funcionava com células humanas e de ratos; e George Church, de Harvard, mostrou uma técnica ligeiramente diferente que funcionava nas células humanas. O ponto pacífico, porém, é que o CRISPR fornece aos pesquisadores de genética algo parecido com o "processador de texto" que eles sempre esperaram. "A edição de genes passou de trabalhosa e cara a simples e barata", relatou a *Vox* em dezembro de 2017. "No passado, custaria milhares de dólares e semanas ou meses de idas e vindas para alterar um gene. Agora, pode custar apenas US$75 e levar algumas horas. E essa técnica funcionou em todos os organismos em que foi testada."[4] Como a própria Doudna disse: "O genoma — todo o conteúdo de DNA de um organismo, incluindo todos os seus genes — tornou-se quase tão editável quanto um simples trecho de texto... praticamente da noite para o dia, nos encontramos à beira de uma nova era na engenharia genética e no domínio biológico."[5]

Em uma primeira demonstração de poder, como Doudna descreve em seu livro *A Crack in Creation* ["Uma Brecha na Criação", em tradução livre], os biólogos criaram cães beagles geneticamente aprimorados com "físicos supermusculosos semelhantes a Schwarzenegger" ao fazer "alterações de DNA de uma letra em um gene que controla a formação muscular". Inativando um único gene de porco, os pesquisadores "criaram pequenos porcos, suínos não maiores que gatos grandes, que podem ser vendidos como animais de estimação".[6] Ainda não funciona perfeitamente — os preços das ações de algumas empresas de genética caíram acentuadamente em meados de 2018 depois que os pesquisadores descobriram que algumas "células humanas resistem à edição de genes ativando defesas contra o câncer, cessando a reprodução e às vezes morrendo"[7] —, mas os especialistas consideraram esse contratempo um acidente de percurso e se ocuparam planejando os próximos avanços: uma nova revolução na genética das culturas agrícolas, por exemplo, que levantará novamente as questões sobre se os alimentos geneticamente modificados são seguros para consumo (quase certamente sim) e se isso prejudica a agricultura tradicional (quase certamente sim). E eles estão explorando o poder das "movimentações genéticas", em que os cientistas podem forçar novas características a populações selvagens de, digamos, mosquitos em "velocidade sem precedentes, uma espécie de reação em cadeia incontrolável e em cascata".[8] Entretanto, não nos estenderemos nisso, pois este livro em particular é sobre nossa espécie. Para o *nosso* jogo, o verdadeiro poder do CRISPR é o de mudar as pessoas.

Esse poder tem duas faces, e distingui-las é de suma importância. *A primeira está voltada para a correção de humanos existentes com problemas existentes. Já a outra poderia alterar humanos ainda por nascer.* Elas são bastante diferentes, e precisaremos pensar muito a respeito, porque uma aprimora o jogo humano, e a outra pode dar-lhe um fim.

Comecemos com o primeiro tipo, o benigno. Os cientistas se referem a ele como "engenharia genética somática", mas outro nome seria "terapia genética". Ou você poderia chamá-lo de "reparo". Nas células humanas cultivadas em laboratório, o CRISPR já foi usado para "corrigir as mutações responsáveis pela fibrose cística, doença falciforme e algumas formas de cegueira", relata Doudna. "Os pesquisadores corrigiram os erros de DNA que causam a distrofia muscular chamada Duchenne cortando apenas a região danificada do gene que sofreu mutação e deixando o resto intacto."[9] Digamos que alguém tenha anemia falciforme. Agora parece inteiramente possível isolar células-tronco da medula óssea de um paciente, usar o CRISPR para reparar os genes modificados pela mutação que estão nas células e, em seguida, devolver as células editadas ao paciente, possibilitando "a produção de quantidades robustas de hemoglobina saudável".[10] Essa é uma espécie de trabalho que está saindo do laboratório e entrando no mundo real. Em meados de 2017, a FDA aprovou o primeiro tratamento desse tipo, projetado para modificar as células de um paciente com o intuito de combater uma leucemia. A empresa farmacêutica Novartis alterou as células de 63 pacientes, sendo que 52 deles entraram em remissão — um milagre verdadeiro. "Acreditamos que, quando for aprovado, esse tratamento salvará milhares de vidas em todo o mundo", disse o pai de uma garota chamada Emily Whitehead no painel consultivo da FDA. Emily quase morreu quando tinha seis anos de idade, mas os genes alterados a livraram do câncer. "Espero que algum dia todos vocês do comitê consultivo possam dizer, às suas famílias, que fizeram parte do processo que encerrou o uso padrão de tratamentos tóxicos como quimioterapia e radioterapia, e que transformaram o câncer no sangue em uma doença tratável da qual a maioria das pessoas sobrevive", disse o pai de Emily.[11]

Então, mais uma vez, vamos deixar claro: esse primeiro tipo de engenharia genética, o reparo de defeitos nos seres humanos existentes, não representa uma ameaça ao jogo humano. A engenharia somática é uma extensão da medicina tradicional, permitindo-nos curar algumas doenças antes não tratáveis ou que só podiam ser tratadas de forma invasiva demais, com grandes doses de substâncias químicas ou utilizando radiação. Sim, subsistem todas as complicações usuais ligadas à procura do lucro pela indústria farmacêutica e ao sistema de saúde desigual. Mas esse tipo de trabalho continuará a acontecer e a melhorar as condições de vida. Aplausos à lei de aceleração do retorno de informações de Kurzweil, que possibilitou esse acontecimento.

Por outro lado, convém moderar o tom desses aplausos, pois o CRISPR, como já disse, também abre as portas para um outro tipo de poder. No segundo caso, poderíamos *mudar os seres humanos antes de nascerem*, alterando seu DNA no embrião; com isso, as mudanças seriam transmitidas para sempre à sua prole.

A primeira categoria, como já disse, é chamada de engenharia genética somática; a segunda abordagem geralmente atende pelo nome de engenharia genética da "linha germinativa", pois consiste em intervenções nas células que transmitem suas características no curso da reprodução, podendo também ser chamada de modificação genética *hereditária*. "Pela primeira vez na história", diz Doudna, possuímos o poder de *"direcionar a evolução de nossa própria espécie. Isso não tem precedentes na história da vida na Terra. Está além da nossa compreensão"*.[12]

Desde que Watson e Crick descobriram a dupla hélice, os especialistas em ética debatem a possibilidade de projetar bebês, mas isso sempre ficou no âmbito do debate acadêmico e remoto, uma vez que não se pensava que poderia ser feito tão cedo. Então veio o CRISPR. Em abril de 2015, pesquisadores da Universidade Sun Yat-Sen, em Taiwan, anunciaram ter usado a técnica para editar os genomas de embriões humanos não viáveis, modificando o gene que produz a talassemia, um distúrbio do sangue. Em 2017, uma equipe no Oregon repetiu a façanha, dessa vez com foco em um defeito genético que produz doenças cardíacas; a técnica deles foi mais bem-sucedida, com menos "efeitos fora do alvo", e o pesquisador que fez o trabalho disse que esperava comercializar o processo em breve. "Tenho uma opinião formada sobre aplicações clínicas. Essa pesquisa não foi feita para satisfazer minha curiosidade, mas para desenvolver a tecnologia e levá-la às clínicas. Pode levar uma década, mas chegaremos lá", afirmou o pesquisador do Oregon.[13]

Se acontecer, demorará consideravelmente menos de uma década. No final de novembro de 2018, He Jiankui, outro pesquisador chinês, anunciou que as gêmeas recém-nascidas Lulu e Nana foram geneticamente alteradas em seu laboratório antes do nascimento, tornando-se os primeiros bebês projetados da Terra. Uma história deveras bizarra: ele reprogramou os genes delas em um esforço para garantir que não pudessem contrair a infecção pelo HIV, todavia, como o pesquisador Anthony Fauci afirmou: "Existem tantas maneiras de proteção adequada, eficiente e definitiva contra o HIV que o pensamento de editar os genes de um embrião para obter um efeito que você poderia facilmente fazer de muitas outras maneiras é, para mim, antiético." Aparentemente, a "correção" só ocorreu em uma das recém-nascidas; especulou-se que a outra poderia ter sofrido danos no processo.[14] O Dr. He já havia ultrapassado os limites: a maioria das sociedades governamentais e científicas tem alguma forma de lei ou regulamento contra a engenharia da linha germinativa, e as autoridades chinesas anunciaram que estavam suspendendo seu ensaio clínico, atitude acompanhada de rumores de que ele teria sido preso após um porta-voz do governo qualificar sua experiência como "extremamente abominável".[15]

Mas é evidente que os limites estão aos poucos se expandindo. Em 2017, Doudna disse que achava que o CRISPR não deveria ser usado para editar embriões "hoje, mas possivelmente no futuro. Essa é uma grande mudança para mim". Ela afirma que mudou seu pensamento após ler cartas de pessoas com doenças genéticas na família. Recentemente, ela recebeu correspondência de uma mãe com um filho diagnosticado com uma doença neurodegenerativa. "Ele era um bebê adorável, estava em sua pequena cadeira de rodas, tão fofo", ela lembrou. "Tenho um filho, e meu coração simplesmente se partiu. Veja, se houvesse uma maneira de ajudar essas pessoas, deveríamos fazê-lo. Não seria errado."[16] O que é verdade — uma das melhores características dos seres humanos é nossa incapacidade geral de ignorar bebês fofos em situação aflitiva. (E todos os bebês são fofos.) Mas também é verdade (e este é quase o último parágrafo técnico) que já temos um método, em uso generalizado, para prevenir doenças genéticas exatamente como essas. Chamado de diagnóstico genético pré-implantacional (PGD), funciona assim: os pais em risco de doença genética usam fertilização *in vitro* para produzir vários embriões — digamos, oito deles. Um laboratório deixa-os crescer por cinco ou seis dias, até que possam ser testados para ver se carregam os genes problemáticos. O médico então seleciona um embrião livre da doença e o implanta no útero da mãe, e assim por diante. Isso já foi feito milhões de vezes em todo o mundo. Todas as doenças, como a talassemia, que os pesquisadores mostraram que podem ser erradicadas com a engenharia da linha germinativa já são rotineiramente selecionadas por meio do PGD.

Nos dois casos, os óvulos são retirados da mãe, e seu material é manipulado na bancada do laboratório; para a mãe, os procedimentos são igualmente invasivos. Mas o PGD não é particularmente controverso por uma simples razão: trabalha-se com o material genético fornecido pelos pais. Não se está adicionando algo novo, apenas eliminando as perigosas possibilidades apresentadas pela matemática da genética. O único e extremamente raro caso em que não funciona é quando os dois pais sofrem do mesmo distúrbio genético recessivo. Se os dois pais tiverem fibrose cística, todas as crianças que conceberem também carregarão a doença: não haveria óvulos saudáveis para a seleção. Mas é, de fato, extremamente raro — essas são as pessoas que, na falta da engenharia da linha germinativa, teriam de adotar crianças ou usar óvulos ou esperma de um terceiro.

O PGD é algo tão habitual que os jornalistas o ignoram rotineiramente. Um estudo do Center for Genetics and Society descobriu que 85% dos artigos sobre engenharia genética humana sequer mencionam que já existe uma alternativa óbvia. De fato, o PGD funciona tão bem, que há preocupações de que possa ser mal utilizado. Algumas pessoas, com certeza, já selecionam o sexo de seus filhos, o que em um mundo sexista causa apreensão. Contudo, mesmo essas inquietações são mitigadas quando comparadas à engenharia genética, em razão dos limites naturais impostos pelos genes existentes dos pais. O PGD abre a possibilidade de seis ou oito seres humanos, mas todos no âmbito das chances existentes.

O que torna a engenharia da linha germinativa atraente para alguns *é precisamente a oportunidade que ela oferece de ir além desses limites*, de obter resultados que a natureza por si só não poderia produzir. Em vez de selecionar as possibilidades existentes, nos permitirá adicionar novas opções ao menu. A alteração do Dr. He, que visava prevenir futuras infecções por HIV, foi apenas o começo. Paul Knoepfler, professor do Departamento de Biologia Celular da Faculdade de Medicina da Universidade da Califórnia, explica o que está por vir: "Da mesma maneira que hoje é possível pedir uma pizza personalizada com azeitonas verdes, anéis de cebola, presunto italiano, queijo de cabra e um molho específico, quando você projeta e encomenda seu futuro bebê, pode pedir 'coberturas' muito específicas", diz ele. "Nesse caso, as coberturas seriam sua escolha de características únicas, selecionadas em um menu: olhos verdes, prevenção de doenças, o gene de uma pessoa italiana para massa muscular magra, nenhum problema de intolerância à lactose e um certo tipo sanguíneo."[17]

Conforme obtemos uma melhor compreensão de como o genoma humano funciona e à medida que aumenta o poder computacional e melhor entendemos as interações entre os vários genes, o menu naturalmente fica mais longo e mais surpreendente. Veja, por exemplo, como Dean Hamer, ex-chefe de estrutura e regulação de genes do Laboratório de Bioquímica do Instituto Nacional do Câncer, descreve uma cena em um futuro próximo, quando um jovem casal — a quem chamou Syd e Kayla — se reúne para adequar seu feto: "Eles ponderaram sobre as escolhas diante deles, que variavam entre o nível de altruísmo de Madre Teresa e o CEO mais obstinado. A inclinação de Syd era pela santidade; Kayla defendia o modo de ser de um empresário. No final, eles escolheram um nível intermediário, esperando a combinação perfeita de benevolência e vantagem competitiva." Syd e Kayla também tiveram o cuidado de não "definir o reostato da felicidade de seu filho em um nível muito alto. Eles queriam que ele fosse capaz de sentir emoções reais. Se houvesse uma morte[,] eles queriam que lamentasse a perda. Se houvesse um nascimento, ele deveria se rejubilar".[18] Como disse Gregory Pence, veterano professor da Universidade do Alabama e pioneiro no campo da bioética: "Muitas pessoas amam seus cachorros e o jeito animado deles em torno de crianças e adultos. Seria tão terrível permitir que os pais ao menos visassem um certo tipo, da mesma maneira que os grandes criadores... tentam combinar uma raça de cachorro com as necessidades de uma família?"[19]

No final dos anos 1990, Pence e Hamer já escreviam — eu os citei primeiro em um livro muito anterior chamado *Enough* ["Suficiente", em tradução livre]. Nessa época, tudo isso ainda era especulativo: a alteração genética era muito difícil para ser uma possibilidade comercial, e ainda tínhamos um senso muito limitado de quais genes controlam o humor, a inteligência e a disposição. Desde então, aprendemos consideravelmente mais, a ponto de as previsões iniciais parecerem um pouco simplistas. Agora pensamos mais em termos de como os genes interagem. Em meados de 2018, novos estudos sobre a genética de 20 mil pacientes em 3 continentes mostraram que era possível rastrear o "escore poligênico" de alguém medindo informações "de todos os genes de uma pessoa para avaliar sua influência no sucesso educacional, progresso na carreira e riqueza". No caso de dois filhos dos mesmos pais que crescem na mesma casa: "Aquele com maior escore poligênico tende a ir mais longe", ou seja, fica mais rico.[20] Portanto, não é difícil imaginar a junção do Big Data com a Biotecnologia, como Kurzweil insiste, para produzir uma (grande) nova indústria.

Ainda há muito que desconhecemos, é claro. No dia seguinte à divulgação da notícia sobre os embriões alterados pelo CRISPR no laboratório de Oregon, um repórter do *New York Times* declarou que era improvável que a ciência pudesse "predestinar geneticamente a carta de aceitação de uma criança na Ivy League, antecipar uma criança com as piadas de Stephen Colbert ou equipar um bebê com o alcance vocal de Beyoncé", porque nenhuma dessas habilidades estava presente em um único gene.[21] Como um professor de Stanford explicou, não somos capazes de examinar uma pilha de embriões e dizer: "Parece que este terá uma boa aprovação no vestibular."[22] Felizmente, há uma enorme quantidade de genes envolvidos em tornar alguém inteligente ou audacioso.

No entanto, hoje sabemos muito mais do que antes sobre quais genes regulam, digamos, os níveis de serotonina em nosso corpo; não é exagero imaginar cientistas tentando produzir algumas mudanças no temperamento de uma criança. "Esse é um ponto crucial no esforço em direção a seres humanos geneticamente modificados", disse Marcy Darnovsky, diretora do Center for Genetics and Society, no dia seguinte ao anúncio no Oregon. "Um pequeno grupo de cientistas se encarregou de levar adiante as tecnologias de modificação da linha germinativa reprodutiva. Permitir qualquer forma de modificação da linha germinativa humana abre caminho para todos os tipos — especialmente quando as clínicas de fertilidade começam a oferecer 'aprimoramentos genéticos' para aqueles que podem pagar por eles."[23]

De fato, considerando que o PGD já permite lidar com doenças, o CRISPR pode acabar tendo menos a ver com salvar bebês fofos de doenças genéticas e estar mais vinculado a "aprimoramentos". Jennifer Doudna conta uma história surpreendente: não muito tempo depois das notícias de seu avanço no CRISPR, um dos doutorandos em seu laboratório, Sam Sternberg, recebeu um e-mail "de uma empreendedora que chamarei de Christina. Ela queria saber se Sam estaria interessado em fazer parte de sua nova empresa, que de alguma forma envolvia o CRISPR, e lhe solicitou uma reunião para tratarem do assunto". Quando Sam e Christina se sentaram em um "luxuoso restaurante mexicano perto do *campus*", ela começou a "falar apaixonadamente enquanto tomavam coquetéis" sobre o quanto esperava que sua empresa pudesse oferecer a "algum casal de sorte o primeiro 'bebê CRISPR' saudável", com "mutações de DNA personalizadas, executadas via CRISPR, para eliminar qualquer possibilidade de doenças genéticas". Enquanto tentava atraí-lo para seu projeto, ela enfatizava que queria que ele trabalhasse apenas em doenças, mas ele ficou tão apreensivo, que "pediu desculpas e se retirou antes da sobremesa". Ele havia percebido nela um "olhar de Prometeu e suspeitado que ela tivesse em mente outros aprimoramentos genéticos mais ousados".[24]

O aspecto importante, enfatizou Doudna, era que o CRISPR havia de fato aberto as portas exatamente para essas melhorias. "Se aquela conversa tivesse ocorrido apenas alguns anos antes, Sam e eu teríamos descartado a proposta de Christina como pura fantasia", disse ela. "Certamente, humanos geneticamente modificados deram ensejo a uma ótima ficção científica, mas a menos que o genoma do *Homo sapiens* se tornasse tão fácil de manipular quanto o genoma de uma bactéria de laboratório como a *E. Coli*, havia poucas chances" de que isso realmente acontecesse. "Tornar o genoma humano tão facilmente manipulável quanto o de uma bactéria foi, afinal, *precisamente* o que o CRISPR realizara." O CRISPR tem sido usado para alterar o metabolismo de macacos, e, dado o dinheiro em jogo, "parece apenas uma questão de tempo até que os humanos sejam incluídos à crescente lista de criaturas cujos genomas" estão à disposição.[25]

Eu arriscaria palpitar que "Christina" não será a última empreendedora nesse caminho. Na verdade, já existem muitos interessados em jogar nesse novo time, muitos deles verdadeiros craques do Vale do Silício. A mais conhecida empresa de genética "voltada para o consumidor" é provavelmente a 23andMe, fundada por Anne Wojcicki. O pai de Anne, Stanley, era o presidente do departamento de física de Stanford no final dos anos 1990; ele tinha alguns alunos, Sergey Brin e Larry Page, que fundaram algo chamado Google. Na verdade, eles começaram na garagem de Susan, irmã de Anne. (Anne mais tarde se casou e se divorciou de Brin; Susan é agora a CEO do YouTube, de propriedade do Google.) A empresa 23andMe é mais conhecida por seu teste de saliva que revela a genética de um indivíduo, embora uma de suas patentes tenha como pretensão usar esse conhecimento para ajudar as pessoas a "selecionar um parceiro em potencial de um grupo de candidatos", nas palavras de Paul Knoepfler da UC Davis.

Alguns de seus concorrentes vão um pouco mais longe. Veja a GenePeeks, uma empresa de pesquisa genética cujo principal produto, Matchright, examina o DNA de alguém e do parceiro em potencial e estima as chances de gerarem filhos com anomalias genéticas. Seu cofundador e diretor científico é um professor de Princeton chamado Lee Silver. Em um livro, *Remaking Eden* ["Reconstruindo o Éden", em tradução livre], que escreveu há muitos anos, ele expõe seu pensamento, prevendo que as primeiras terapias em linha germinativa seriam realizadas para eliminar algumas doenças óbvias, como fibrose cística, e que essas intervenções precoces e compassivas "diminuiriam os medos". (Aparentemente, é isso que pretendia o Dr. He com Lulu e Nana, embora em curto prazo pareça ter sido um tiro pela culatra.) Silver imagina o que vem a seguir: uma mãe em uma maternidade regozijando-se com seu novo filho. "Eu sabia que Max seria um menino", explica ela aos visitantes. "E enquanto planejava a gravidez, certifiquei-me de que ele não se tornaria gordo como meu irmão Tom." Algumas iterações depois, e então uma mãe conforta a si mesma ao folhear um álbum de fotos de como será a aparência de sua filha recém-nascida aos 16 anos: "1,70m de altura e um rosto bonito."[26]

"Na ocasião em que os cientistas empregaram o CRISPR em embriões de primatas para criar os primeiros macacos cujos genes foram editados, me perguntei quanto tempo levaria até que um cientista dissidente tentasse fazer o mesmo em humanos", escreve Doudna. Ela sentiu que era o momento de "conversar a respeito", e "considerando que esse desenvolvimento científico afeta toda a humanidade, parecia imprescindível envolver o maior número possível de setores da sociedade. Além do mais, achei que a conversa deveria começar de imediato, antes que outras aplicações da tecnologia frustrassem qualquer tentativa de controlá-la".[27] Isso faz todo o sentido para mim. Claramente, o CRISPR é um exemplo perfeito do que Ray Kurzweil quis dizer ao declarar que aumentos exponenciais no poder computacional mudariam o mundo. É um exemplo, e dos mais impressionantes, do que esse novo poder pode produzir. Não poderia ser mais notável: um "processador de texto" para o DNA que está em nossa essência.

Então: o que a engenharia da linha germinativa poderia fazer com os humanos e com o jogo que estamos jogando?

15

Há no ar uma questão que fala por si mesma: à medida que melhoramos a engenharia de linha germinativa ao longo dos anos, poderíamos produzir crianças aprimoradas. Os sorrisos delas revelariam dentes espaçados uniformemente; e, claro, a profusão de sorrisos refletiria seu ótimo humor. E por que não, uma vez que seus cérebros aperfeiçoados lhes renderiam notas altas? "Rumo à perfeição", como James Watson, o pai da era genética, disse uma vez. "Quem quer um bebê feio?" De fato, quem? (Sim, é preciso um pouco de cuidado aqui, pois alguém tem de definir "feio". Watson, por exemplo, também disse: "Ao entrevistar pessoas gordas, você se sente mal, porque sabe que não vai contratá-las." E sugeriu, ainda, que a engenharia da linha germinativa poderia ser usada para lidar com o problema das "pessoas insensíveis".)[1] Temos indústrias gigantes baseadas em certa ideia do que constitui a beleza, e bibliotecas repletas de livros de autoajuda que nos apontam particulares tipos de personalidade, portanto, é lógico que muitas pessoas considerarão esse tipo de aprimoramento genético como um próximo e óbvio passo em nosso progresso como espécie.

No calor do entusiasmo inicial por novas tecnologias, porém, costuma-se ignorar as possíveis desvantagens. Por exemplo, se você soubesse tudo o que sabe agora sobre como o smartphone e as mídias sociais afetariam sua vida e nossa sociedade, ainda os receberia com tanto entusiasmo como na primeira vez que viu um iPhone ou fez login no Facebook? A essa altura, tal pergunta não é útil; nós temos o mundo que temos, com o Twitter e tudo o mais. Mas como ainda não temos um mundo com engenharia genética de linha germinativa, o momento de levantar as questões é agora. Não é como se possíveis preocupações não tenham surgido recentemente. Jennifer Doudna relata que, nos anos em que foi pioneira no CRISPR, teve uma série de pesadelos, principalmente um em que Adolf Hitler (com cara de porco), "talvez porque eu tenha passado tanto tempo pensando no genoma de porcos humanizado que estava sendo reescrito com o CRISPR nessa época"), convoca-a para falar sobre "os usos e implicações dessa incrível tecnologia que você desenvolveu".[2]

Nunca é um bom sinal quando até um Adolf Hitler imaginado se interessa por seu trabalho, mas, por enquanto, deixemos de lado a fantasmagórica visão de soldados clonados em botas de cano alto para nos concentrarmos nos problemas mais práticos e nas dificuldades imediatas que possam advir da engenharia genética humana ou da inteligência artificial forte que os cientistas dizem estar ali, virando a esquina.

Vale lembrar que qualquer nova tecnologia encontra um mundo já configurado de uma certa maneira. Se ela for poderosa, pode abalar esse padrão ou ajudar a consolidá-lo. Exemplificando: vimos que a maior parte do planeta está neste exato momento em uma situação de máxima desigualdade. Ou seja, pode-se afirmar com certeza que projetar um bebê será muito oneroso. Mesmo agora, depois de muitas décadas, o tratamento de fertilização *in vitro* para casais com problemas de fertilidade alcança facilmente a casa de dezenas de milhares de dólares, e esse procedimento geralmente não é abrangido pelas seguradoras. Assim, até um especialista com QI não aprimorado pode prever sem medo de errar que essa nova tecnologia tornará a desigualdade ainda pior. "Como os ricos seriam capazes de pagar o procedimento com mais frequência", ressalta Doudna, "e como quaisquer modificações genéticas benéficas feitas em um embrião seriam transmitidas a toda a descendência dessa pessoa, a relação entre classe e genética cresceria inelutavelmente de uma geração para a próxima, não importa quão pequena seja a disparidade no acesso". (Ela está generosamente considerando como isso acontecerá "em países com sistemas abrangentes de assistência médica", uma maneira educada de dizer "não nos EUA".) "Se você acha que nosso mundo é desigual agora", acrescenta ela, "imagine-o estratificado com base em linhas socioeconômicas *e* genéticas".[3]

Na verdade, essa objeção é tão óbvia, que as pessoas que planejam realizar esse trabalho nem se incomodam em fingir o contrário. Lee Silver, professor de Princeton que dirige a GenePeeks, disse há muito tempo que, em dado momento futuro, "todos os aspectos de economia, mídia, indústria do entretenimento e áreas do conhecimento serão controlados por membros da classe GenRich". Enquanto isso, os "naturais" funcionarão "como prestadores de serviços ou operários mal remunerados". Em pouco tempo, acrescentou, os dois grupos serão geneticamente distintos o suficiente para que "não tenham condição de acasalamento, e com tanto interesse romântico um pelo outro quanto o de um humano por um chimpanzé". Mesmo antes da miscigenação se tornar impossível, ele diz: "Os pais da GenRich pressionarão intensamente seus filhos a não diluírem sua custosa herança genética dessa maneira."[4] Julian Savulescu, professor de ética de Oxford, um proponente da engenharia humana que mencionaremos novamente mais tarde, disse a um entrevistador que "muito provavelmente" a tecnologia exacerbaria a desigualdade. Sua solução: melhorar geneticamente os impulsos morais dos pioneiros na adoção dessa tecnologia, para que "a disponibilizem a mais pessoas e reduzam a desigualdade".[5] Essa parece uma maneira bastante indireta de proceder, ainda que, talvez, não mais estranha do que a proposta dos geneticistas: uma loteria administrada pelo governo na qual o bilhete premiado garante a oportunidade de aprimorar geneticamente seu filho. (Pode chamar de "A Fantástica Fábrica de Bebês".)

Na verdade, se alguém estivesse genuinamente preocupado com a desigualdade — ou mesmo com as doenças em geral, felicidade ou filhos —, não gastaria muito tempo e dinheiro em biologia. A genética tem seu papel na determinação de quem somos e como nossa vida acontece, mas como Nathaniel Comfort, professor de história da biologia na Johns Hopkins, destaca: "Moradia decente e acessível; acesso à boa alimentação, à educação e ao transporte; e reduzir a exposição ao crime e à violência são muito mais importantes."[6] Considere a experiência do escritor Johann Hari, convidado para uma conferência organizada por Peter Thiel sobre depressão, ansiedade e dependência. Ele ficou surpreso ao descobrir que a maioria dos participantes estava convencida de que esses problemas eram causados por "malformações do cérebro". Quando chegou sua vez de falar, Hari disse: "À medida que a sociedade se torna mais desigual, é mais provável ficar deprimido." Os seres humanos, continuou ele, "desejam conectar-se — com outras pessoas, com um significado, com o mundo natural. Então começamos a viver de um modo que não funciona para nós, e isso está nos causando uma profunda dor".[7] Se quiséssemos de alguma maneira projetar seres humanos melhores, começaríamos projetando seus bairros e escolas, não seus genes. Mas, é claro, isso não é politicamente plausível no mundo em que vivemos atualmente, no qual "não existe o que chamamos de sociedade. Há apenas indivíduos". Se nada mais houver além de indivíduos, eis aí onde você começa e termina.

Outra questão que fala por si mesma é o apelo por uma inteligência artificial de QI cada vez maior: carros que o levam aonde você quer ir, um barman androide cujos coquetéis são perfeitos. Assim como no reparo somático de genes para pacientes doentes, há usos para essas novas tecnologias que parecem fazer todo sentido: os robôs especializados que estão iniciando a limpeza que levará décadas dos reatores de Fukushima, por exemplo — quando um deles emerge do núcleo, deve ser "selado em um tonel de aço e enterrado com outros resíduos radioativos",[8] algo que não se gostaria de fazer com um ser humano. Há pessoas construindo pequenas casas com impressoras 3D para refugiados de furacão, e os aviões de passageiros, na maioria das vezes, voam com pilotos automáticos.

Cada vez mais, porém, essas tecnologias objetivam substituir as pessoas que trabalham perfeitamente bem, pois as máquinas reduzem o custo do trabalho. Pedreiros, por exemplo: uma foto preocupante na primeira página do *New York Times* mostrou recentemente um pedreiro correndo feito louco para se igualar a uma máquina de US$400 mil chamada SAM, para "pedreiro semiautomático" [na sigla em inglês].[9] Recentemente, um par de economistas previu que há 99% de chance de, em 2033, analistas de seguros perderem seus empregos para programas de computador. Árbitros esportivos enfrentavam 98% de risco de obsolescência; garçons, 94%, e assim por diante. (Os arqueólogos eram os mais seguros, "pois o trabalho exige tipos altamente sofisticados de reconhecimento de padrões e não gera grandes lucros".)[10] Outros pesquisadores apontaram que o Rust Belt [região industrial que abrange estados do Nordeste, dos Grandes Lagos e do Meio-oeste dos EUA] já foi tão automatizado, que o emprego realmente diminui menos por lá do que em locais em que há grandes prestadoras de serviços. Mas a número um é Las Vegas, que perderá 65% dos empregos atuais nas próximas duas décadas.[11] Portanto, se a desigualdade o preocupa, espere só para ver.

Obviamente, essas perdas práticas trazem ganhos práticos: carros sem motorista tornariam teoricamente possível ter frotas de veículos elétricos circulando sob demanda, o que poderia reduzir o tráfego em 90%, liberando as ruas da cidade, as quais já não precisariam oferecer vagas de estacionamento, e ainda poupar algumas das vidas perdidas a cada ano em acidentes de automóvel. Além disso, você pode ir a um bar e tomar uma cerveja extra sem se preocupar. Ainda assim, a transição será bastante dolorosa. Se incluirmos quem trabalha em meio período, há mais norte-americanos trabalhando como motoristas do que empregados na indústria manufatureira — em 40 dos 50 estados dos EUA, "motorista de caminhão" é a ocupação mais comum.[12] Qual será a função dessas pessoas? Não se tornarão padeiros — espera-se que 89% desses profissionais percam seus empregos com a automação até 2033, junto de 83% dos marinheiros. Wall Street está constantemente reduzindo cargos, pois os algoritmos agora executam 70% das negociações de ações; é ótimo para os que permanecem, já que há cada vez mais dinheiro para menos bolsos, mas isso faz você se perguntar se podemos não estar na última era de elevado índice de emprego.

Tyler Cowen, descrito pela *BusinessWeek* como "o economista mais influente dos EUA" e dono do blog de economia mais lido do país, trabalha no departamento de economia financiado por Koch na Universidade George Mason, o mesmo onde James Buchanan já foi estrela. Seu conselho para os jovens é desenvolver uma habilidade que não pode ser automatizada e que pode ser vendida para aqueles que têm ou ganham mais dinheiro: empregada doméstica, personal trainer, professora particular, profissional do sexo. "Vender coisas materiais para os que ganham mais fica difícil a partir de certo ponto, mas geralmente há um pouco de espaço para fazê-los se sentir melhor. Melhor a respeito do mundo. Melhor quanto a si mesmos. Melhor em relação ao que conseguiram", aconselha.[13] Em seu livro sobre robótica, o autor Curtis White concluiu: "O que sobrar da classe média no futuro será uma classe de servos. Uma classe de motivadores. Uma classe de bajuladores, cujos empregos dependerão não apenas de suas habilidades, mas também de sua capacidade de lisonjear e proporcionar prazer para as elites."[14] Kai-Fu Lee, chefe da Sinovation Ventures, uma empresa de capital de risco de IA, tinha uma opinião um pouco mais afável: "A solução para o problema do desemprego em massa envolverá 'serviços de amor'. Esses são trabalhos que a IA não pode fazer, que a sociedade precisa e que dá às pessoas um senso de propósito. Os exemplos incluem acompanhar uma pessoa idosa na consulta com o médico, ser um mentor em um orfanato e servir como padrinho no Alcoólicos Anônimos."[15] Deixando de lado a questão de exatamente em que consiste a mentoria dada aos órfãos — orientá-los, talvez, a também se tornar mentores —, um problema prático é que essas não parecem ocupações muito bem remuneradas. Lee sugere que uma elevada tributação para as pessoas que administram empresas de IA pode ser suficiente para compensar a diferença, embora, como ele ressalta: "A maior parte do dinheiro ganho com inteligência artificial vá para os Estados Unidos e China"; então, mentores de órfãos nos outros 190 países podem estar sem sorte.

Nem todos acham que isso será um problema.

"As pessoas dizem que todo mundo ficará sem trabalho. Não. As pessoas inventarão novos trabalhos", Kurzweil me disse.

"E quais serão eles?"

"Ah, não sei. Ainda não os inventamos."

O que é uma conclusão razoável e, na verdade, provavelmente o mais longe que podemos chegar nessa discussão. Essa nova tecnologia tende a piorar a desigualdade — talvez inscrita em silício e no DNA. Vale a pena saber, mas não responde à pergunta sobre se devemos ir em frente. Para descobrir isso, precisamos pensar em outros problemas práticos ainda mais profundos que derivam de mudanças nessa escala e nessa velocidade. Por exemplo, o fim do mundo.

Já faz muito tempo — em 2000 — que Bill Joy, então cientista-chefe da Sun Microsystems, escreveu um notável artigo para a revista *Wired* chamado "The Future Does Not Need Us" ["O futuro não precisa de nós", em tradução livre]. Joy, o pai do sistema operacional UNIX, argumentava que as novas tecnologias que começam a surgir podem dar muito errado: pragas fatais provenientes de formas de vida geneticamente modificadas, por exemplo, ou robôs que assumiriam o controle e nos dispensariam. Sua conclusão: "Algo como extinção."[16] Isso não foi suficiente para retardar o desenvolvimento dessas novas tecnologias — ocorreu exatamente o oposto: Joy escrevia antes do CRISPR, no tempo em que os seres humanos ainda eram os melhores jogadores de xadrez do planeta —, mas estabeleceu um padrão. Algumas das pessoas que sabem muito sobre aonde estamos indo são as mais prudentes e as mais francas. Em outubro de 2018, por exemplo, foi publicada uma obra póstuma das "últimas previsões" de Stephen Hawking — seu maior medo era uma "nova espécie" de "super-humanos" geneticamente modificados que exterminariam o resto da humanidade.[17]

Ou considere o empresário de tecnologia Elon Musk, que descreveu o desenvolvimento da inteligência artificial como "uma invocação do demônio". "Precisamos ter um cuidado extremo com a IA", ele tuitou recentemente. "Ela é potencialmente mais perigosa do que armas nucleares." Musk foi um dos primeiros a investir na DeepMind, uma empresa britânica de IA adquirida pelo Google em 2014. Ele disse que investiu seu dinheiro precisamente para monitorar de perto o desenvolvimento da inteligência artificial. (Provavelmente, uma boa ideia, considerando que um dos fundadores da companhia certa vez comentou: "Acho provável a extinção da humanidade, e a tecnologia deverá ter um papel nisso.")[18] "Tenho observado as mais avançadas IAs e penso que as pessoas devem realmente se preocupar com isso", declarou Musk na National Governors Association [Associação Nacional dos Governadores, em tradução livre], em meados de 2017. "Continuo dando o alerta", completou ele, "mas até que as pessoas vejam outras sendo mortas nas ruas por robôs, não vejo reação, parece algo etéreo".[19] Todos os grandes cérebros disseram a mesma coisa. Hawking escreveu que o sucesso com a IA seria "o maior acontecimento da história humana", mas que pode "também ser o último, a menos que aprendamos a evitar os riscos".[20] E eis a opinião de Michael Vassar, presidente do Machine Intelligence Research Institute ["Instituto de Pesquisas de Máquinas Inteligentes", em tradução livre]: "Definitivamente, acho que as pessoas devem tentar desenvolver a Inteligência Artificial Geral com o máximo de cuidado. E nesse caso, cuidado significa muito mais que o zelo escrupuloso necessário para lidar com o ebola ou o plutônio."[21]

Por que esse receio todo? Deixe o filósofo sueco Nick Bostrom explicar. Ele não é um inimigo das máquinas. Na verdade, ele fez um discurso em 1999 para uma convenção de "transumanistas" da Califórnia que pode ser considerado o ponto alto retórico de todo o movimento tecnoutópico. Graças ao poder cada vez maior do computador e à biotecnologia cada vez mais avançada, ele previu que muito em breve teríamos "valores que nos parecerão pertencentes a uma ordem mais alta do que aqueles que podemos perceber como humanos biológicos não aprimorados", sem mencionar "o amor mais forte, mais puro e mais seguro do que qualquer humano já conheceu", e os "orgasmos... cujo deleite excede em muito o que qualquer humano já experimentou".[22] Mas 15 anos depois, em Oxford, ocupando nada menos que o cargo de diretor do Future of Humanity Institute ["Instituto do Futuro da Humanidade", em tradução livre], ele passou a ficar bastante preocupado: "Nos contos de fadas, há gênios que concedem desejos", disse ele a um repórter do *The New Yorker*. "Quase universalmente, a moral disso é que se você não for extremamente cuidadoso com o que deseja, o que parece uma grande bênção acaba sendo uma maldição." O problema, ele e muitos outros dizem, é que se existir uma inteligência maior que a nossa, ela pode desenvolver "objetivos instrumentais".[23]

Em seu artigo seminal de 2008, "The Basic AI Drives" [Motivações básicas de IA, em tradução livre], o pesquisador Stephen M. Omohundro assinalou que mesmo uma IA direcionada trivialmente pode causar problemas reais. "Certamente nenhum dano seria causado pela construção de um robô que joga xadrez", começa Omohundro — porém, a menos que seja programado com muito cuidado, "ele tentará invadir outras máquinas e fazer cópias de si mesmo, e procurará adquirir recursos sem levar em consideração a segurança de qualquer pessoa. Esses comportamentos potencialmente prejudiciais ocorrerão não porque foram programados no início, mas devido à natureza intrínseca dos sistemas orientados a objetivos". Ele é muito inteligente e se concentra em sua tarefa, que é jogar xadrez a qualquer custo. "Então, você constrói um robô que joga xadrez pensando que pode desativá-lo se algo der errado. Mas, para sua surpresa, você descobre que ele resiste vigorosamente a seus esforços para desativá-lo."[24]

Considere o que se tornou a formulação canônica do problema, uma inteligência artificial que recebe a tarefa de fabricar clipes de papel em uma impressora 3D. (Por que clipes de papel em um mundo cada vez mais sem papel? Isso não importa.) No início, diz Anders Sandberg, outro cientista de Oxford, nada parece acontecer, pois a IA simplesmente pesquisa na internet. Ela "verifica várias possibilidades. Percebe que sistemas mais inteligentes geralmente podem produzir mais clipes de papel; portanto, tornar-se mais inteligente provavelmente aumentará a quantidade eventualmente produzida. Ela faz isso. Considera como pode fazer clipes de papel usando a impressora 3D, estimando a quantia possível. Aí nota que, se pudesse obter mais matéria-prima, poderia produzir mais clipes de papel. Assim, ela estabelece um plano para fabricar dispositivos que a tornarão muito mais inteligente, impedirão interferências em seu plano e transformarão toda a Terra (e depois o universo) em clipes de papel. É o que ela faz".[25] Quem assistiu ao filme *O Aprendiz de Feiticeiro* compreenderá a natureza básica do problema, cujos exemplos podem ser quase infinitamente (e espirituosamente) multiplicados. "Digamos que você crie uma IA que se autoaperfeiçoa para colher morangos", disse Elon Musk uma vez. "Ela fica cada vez melhor na tarefa e colhe cada vez mais, e como se autoaprimora, tudo o que realmente quer fazer é colher morangos. Então o mundo inteiro seria um imenso morangal. Campos de morangos para sempre"[26], cantariam os Beatles em "Strawberry Fields Forever".

Lembre-se de que, na visão de todas essas pessoas, os computadores nos próximos anos terão uma capacidade intelectual muito superior à de qualquer pessoa ou grupo de pessoas, e essas máquinas continuarão a ensinar a si mesmas hora após hora. Quanto mais sua inteligência aumenta, mais a IA ganha a capacidade de aprimorar a si própria, e, com isso, logo superará nossa capacidade de controlá-la. "É difícil superestimar o que ela será capaz de fazer e impossível saber em que pensará", escreve James Barrat em um livro com o título revelador *Our Final Invention* ["Nossa Invenção Final", em tradução livre]. "Não é preciso que ela nos odeie antes de optar por usar nossas moléculas para um propósito que não seja o de nos manter vivos." Como ele ressalta, não odiamos particularmente ratos-do-campo, mas a cada hora de cada dia, nas plantações, nossos arados dizimam milhões de suas tocas para garantir que tenhamos o que jantar.²⁷ Não é como, digamos, o Y2K, o bug do milênio, em que velhos programadores grisalhos poderiam emergir de suas comunidades de aposentados para salvar o mundo com algum código. "Se eu tentasse puxar o fio da tomada, ela seria inteligente o suficiente para descobrir uma maneira de me impedir", disse Anders Sandberg sobre sua IA de clipe de papel. "Porque se eu puxar a tomada, haverá menos clipes de papel no mundo, e isso é ruim."²⁸

É satisfatório saber que nem todos estão preocupados. Steven Pinker ridiculariza o medo do "apocalipse digital", insistindo que, "como qualquer outra tecnologia", a inteligência artificial é "testada antes de ser implementada e constantemente aprimorada em termos de segurança e eficácia".²⁹ O sempre lúcido pioneiro em realidade virtual Jaron Lanier também duvida do perigo, mas exatamente pela razão oposta. A IA, diz ele, é "uma história que os cientistas da computação certa vez inventaram para nos ajudar a obter financiamento".³⁰ O software imperfeito, diz Lanier, não um hardware cada vez mais rápido, coloca um limite efetivo em nosso perigo. "O software é frágil", diz ele. "Se cada pequeno detalhe não for perfeito, ele quebra."³¹ Já Mark Zuckerberg descreveu as preocupações de Musk como "históricas", e, de fato, algumas semanas após o magnata da Tesla divulgar seus medos, o magnata do Facebook anunciou estar construindo uma IA para administrar sua casa. Ela reconheceria seus amigos e os deixaria entrar; monitoraria o quarto do bebê; prepararia torradas. Ao contrário de Musk, explicou Zuckerberg, ele preferia "a esperança, e não o medo".³²

Alguns meses depois, porém, verificou-se que o sistema de anúncios baseado em IA do Facebook havia se tornado tão automatizado, que, alegremente (e automaticamente), oferecia listas de e-mails para pessoas que diziam ter interesse em contatar "odiadores de judeus". A confiança da empresa na automação "tem a ver com a escala do Facebook", explicou um analista. Com uma equipe de 17 mil colaboradores, a companhia possui apenas um funcionário para cada 77 mil usuários, o que significa que "precisa se autoadministrar em parte com um tipo de inteligência artificial *ad hoc*: uma coleção de interfaces automatizadas de usuário e cliente que mudam e se misturam para atender às preferências do usuário e à demanda dos anunciantes".³³ É por isso que Zuckerberg é um dos homens mais ricos do planeta, mas também é um tanto quanto assustador, a exemplo da presidência de Trump. Outra situação ocorreu em 2017, quando o Facebook teve de desligar um sistema de inteligência artificial, o qual criara para negociar com outros agentes de IA: o sistema "divergiu de seu treinamento em inglês para desenvolver seu próprio idioma". A princípio, a nova linguagem parecia "não ter sentido", mas quando os pesquisadores analisaram as trocas de dados entre dois robôs chamados Bob e Alice, verificaram que, de fato, os robôs haviam desenvolvido um linguajar altamente eficiente para negociar entre si, ainda que fosse essencialmente incompreensível para os seres humanos. "As IAs modernas operam sob o princípio da 'recompensa', esperando que seguir um curso de ação lhes dê um 'benefício'", explicou um pesquisador. "Nesse caso, não havia recompensa por continuar usando o inglês, então eles criaram uma solução mais eficiente."[34] Como Zuckerberg explicou humildemente quando foi convocado para depor perante o Congresso dos EUA em 2018: "No momento, muitos de nossos sistemas de IA tomam decisões de maneiras que as pessoas realmente não entendem."[35] O Facebook não está sozinho nessa. Em 2016, depois de apenas um dia, a Microsoft teve de desligar seu chatbot, a IA chamada Tay, porque os usuários do Twitter, que deveriam torná-la mais inteligente "por meio de conversas casuais e lúdicas", a transformaram em uma racista misógina. "Bush causou o 11 de setembro e Hitler teria feito um trabalho melhor do que o macaco que temos agora", Tay logo estava tuitando alegremente. "Donald Trump é nossa única esperança."[36]

Os cientistas chegaram a teorizar que as IAs que seguem seus próprios impulsos podem explicar por que não encontramos outras civilizações no espaço. Esqueça asteroides e supervulcões, diz Bostrom — "mesmo que destruam um número significativo de civilizações, espera-se que algumas tenham sorte e escapem ao desastre". Mas e se houver alguma tecnologia "que (a) praticamente todas as civilizações suficientemente avançadas por fim descubram e (b) tal descoberta leva quase universalmente a desastres existenciais"?[37] Isto é, talvez a razão pela qual não saibamos sobre outras civilizações seja porque o espaço interestelar é pontilhado não por vida senciente, mas por pilhas de clipes de papel orbitando.

Não creio que alguém tenha uma resposta particularmente boa para esse rol de desafios práticos. Ao contrário do aquecimento global ou da engenharia de linha germinativa, eles nem são exatamente reais — ainda não. Eles são difíceis de imaginar, porque nunca tivemos de imaginá-los. Até os engenheiros envolvidos nessas tecnologias trabalham apenas em suas peças isoladas, sem nunca montar todo o quebra-cabeça. Contudo, muitas das pessoas que, em suas atividades, decidiram pensar em tais possibilidades estão assustadas — com uma enorme desigualdade gravada em nossos genes, com IAs loucas por xadrez. Deveria ser o suficiente para nos assustar e nos fazer desacelerar, em vez de ficarmos acelerando sem parar. Deveríamos diligentemente buscar regulamentos viáveis, não xingar o governo por atrapalhar.

Porém, não quero mais seguir essa linha de pensamento. Problemas de ordem prática são, por definição, teoricamente passíveis de solução — é por isso que os chamamos de "problemas". Por enquanto, vamos supor que não criaremos os tais monstros de Frankenstein e que garantiremos a todos igual acesso ao laboratório de fertilidade. Deixemos como certo que, na medida em que a IA é real, programadores cuidadosos conseguirão transformá-la em uma força benigna e útil que cumpre de forma confiável nossos comandos. Vamos supor que tudo dê absolutamente certo, que se concretize o que se preconiza.

Nessa predisposição, façamos então uma pergunta mais metafísica, e talvez mais importante: o que *isso* faz com o jogo humano? Para mim, começa por roubar-lhe significado.

16

Esse "jogo humano" que descrevi é distinto da maioria dos que jogamos, pois não há um fim óbvio. Se você for um biólogo, pode dizer que o objetivo é garantir a maior disseminação possível de seus genes; para um teólogo, a meta pode ser o paraíso. Os economistas acreditam que vamos marcando nossos pontos por meio do que eles chamam de "maximização da utilidade"; poetas e músicos de jazz miram o sublime. Eu disse antes que penso existir maneiras melhores e piores de jogar esse jogo — ele ganha elegância e gratificação quando mais pessoas encontram um modo de viver com mais dignidade —, mas acho que o único objetivo real do jogo é dar continuidade a si mesmo. Ele não tem um final, e por isso seu significado é fugidio.

Creio ser útil, nesse contexto, considerar outros e mais óbvios jogos: futebol, basquete, corridas de fórmula 1. Eles absorvem uma quantidade absurda de nosso tempo e energia, tanto do ponto de vista físico quanto mental. Em todos há uma maneira de medir o desempenho, de saber quem ganhou: mais gols, mais cestas, tempos mais rápidos. Eles têm prêmios, campeonatos. Não obstante tudo isso, o significado deles também é um pouco esquivo. Alguns dias após o final do torneio ou da temporada, até no fã mais obstinado a satisfação vai arrefecendo, e novas expectativas ganham sua atenção, afinal, logo vem outro campeonato, outro ano esportivo, e tudo recomeça. O que fica na lembrança são as histórias que delinearam o enredo dessa vitória; o que permanece são episódios particulares de coragem, habilidade sublime, sorte transcendente, grande emoção. "É assim que se joga" é o mais verdadeiro dos clichês. Atribuímos grande significado a esses dramas; eles se tornam totens que repetimos um para o outro, e para nós mesmos, por anos. Não me pergunte sobre aquela partida inesquecível de meu time a não ser que você tenha algum tempo de sobra.

Para quem *pratica* esportes, isso é duplamente verdadeiro. As competições para as quais treinamos, às vezes obsessivamente, precisam de metas: existe uma corrida apenas quando há uma linha de chegada a ser ultrapassada antes de outras pessoas. Mas a maioria dos que praticam esportes não é paga para fazer isso, e ninguém mais está assistindo; não há recompensa externa. Essas pessoas fazem isso tão só pelo significado, pelo emocionante espírito de equipe que no basquete culmina em uma "enterrada", e no remo, pela sincronia perfeita do trabalho de braço; ou pelo senso de descoberta que advém do esforço próprio para superar limites. Sou um atleta de longa distância — um atleta medíocre e envelhecido que não corre mais, mas algumas vezes, em todo inverno, eu coloco meu traje de esqui e me alinho para o início de uma corrida de esqui cross-country, e uma ou três horas depois, cruzo a linha de chegada em algum lugar no meio da classificação geral. Literalmente, ninguém está nem aí com meu desempenho, nem mesmo minha esposa. Para mim, no entanto, o drama é sempre grande, e me faço as mesmas perguntas: estou disposto a me machucar, a superar a rotina do dia a dia, o fácil e normal? E muitas vezes a resposta é não. Participei de uma corrida no fim de semana passado. Estava cansado, preocupado, e após 800 metros de corrida, fiquei a uns 20 metros atrás de outro sujeito. Assim permaneci a corrida inteira, incapaz de me esforçar mais, de me empenhar o suficiente para alcançá-lo. Ninguém mais poderia saber ou perceber, mas fiquei um pouco decepcionado comigo mesmo, assim como em outros dias fiquei absurdamente orgulhoso. Sim, já terminei na 32ª, 48ª ou 716ª posição, em meio a um monte de corredores cruzando a linha de chegada sob a vigilância de algum olhar eletrônico. Mas nessas corridas que monitorei mentalmente, contra o sujeito na 33ª, 49ª ou 717ª posição, consegui extrair de mim um esforço desmesurado, algo que não tinha certeza de que estivesse lá.

Então aqui está o que começa a me preocupar: com as novas tecnologias que estamos desenvolvendo, é extremamente fácil eliminar esse significado de algo tão periférico quanto o esporte. Na verdade, estamos muito perto de fazê-lo. A eritropoietina, ou EPO, é um hormônio que estimula a produção de glóbulos vermelhos. Felizmente, aprendemos a produzi-lo artificialmente, tornando-o disponível às pessoas que sofrem de anemia e a quem precisa ser submetido à quimioterapia. Trata-se de um remédio notável para a reparação de problemas em nosso corpo. Aparentemente, foi dado ao ciclista Lance Armstrong quando estava tratando um câncer nos testículos que quase tirou sua vida; ele, claro, sobreviveu e agradeceu aos céus. Os pesquisadores que descobriram o que era o EPO, como fabricá-lo e qual dosagem tornava saudáveis as pessoas doentes — bem, eles estavam jogando o jogo humano em grande estilo.

Entretanto, se você é saudável e toma EPO, obtém glóbulos vermelhos extras e pode correr mais rápido e ir mais longe do que as pessoas que não o fazem. Lance Armstrong também tomou EPO (testosterona, hormônio do crescimento humano e provavelmente outras coisas) no percurso de suas sete vitórias no Tour de France após se recuperar do câncer. Isso lhe permitiu escalar os Alpes com uma rapidez e determinação nunca vistas antes. As pessoas, em estado hipnótico, vibravam com suas atuações épicas, e quando ele fundou a instituição de caridade Livestrong, elas juntaram-se aos milhões, usando pulseiras de plástico amarelo para comemorar o poder da vontade humana. Porém, verificou-se que não era o triunfo da vontade humana. Claro, ele se esforçou, mas fez isso em conjunto com essas drogas. E para quase todos nós, isso roubou de suas vitórias qualquer significado real. Cassaram-lhe os títulos, e a instituição de caridade que fundou pediu que ele se afastasse. "As pessoas se conectam com a história de Lance", disse um funcionário de sua fundação. "Assuma o controle de sua vida." Mas acontece que essa história não era realmente a dele; em vez disso, era "encontre um médico inescrupuloso que lhe dará uma vantagem". Não se tratava de rapidez e determinação, mas de EPO. Os home runs de Barry Bonds eram impressionantes — e depois ficou claro que se originavam apenas em parte de diligência, aplicação, habilidade, dom, pois também eram provenientes de drogas. Agora realizamos testes em atletas, um esforço para manter o esporte "real", evitar a erosão de seu significado — caso contrário, é tudo totalmente inútil.

Não há aqui nenhuma intenção de pureza, de ir ao encontro de algum ideal filosófico. Pessoas e máquinas se misturam, por exemplo, e de muitas maneiras. Adoro a pista de stock car de Vermont ("Thunder Road, o local de emoção do país!"), porque os homens e as mulheres ao volante demonstram habilidade e coragem. Não acho que me incomodaria se as corridas fossem feitas com carros sem motorista. Com toda certeza eles poderiam ir mais *rápido*, assim como também o fariam pilotos geneticamente alterados para ter mais glóbulos vermelhos. Contudo, mais rapidez não é a questão. A questão é a narrativa.

Se algo tão marginal (embora maravilhoso) quanto o esporte pode perder significado quando interferimos no metabolismo do corpo ou dispensamos as pessoas do campo de ação, talvez devêssemos pensar muito sobre os mais importantes tipos de significado. Afinal, o jogo humano exige que sejamos humanos.

Para alguns, nada disso causa preocupação, porque eles não fazem distinção entre "artificial" e "natural". De fato, para essas pessoas, uma vez que somos um produto da natureza, tudo é "natural". "As 300 raças diferentes de cães que existem hoje são todas resultado da seleção genética ao longo de 10 mil anos", observa Julian Savulescu, especialista em ética em Oxford. "Alguns são inteligentes, alguns são estúpidos, outros são perversos ou pacíficos, e há os ativos e os preguiçosos; isso tudo é genético." Ele continua: "O que levou 10 mil anos para os cães pode, em nosso caso, levar uma única geração", considerando que podemos criar embriões humanos.[1] Então, por que não?

É verdade, sem dúvida, que os humanos podem e realmente tentam projetar sua prole. O acasalamento de dois graduados das melhores universidades norte-americanas, na esperança de produzir um filho cuja admissão em Harvard seja infalível, pode ser algo tão cuidadosamente programado quanto cruzar dois cães Chow Chow para garantir olhos profundos. De modo consciente ou não, as pessoas tentam, confiantemente, selecionar parceiros que gerarão o tipo de filhos que desejam. De fato, na maioria das culturas do mundo, os pais escolhem cônjuges para seus próprios filhos tendo os netos em mente.

A genética não é a única ferramenta utilizada pelos pais para tentar gerar os filhos que desejam, é claro. Muitos também investem bastante tempo, energia e dinheiro estruturando o ambiente certo. A partir do momento em que o embrião se instala no útero, com seu código genético já determinado, as pessoas começam a conversar com seus filhos e a tocar música para eles. (O "smart money" [dinheiro inteligente, em tradução livre] prevê que "as fitas de ensino de línguas da Rosetta Stone para bebês em breve destronarão Beethoven como a opção de trilha sonora de útero.")[2] Tentamos escolher os amigos de nossos filhos, suas refeições e seus passatempos. Uma parte disso é bem-intencionada, e a outra é cruel e dominadora — todos já ouviram falar de pessoas cujas vidas foram prejudicadas por esse tipo de pais.

E assim, os adeptos do uso da engenharia de linha germinativa costumam argumentar por analogia: se não há problema em tentar fazer com que seus filhos entrem em uma boa faculdade, certamente também não há problema em ativar ou desativar certos genes para tentar tornar esses jovens mais inteligentes. Se não limitamos a capacidade dos pais de pressionar, acossar e cuidar de seus filhos para colocá-los em uma direção específica, por que limitaríamos a capacidade deles de fazer o mesmo com mais eficiência valendo-se da engenharia genética? Ayn Rand ficaria furiosa diante da sugestão de que os pais não poderiam fazer isso se quisessem. James Watson, descobridor da dupla hélice, que se considera um libertariano, disse: "Acredito que não devemos deixar o governo ditar as decisões que as pessoas tomam sobre que tipo de família terão."[3]

Porém, há de fato sérias limitações quanto à seleção de parceiros e à pressão dos pais. Você pode gastar bastante tempo procurando o cônjuge que acha que fornecerá a seu filho os melhores genes possíveis, mas, no final, tudo que poderá fazer é criar um conjunto de possibilidades, apenas mudando as chances de algumas delas. A natureza trabalha dentro das fronteiras impostas pelos genes pertencentes aos pais; os resultados não são garantidos. Mesmo utilizando a tecnologia PGD que discutimos, com a qual os técnicos de fertilidade podem ajudar os pais a criar vários embriões e escolher aquele de que mais gostam, opera-se dentro dos limites impostos por seus códigos genéticos específicos.

Quanto à criação, seus limites são quase a questão em jogo, já que as pessoas podem resistir, e resistem, aos planos de seus pais. Para muitos, essa rejeição se torna um divisor de águas na vida. Muitas pessoas definem sua identidade pela rebeldia em relação às esperanças e aos desejos paternos. Pode ser difícil e doloroso, e algumas nunca conseguem lidar com isso. Outras nunca precisam, pois seus pais foram sábios e gentis o suficiente para ajudá-las a seguir um caminho mais agradável. Impossível não é.

Cumpre dizer que o objetivo do CRISPR, se usado para engenharia de linha germinativa de embriões, seria o de *substituir o acaso pelo design*. Com isso, os pais não mais lidariam com probabilidades, e nenhuma criança poderia se rebelar contra uma proteína.

Se você pensar dessa maneira, logo perceberá que essa é a tecnologia mais antilibertariana já inventada. Sim, aumenta a capacidade dos pais de fazer escolhas. Porém, apenas ao transformar o objeto de suas escolhas, seu filho, em algo nunca antes visto: um humano criado de acordo com as especificações, projetado (ou seja, forçado) a ser de certa maneira. Seus pais, sentados na clínica com o cartão de crédito na mão, farão uma série de escolhas que se desenvolverão ao longo da vida dele, dos filhos que terá, e assim sucessivamente, já que essas escolhas são transmitidas de forma hereditária. Esse é o tipo de controle com o qual sonham os tiranos.

Considere até mesmo as primeiras e pequenas mudanças que os futuros designers de bebês desejam conseguir colocar em prática. Embora inteligência aprimorada seja um objetivo comum — "não é muito agradável estar perto de pessoas burras", nas palavras de James Watson — e embora os defensores do CRISPR digam que a técnica "pode, em princípio, ser usada para aumentar a inteligência esperada de um embrião de maneira considerável", isso pode ser realmente difícil de alcançar, pois a inteligência parece estar distribuída em uma ampla gama de genes. "Cada um é responsável por uma proporção muito diminuta da variância, então é difícil identificá-los", como Steven Pinker explica.[4] Outras coisas são mais fáceis: Julian Savulescu descreve uma variante do gene COMT associada ao altruísmo e uma variante do gene MAOA ligada à não violência.[5] O gene para o receptor de dopamina D4 (em particular, a "codificação hipervariável em seu terceiro éxon") parece estar diretamente ligado ao humor, pois certas variações tornam as pessoas mais propensas a buscar novidades e concordar com afirmações como "Às vezes me sinto muito feliz" ou "Sou um otimista inveterado". Outros genes individuais também estão claramente ligados a traços físicos óbvios: o MSTN produz "músculos grandes e isentos de gordura", observou George Church, de Harvard. Quando os pesquisadores aplicam esse gene em porcos, o resultado são animais com "músculos duplos" que "dariam inveja aos fisiculturistas", disse ele.[6]

Evidentemente, à medida que nosso poder de transformar crianças se acelera, a situação pode ficar mais assustadora. Gregory Stock, ex-chefe do Programa de Medicina, Tecnologia e Sociedade, da UCLA, fez uma série de previsões anos atrás, no início da era da manipulação genética: "A tendência das pessoas é dar a seus filhos as habilidades e os traços que se alinham com seus próprios temperamentos e estilos de vida. Um otimista pode se sentir tão bem com seu otimismo e energia, que deseja mais deles para seu filho. Uma pianista clássica pode considerar a música parte integrante da vida e querer dar à filha um talento maior que o seu. Um devoto pode querer que seu filho seja ainda mais religioso e resistente às tentações."[7] Isso parece absurdo? Podemos colocar alguém para fazer uma ressonância magnética e ver quais partes do cérebro se iluminam quando a pessoa ora. No segundo semestre de 2018, pesquisadores de Colúmbia e Yale anunciaram que descobriram o "lar neurobiológico" da espiritualidade em algum lugar do lobo parietal, diretamente atrás do lobo frontal.[8]

"Os melhores seres humanos ainda não foram produzidos", insiste Stephen Hsu, da Universidade Estadual do Michigan. "Se você deseja produzir seres humanos inteligentes, agradáveis, honrados, carinhosos, o que for, essas são características relacionadas à presença ou à ausência de certos genes, e por intermédio disso, teremos um controle muito mais preciso sobre os tipos de pessoas que nascerão no futuro."[9]

Suponhamos que isso esteja ao nosso alcance. Ainda que, no início, nos limitemos a mudanças relativamente simples, sobram razões para pensar que o poder crescerá rapidamente — como Ray Kurzweil assinala, foram necessários sete anos para decifrar o primeiro 1% do genoma humano e, em seguida, apenas sete anos a mais para terminar o trabalho, pois a taxa de entendimento continuava dobrando. "Todos os aspectos relacionados à tecnologia da informação estão dobrando a cada 12 a 15 meses, e ela está abrangendo tudo", diz ele[10] — incluindo, é claro, nossa capacidade de projetar nossos filhos.

Então — e aqui chegamos ao âmago de toda essa discussão — *como é ser essa criança?* Digamos que dê certo, que seus pais optaram por torná-la mais otimista, "mais iluminada". Talvez eles tenham conseguido adicionar alguns pontos de QI — mesmo que ainda não se trate de genialidade. E uma dose extra de EPO, para que seus músculos mais alongados e com massa magra não se cansem tão facilmente.

Eis a primeira sensação que isso transmite: desconexão.

Por quê? Porque o tempo não para. Você tem uma chance de melhorar seu filho na clínica de fertilidade, antes da implantação do óvulo, e ele fica preso pelo resto da vida aos aprimoramentos selecionados. Enquanto isso, a ciência progride. (E bem rápido. No final de 2018, uma empresa chamada Synthego anunciou que havia descoberto como acelerar a pesquisa do CRISPR para que os cientistas não precisassem "passar semanas" organizando as modificações.)[11] Então, quando seu próximo filho estiver por aí, um ou dois anos depois, nossa capacidade de manipular o genoma pode ter dobrado. Agora você pode encomendar uma criança com um pacote mais sofisticado de melhorias, o equivalente humano a um teto solar e assentos de couro. E então, quem é o primeiro filho? Ele é o Windows 8, o iPhone 6, e assim por diante, para sempre. O irmão mais novo é mais inteligente, com certeza, mas e quando ele tiver 24 anos de idade e for procurar um emprego? As crianças de 21 anos estarão em vantagem, não?

Pense no quanto isso é solitário. Por um lado, na verdade, você não se relaciona mais com seu passado. Os humanos de hoje em dia mudaram tão pouco ao longo dos milênios, que, digamos, Stonehenge ainda mexe com a gente. Essa estrutura foi formada por criaturas geneticamente muito parecidas conosco, as que processavam dopamina da mesma maneira que nós. Elas são muito mais parecidas conosco do que nossos netos serão se seguirmos aquele caminho. Mas esses netos modificados também não estarão mais relacionados ao *futuro* deles. Eles serão deixados em uma ilha temporal, de uma maneira que nenhum ser humano jamais esteve antes ou estará novamente. Quando engendramos e projetamos, transformamos as pessoas em uma forma de tecnologia, e a obsolescência é uma característica absolutamente previsível de todas as tecnologias já vistas. *Por alguns anos, você será mais útil que qualquer humano que já esteve por aqui antes, e depois será o mais inútil.*

Mas isso é apenas o começo da solidão. Ao fazer a compra, você instalará no núcleo de todas as células do corpo de seu filho um código que alastrará proteínas projetadas para promover alterações nele. Por alguns anos, isso não ocasionará problemas de ordem existencial, afinal, a criança está apenas crescendo. A adolescência, porém, um dia chega, e com ela o momento em que começamos a nos questionar seriamente, quando tentamos entender quem somos. Essa é a nossa grande tarefa como seres humanos, e agora não pode realmente ser feita. Seu filho está se sentindo feliz e otimista? Isso se deve a algum acontecimento, alguma nova ideia de si mesmo — ou será porque ele foi construído para se sentir assim? Como alguém saberia? Toda jornada de autodescoberta terminaria, em última análise, nas especificações de design da clínica de fertilidade. Elas seriam, em essência, se não na realidade, os primeiros documentos no livro do bebê e o último testamento.

Ele trabalha com afinco e se orgulha de sua conquista — um aluno sempre nota dez! Por que o orgulho, porém, quando ele fez exatamente o que foi programado para fazer? Ele começa a correr e, caramba, como faz isso bem! Aqueles músculos com massa magra e alongados nunca parecem ficar sem oxigenação. Mas o que isso o ensina sobre si mesmo, além desse desempenho preestabelecido? Duvido que Lance Armstrong tenha tido qualquer insight interior quanto a seu caráter (além de "sou uma fraude"). Nesse sentido, minha carreira atlética tem sido muito mais proveitosa que a dele.

Até os pais parecem ter sido ludibriados nesse esquema. Tenho muito orgulho de minha filha Sophie, pelo que ela é e pelo que ela faz, embora sua mãe seja muito mais responsável por isso do que eu, e ainda que nenhum de nós dois tenha *tanto* mérito assim. Mas temos convicção de que nossa dedicação — todos aqueles livros lidos, aquelas longas caminhadas — ajudou a torná-la a pessoa inteligente e iluminada que ela é. Sim, como todos nós, ela é uma criatura de seus genes, mas ao menos esses genes não foram projetados para alcançar um certo resultado. Uma coisa é entender que você é você graças, em parte, a seus genes; outra é entender que você foi projetado especificamente para um determinado resultado. A aleatoriedade de nossa herança genética atual permite a cada um de nós certa liberdade mental do determinismo, a qual desaparece no dia em que percebemos ser, em essência, um produto. Às vezes precisamos nos redesenhar: daí o Prozac. Você pode parar de tomar Prozac, mas não pode desligar o receptor de dopamina projetado. Isso faz de você, você. Sem isso não há como se conhecer. Assim como as mudanças climáticas diminuem o tamanho efetivo de nosso planeta, a criação de bebês projetados restringe a variedade efetiva de nossas almas.

Em troca, temos... o quê? No melhor dos mundos, aquele em que todos têm acesso a essa tecnologia, haverá mais inteligência, mais capacidade atlética. Parece bom. Durante pelo menos um século, em nosso paraíso de grandes consumidores, acreditamos piamente que *mais* é melhor. Para algumas coisas, isso soa verdadeiro: meu celular tem mais memória, portanto, é superior. A resolução da minha câmera é maior, portanto, é excelente! Para os humanos, porém, o "portanto" está quase certamente errado.

Presumo que, para muitos de nós, a felicidade é um objetivo de nosso jogo humano pessoal. Na verdade, temos uma ideia bastante boa do que faz os seres humanos felizes, graças em grande parte a Mihaly Csikszentmihalyi, que por muito tempo esteve à frente do departamento de psicologia da Universidade de Chicago. Na década de 1960, ao estudar o comportamento de pintores, ele notou o "estado quase de transe" em que entravam quando o trabalho ia bem. Eles não pareciam estar motivados porque o quadro estava quase pronto ou pelo dinheiro que receberiam com a venda, mas pelo próprio trabalho, mesmo diante da fome ou do cansaço.

Essa percepção levou Csikszentmihalyi e seus colegas a desenvolverem um método ao qual deram o nome de "amostragem por experiência". Eles forneciam pagers aos participantes do estudo e os acionavam em intervalos aleatórios ao longo do dia. A ouvir o bipe, deveriam preencher rapidamente um pequeno formulário listando o que estavam fazendo e seu humor naquele momento. Essas pesquisas renderam preciosas informações — por exemplo, se as pessoas se sentiam confusas e descontroladas no meio da tarde, elas passavam a maior parte da noite assistindo à TV, aparentemente porque isso reorganizava sua vida. Mas a descoberta mais notável, que ganhou consistência após muitos anos, foi a de que as pessoas ficavam mais felizes quando se envolviam no que Csikszentmihalyi chamou de "fluxo" — isto é, quando estavam totalmente comprometidas e no limite de suas habilidades, como aqueles pintores. Uma pessoa em estado de fluxo não tem nem menos nem mais desafios do que pode dar conta. Portanto, se você é um alpinista iniciante, uma única rocha pode representar um desafio suficiente para absorvê-lo inteiramente; depois de superá-lo, você precisa de uma parede mais íngreme. Dançarinos exigem coreografia que eles possam realmente executar; jogadores de basquete pleiteiam oponentes bons o suficiente para testar suas habilidades. É "um alongamento de si mesmo em direção a novas dimensões de habilidade e competência", disse Csikszentmihalyi.[12]

Ninguém consegue fazer isso o tempo todo, é claro, daí a necessidade de uma série de televisão ou de uma cerveja. Contudo, é o que melhor nos define.

Portanto, para os Kurzweils do mundo deve ser um tormento entender que não se pode criar uma ser humano mais realizado dando-lhe talento extra. O maior esquiador de cross-country do mundo não aproveita uma corrida melhor do que eu, mesmo que ele faça o percurso na metade do tempo. Enquanto eu estiver totalmente envolvido, o mundo desaparecerá — e essa é exatamente a questão. Se você pudesse alterar geneticamente um alpinista, dando-lhe dedos mais fortes e extirpando qualquer resquício de medo de altura, ele seria capaz de escalar maiores e mais perigosas montanhas. Mas e daí? Ele não teria satisfação extra com seu novo talento, porque a satisfação surge quando se está no limite de suas habilidades. Na verdade, você pode complicar-lhe a vida consideravelmente, pois ele teria de ir mais longe para encontrar falésias grandes o suficiente para corresponder às suas habilidades. Se você fosse capaz de projetá-lo a um ponto em que o Monte Everest não representasse grande desafio, você teria roubado dele todo o exercício envolvido nisso. O fluxo não aumenta com mais capacidade; ele simplesmente requer um desafio compatível com ela.

Já somos capazes de ficar absorvidos e comprometidos como jamais antes. Somos bons o bastante.

17

Um motivo pelo qual os tecnoutópicos não se preocupam com a questão humana da perda de significado é que eles não são particularmente apegados ao seres humanos.

Existem, com certeza, muitos médicos à espera de novas maneiras de tratar o sofrimento humano, mas é difícil ignorar o traço de misantropia presente nas conversas da elite digital e tecnológica: o cérebro humano, explicou Marvin Minsky, pioneiro em inteligência artificial, não passa de uma "máquina feita de carne".[1] Robert Haynes, presidente do 16° Congresso Internacional de Genética, disse ao discursar que "a capacidade de manipular genes deve indicar às pessoas o quão profundamente somos máquinas biológicas". Já não é mais possível, insistiu ele, "viver de acordo com a ideia de que há algo de especial, único ou mesmo sagrado nos organismos vivos".[2] Na mesma linha, em 2018, um professor da Universidade de Washington propôs usar o CRISPR para criar um "humanzé", um híbrido humano-chimpanzé, especificamente para provar que as pessoas não são especiais. "A mensagem fundamental seria colocar uma estaca no coração da destrutiva campanha de desinformação", que sustenta que as pessoas são diferentes do resto da criação, explicou ele.[3] Esse tipo de autoaversão permeia toda uma subcultura. Robert Ettinger, o primeiro homem a congelar seus companheiros humanos para que eles possam ser revividos em um século ou dois, esperava uma era pós-humana de ouro, na qual, entre outras coisas, poderíamos passar por uma reengenharia para alcançar a "eliminação da eliminação". Ele achava a defecação tão desagradável, que queria "órgãos alternativos" que "ocasionalmente expulsassem pequenos resíduos compactos e secos".[4]

Seguindo essa lógica, se somos máquinas, nosso destino deve ser superado por máquinas melhores. E não deveríamos reclamar, mas agradecer por isso. O próximo momento épico em que os computadores se tornarão tão inteligentes quanto os humanos será tão somente uma etapa desprovida de sentido. Como aponta o escritor científico Tim Urban, uma IA "não consideraria a inteligência no nível humano como um marco importante — é algo relevante apenas do nosso ponto de vista — e não teria motivo algum para permanecer no nosso nível. E dadas as vantagens que até mesmo a inteligência artificial geral (IAG) equivalente à humana teria sobre nós, é bastante óbvio que a IA só atingiria essa igualdade por um breve instante antes de avançar rumo ao reino da inteligência superior à humana".[5]

Afinal, a IAG tem componentes melhores. Os microprocessadores de hoje já funcionam em uma velocidade cerca de 10 milhões de vezes a de nosso cérebro, cujas comunicações internas "são terrivelmente superadas pela capacidade de um computador de se comunicar oticamente à velocidade da luz", observa Urban. E nossas restrições humanas não são passíveis de superação: "O cérebro está bloqueado em seu tamanho pelo formato de nosso crânio", enquanto "os computadores podem se expandir para qualquer tamanho físico, permitindo que muito mais hardware seja colocado em funcionamento". Além disso, os seres humanos cansam-se com facilidade, e nosso software não pode ser tão facilmente atualizado. E um grupo de computadores pode "assumir um objetivo como uma unidade, porque não necessariamente haveria opiniões divergentes, motivações e interesses próprios, como temos na população humana".[6] James Lovelock, o cientista britânico que formulou a teoria de Gaia, insistia que os robôs inevitavelmente assumiriam o controle simplesmente porque a mensagem de um neurônio leva 1 segundo para percorrer 30 centímetros de nosso cérebro, enquanto um elétron faz o mesmo em um fio condutor em 1 nanossegundo. "É 1 milhão de vezes mais rápido, simples assim", disse ele. "Então, para um robô, uma vez que ele se estabelece nesse novo mundo, 1 segundo é 1 milhão de segundos. Tudo acontece tão rápido, que ele tem na Terra 1 milhão de vezes mais condições para viver, crescer e evoluir do que nós."[7]

Em outras palavras, já nem importa mais o fato de que o caminhão autônomo roubará seu emprego. Os riscos práticos se atenuam quando justapostos às perguntas sobre o significado humano: qual seria o *sentido* da existência das pessoas nesse novo mundo? O futurista Yuval Harari fornece uma resposta: poderíamos dedicar nossa vida a jogar videogames cada vez mais imersivos. "Se você tem um lar com um filho adolescente", ele escreve, "pode realizar seu próprio experimento. Forneça-lhe um mínimo de refrigerante e pizza e elimine todas as demandas de trabalho e toda a supervisão dos pais. O resultado provável é que ele permaneça em seu quarto por dias, grudado na tela. Ele não fará nenhuma lição de casa ou trabalho doméstico, deixará de ir à escola, pulará refeições e até banhos e horas de sono. No entanto, é improvável que ele sofra de tédio ou tenha uma sensação de falta de propósito".[8] Steve Wozniak, cofundador da Apple, prevê que os robôs nos aceitarão de bom grado como animais de estimação, para que possamos "ser cuidados o tempo todo". [9] E acrescentou que agora alimenta seu cachorro com filé mignon, seguindo o princípio de "fazer aos outros o que quer que lhe façam". Nada disso é o *porquê* de desenvolvermos inteligência artificial. (Estamos desenvolvendo a IA para ganhar dinheiro — um negócio de cada vez.) Mas é *o que* muitas das pessoas que analisam atentamente pensam que pode acontecer.

Já se pode sentir no ar o início dessa mudança. Em média, hoje, uma pessoa toca e usa de alguma forma o celular 2.617 vezes por dia.[10] Cerca de 87% das pessoas com smartphones acordam e vão dormir com eles. Essa é, de longe, a maior mudança na estrutura da vida cotidiana durante minhas seis décadas na Terra; nada mais se aproxima disso. As inteligências artificiais, os algoritmos significativos que equipam Google, Facebook e similares, agora sabem quando estamos entediados; elas entendem que desejamos reforço positivo de "curtidas" e sabem com o que nos nutrir para nos manter clicando. Como salienta Jaron Lanier, como os modelos de negócios das gigantes das redes sociais prezam o "envolvimento" acima de tudo, elas aprenderam a nos bombardear com informações negativas porque "emoções como medo e raiva se assenhoram de nós mais facilmente e persistem em nosso íntimo por mais tempo que emoções e sentimentos mais positivos... As reações de luta ou fuga ocorrem em segundos", que é o período certo para o Twitter, em oposição a, digamos, um romance.[10] No campo político, eles descobriram que nós reagimos a um sentimento cada vez maior de indignação; por isso, Trump.

Mas Trump é o de menos. O caminho que começamos a trilhar é o da substituição não tão gradual assim dos seres humanos por algo não muito diferente: um homem com um celular quase que permanentemente grudado na palma da mão já é um pouco robô. Até nossa postura começou a mudar. Um estudo de 2016 do *Journal of Physical Therapy Science* constatou que havia "diferenças significativas no ângulo craniovertebral, índice escapular e pico de fluxo expiratório, dependendo da duração do uso do smartphone".[12] Ou seja, após levarmos alguns milhões de anos para conseguir permanecer de pé e de cabeça erguida, agora novamente arqueamos as costas, regredindo a uma iPostura [referência ao "text neck" que, em tradução livre, é conhecido como "síndrome do pescoço de texto"]. E já terceirizamos boa parte de nossa memória para a web: sete em cada dez pessoas conseguem lembrar números de telefone desde a infância, mas não os de seus amigos atuais agora conectados via celulares. Em um dia, passamos cerca de 10 horas olhando para uma tela e cerca de 17 minutos nos exercitando — ou seja, usando nosso corpo. "Nossa vida agora é apenas parcialmente biológica, sem uma divisão clara entre o orgânico e o tecnológico, o carbono e o silício", entoou o venerável *National Geographic* em uma edição especial recente sobre "o próximo humano". "Podemos não saber para onde estamos indo, mas já saímos de onde estivemos."[13]

É preciso ir mais fundo para entender a extensão disso tudo em nós. Estudar essa questão não é nada fácil, pois ela é muito nova e, exceto pelos Amish, não há um grupo de controle. Mas os dados disponíveis até agora são preocupantes. O professor de psicologia Jean Twenge relatou que a partir de 2012, quando o número de norte-americanos que possuíam um smartphone ultrapassou a marca de 50%, houve "mudanças bruscas no comportamento e estado emocional dos adolescentes", completamente distinto de tudo o que foi reunido em décadas de análise de dados geracionais. A boa notícia é que os adolescentes estão fisicamente mais protegidos porque estão bebendo menos e fazendo muito menos sexo, e a má notícia é que essa redução se deve ao fato de que eles raramente saem. O número de adolescentes que se reúnem com seus amigos todos os dias caiu 40% de 2010 a 2015, e a tendência é esse número aumentar. Eles ficam em seus quartos, mas não estão estudando nem trabalhando. Estão, é claro, enviando mensagens de texto e conferindo as mídias sociais, "sozinhos e muitas vezes angustiados". Quanto mais olham o Facebook, mais infelizes se sentem; e essa infelicidade não é apenas um leve mal-estar. Nos alunos do 9º ano, usuários crônicos de mídias sociais, o risco de depressão cresceu 27%. Adolescentes que passam 3 horas por dia ou mais em dispositivos eletrônicos aumentam em 35% o risco de suicídio; os sintomas depressivos entre as meninas aumentaram em 50%. Três vezes mais adolescentes se mataram em 2015 do que em 2007.[14]

Isso não se trata de uma acusação à juventude. A geração do milênio pode se valer de sua conectividade para fazer coisas notáveis, como todos testemunharam nos meses após os tiroteios nas escolas de Parkland, na Flórida, no início de 2018. Na verdade é um indício: como são os primeiros cidadãos emergentes desse mundo tecnológico em particular, eles nos permitem vislumbrar o que virá pela frente. Mas pergunte a si mesmo, se tiver idade suficiente para lembrar e sua memória ainda funcionar, como foi viver antes do e-mail, do Twitter e das mensagens digitais. Não por razões nostálgicas, mas para podermos antever como será a mudança em um mundo cada vez mais dominado pela tecnologia.

Quando conversamos pela última vez, Ray Kurzweil compartilhou sua visão: "Conforme ficamos mais inteligentes, podemos criar expressões intelectuais mais profundas — música, literatura. Beleza e expressão artística de todos os tipos." De fato, é assim que os tecnólogos imaginam o futuro: livres da necessidade de trabalhar, nos dedicaremos a pintar quadros, tocaremos saxofone, escreveremos livros o dia todo. A arte será o último refúgio humano, tal como era no Império Romano: os nobres compondo poemas enquanto seus escravos cultivavam uvas e azeitonas para o vinho e o óleo.

Mas por que os computadores não produzem arte "melhor" do que as pessoas? Afinal, são capazes de analisar e depois reproduzir o que gostamos. Já existem IAs que compõem cantatas parecidas com as de Bach, as quais enganam o público, e a casa de leilões Christie's vendeu sua primeira obra de arte criada por inteligência artificial em 2018. Todavia, em um nível mais profundo, *a arte não funciona assim*. O objetivo da arte não é "fazer melhor", mas de refletir sobre a experiência de ser humano — precisamente aquilo que se está perdendo.

Eis aqui a mais rara e triste ironia: a ciência está em risco. O profundo prazer que mantém as pessoas trabalhando com precisão na tecnologia que agora ameaça nos suplantar também desaparecerá. Você não acha que biólogos robôs substituirão em breve os de carne e osso?

O que nos resta? Nick Bostrom, o primeiro apóstolo do transumanismo, sugere a melhor situação a se esperar: uma superinteligência poderia "nos ajudar a criar um mundo experimental altamente atraente, no qual poderíamos passar nossa vida dedicando-nos a momentos prazerosos, nos relacionando, experimentando crescimento pessoal e vivendo mais de acordo com nossos ideais". Ou poderíamos apenas fumar maconha.

Então, por que estamos nessa? Por que continuamos com essa corrida cada vez mais acelerada em um território que todos os envolvidos entendem ser arriscado?

Em parte, por inércia — um corpo em movimento permanece assim, e já faz alguns séculos que estamos em movimento, nos direcionando a algo chamado Progresso. Para nós, é difícil imaginar a alternativa (embora, como veremos, não seja impossível).

Em parte, por dinheiro, a grande e magnética atração que garante que o movimento nunca cesse. Seja qual for o negócio em que você esteja, seu sucesso futuro depende do domínio dessas novas tecnologias. O capitalismo jogado conforme suas regras atuais não permite que ninguém se afaste facilmente.

Mas há também algo mais estranho.

18

Não conhecemos nenhuma narrativa mais antiga que o Gilgamesh, o poema épico dos sumérios, datado de cerca de 4 mil anos. Ela começa com a amizade de Gilgamesh, o rei, e Enkidu. No meio do livro, entretanto, Enkidu morre, e após sete dias e noites velando o corpo, Gilgamesh vê que um verme sai do nariz do cadáver do amigo. Um grande medo se apodera dele, e suas palavras na ocasião poderiam ser ditas hoje:

> *Eu também tenho que morrer? É esse o fim de Gilgamesh?*
> *Foi então que senti o medo corroendo minha barriga. Medo*
> *que me faz vagar por uma vastidão inóspita.*
> *Enkidu, o companheiro, a quem amei, é imundície, nada mais*
> *que barro é Enkidu.*
> *Em prantos como uma mulher, perambulo por caminhos e*
> *paragens desconhecidos, repetindo:*
> *"Eu também tenho que morrer? É esse o fim de Gilgamesh?"*

Determinado a encontrar o segredo da imortalidade, ele empreende uma audaciosa jornada, que o leva a enfrentar leões em bando, atravessar um túnel protegido por dois homens-escorpião, destruir gigantes de pedra e derrubar 120 árvores, as quais usa para cruzar um mar perigosamente mortal. Ele sobrevive a uma tempestade tão terrível, que fez com que os deuses, aterrorizados, fugissem para o céu — tudo isso em vão. "A vida eterna, que você procura, nunca a encontrará", ele por fim aprende com um homem que conhece. "Quando os deuses criaram o homem, deixaram a morte como partícipe dele." De fato, disseram-lhe, a constante busca pela imortalidade só arruína as alegrias da vida.

A partir de Gilgamesh, sigamos em frente. Nós somos, é claro, o animal com consciência, ou seja, o animal que sabe que morrerá. Não é algo que permanece constantemente em nossa mente, mas além de nos moldar, isso também molda as culturas que construímos. O grande psicólogo Ernest Becker estava convencido de que Freud estava errado: não era o sexo que nossa mente reprimia, mas o medo da morte, a partir do qual construímos tudo, desde grandiosas pirâmides até a mais impressionante das ideias, o paraíso. O padrão de nossa vida é definido pelo tempo que esperamos viver: sabemos quanto tempo podemos dedicar à educação e podemos dizer o que é primordial em nossa vida, e se tivermos coragem de reconhecê-lo, podemos nos preparar para a morte que se aproxima.

É verdade que o tempo médio de vida do homem aumentou, principalmente porque a mortalidade infantil diminuiu muito e avanços como o saneamento básico reduziram drasticamente as doenças. Pesquisadores cujo objeto é a cloração descobriram que a água limpa levou a uma redução de 43% da mortalidade nas cidades norte-americanas em geral, um lembrete do que acontece quando trabalhamos juntos.[1] Mas as pessoas que vivem mais não vivem um tempo *tão longo* assim. Cento e quinze anos parecem estar bem perto da borda superior, um teto estabelecido pelo chamado limite de Hayflick sobre o número de vezes que as células humanas podem se dividir; até agora isso tem sido tão inviolável para os seres humanos quanto a velocidade da luz. Quanto à questão de fundo, praticamente nos adaptamos como indivíduos e como sociedades. As pessoas que mais admiramos são as que parecem aceitar a mortalidade — concordamos quando ouvimos as palavras de Martin Luther King Jr.: "Um homem que não tem algo pelo qual está disposto a morrer não está preparado para viver." A morte, afinal, é a medida de nosso egocentrismo: Ayn Rand e os primeiros libertarianos podiam querer acabar com a tributação, mas mesmo para eles a mortalidade parecia um fato. David Koch anunciou sua aposentadoria dos negócios e da política em 2018 por problemas de saúde.

Não é assim, porém, com as pessoas do Vale do Silício, motivadas em grande parte pelo medo que assombrava Gilgamesh, mas convencidas de que finalmente a imortalidade está à vista. Ray Kurzweil toma 100 comprimidos por dia para evitar o envelhecimento por tempo suficiente até que seus colegas descubram como garantir que ele nunca morrerá. Esse não é um comportamento particularmente incomum entre a elite tecnológica — é fácil encontrar pessoas que tomam resveratrol ou medicamentos para diabetes sem indicação. Como relata a revista *Wired*, "há rumores de que os mais ousados usam a rapamicina, uma droga poderosa que previne a rejeição de transplantes de órgãos", mesmo que ela reprima o sistema imunológico. A teoria é a de que se "inicia um processo em que componentes celulares disfuncionais são degradados ou reciclados".² Peter Thiel, o bilionário do PayPal e apoiador de Trump, teria ou não feito transfusões com sangue de pessoas jovens, em um esforço para manter seu vigor juvenil. Um jornal de tecnologia disse que ele estava pagando US$40 mil a cada 3 meses pelo sangue de jovens de 18 anos, mas ele afirmou a outro repórter que "ainda não havia começado".³ Mas ele está intrigado? Com certeza. "Estou estudando essa coisa de parabiose, que acho realmente interessante", disse Thiel. "Eles colocaram sangue jovem em camundongos mais velhos e descobriram que isso teve um grande efeito rejuvenescedor." Uma startup no Vale do Silício chamada Ambrosia tem pelo menos 100 clientes que pagam US$8 mil cada pelo sangue de jovens.⁴

O Breakout Labs, de Thiel, investe em muitas outras startups que tentam combater o envelhecimento — e por que não, considerando que ele acredita que "provavelmente a forma mais radical de desigualdade é aquela entre vivos e mortos"? (Isso é significativo quando o patrimônio líquido dele excede o PIB de aproximadamente 30 países.) "Sou contra impostos confiscatórios, coletivos totalitários e a ideologia da inevitabilidade da morte de todos os indivíduos", explicou ele em um artigo detalhando suas razões para ser um libertariano.⁵ "Sempre tive uma sensação realmente forte de que a morte era uma coisa terrível."

Entre os magnatas do Vale do Silício (repetindo, sem dúvida, as pessoas mais poderosas da Terra), derrotar a morte está no topo da lista de tarefas. Sim, eles querem ganhar ainda mais dinheiro. Sim, eles ficam encantados com o sublime prazer proporcionado pela criação de novas tecnologias. E não, eles não querem morrer. Se quer saber o porquê de seu incansável avanço na questão da inteligência artificial e na manipulação de linha germinativa, apesar dos perigos óbvios, é necessário ouvi-los falar. Você precisa sentir exatamente o quanto eles estão assustados.

Tad Friend, repórter do *New Yorker*, descreveu de forma memorável uma recepção na casa de Norman Lear, situada no alto das colinas que se elevam sobre Los Angeles. A festa foi o evento de lançamento do Grande Desafio de Longevidade Saudável, da National Academy of Medicine, que concederá milhões de dólares em prêmios por inovações nesse campo. Havia estrelas de Hollywood presentes — Goldie Hawn solicitou a opinião de um geneticista vencedor do Prêmio Nobel a respeito da glutationa, um poderoso antioxidante que aparece em muitos regimes de saúde —, mas a verdadeira celebridade foi o cofundador do Google, Sergey Brin; já escrevi aqui que a ex-mulher dele administra a 23andMe, empresa pioneira em genética. Nessa reunião, sua atual namorada, Nicole Shanahan, disse que Brin lhe telefonou recentemente com a triste notícia de que ele morreria — algum dia. Ou talvez não, pois o Google estava investindo muito dinheiro em tecnologias de extensão da vida. Em 2009, a empresa contratou Bill Maris para administrar seu fundo de capital de risco, e ele rapidamente começou a dedicar a maior parte de seus vastos recursos em startups voltadas às ciências da vida. Por quê? Maris responde: "Se você me perguntar se é possível viver até os 500 anos de idade, direi que sim."[6] Ele continua: "Não estamos tentando ganhar algumas partidas. Estamos tentando vencer o campeonato. E parte disso é que é melhor viver do que morrer." Novamente: isso não é um culto isolado. "Há muitos bilionários no Vale do Silício, mas, no final, todos estamos indo para o mesmo lugar", acrescenta Maris. "Se tem a opção de ganhar muito dinheiro ou encontrar uma maneira de fazer as pessoas viverem mais, qual você escolhe?"[7]

Ambas, sem dúvida, é a resposta verdadeira. O Google foi além de meramente financiar as startups de outras pessoas. Em 2013, lançou seu próprio empreendimento, a Calico, que significa California Life Company. Quase tudo nele é mantido em segredo — o que realmente se sabe sobre a operação é que ela tem batalhões de ratos alimentados com dietas diferentes —, mas seu foco é "o desafio do envelhecimento"[8] e, definitivamente, a Calico não é a única. Jeff Bezos, o homem mais rico do mundo, aplicou parte de seu dinheiro na Unity Biotechnology, uma empresa sediada em São Francisco, que trabalha arduamente em "uma cura para o envelhecimento". Em um seminário recente sobre "os negócios da longevidade", patrocinado pelo *Economist*, uma "seguidora" de Peter Thiel (que também investiu na empresa) a classificou como uma das startups com maior probabilidade de colocar um medicamento no mercado em breve. Essa startup, disse ela, é "uma das mais empolgantes empresas em um espaço que passou da ciência marginal para um campo novo e efervescente".[9] Eis uma manchete típica dos jornais britânicos: ENVELHECIMENTO POPULACIONAL ESTÁ PRONTO PARA SER O MAIOR NEGÓCIO DO MUNDO, DIZEM OS MAGNATAS.[10]

Uma maneira de avaliar a seriedade com que esses homens e mulheres consideram a questão é olhar para seus tornozelos. Muitos deles usam uma tira de couro fina com uma placa de metal gravada com as informações de contato da Alcor, a principal instalação criônica do mundo. Tão real como o carro voador, a ideia de criogenia está por aí há muito tempo. Em uma edição de 1948 de *Startling Stories*, Robert Ettinger (aquele que esperava a reengenharia de seres humanos para que eles pudessem defecar pequenos tabletes secos e inodoros por meio de um orifício "alternativo") escreveu um conto sobre o congelamento de pessoas, sucedido em 1962 por um relato de não ficção chamado *The Prospect of Immortality* ["A Expectativa da Imortalidade", em tradução livre]. Essa expectativa era pequena no início — os técnicos da Alcor precisavam abrir a câmara de seus primeiros clientes e repor o gelo seco para impedir que eles derretessem — e os negócios eram bastante controvertidos. Como esquecer que alguns dos filhos de Ted Williams [famoso jogador norte-americano de beisebol] processaram os irmãos para impedir que a cabeça do pai fosse congelada? Havia tanta superficialidade, que Timothy Leary, um dos primeiros clientes da Alcor, desistiu e teve suas cinzas lançadas por um foguete no espaço (junto com as do criador de *Star Trek*, Gene Roddenberry). Seus ex-colegas criogênicos o acusaram de sucumbir à "ideologia da morte".

A indústria, no entanto, está amadurecendo. Atualmente, a Alcor tem 147 seres humanos no gelo, cada um pagando US$200 mil para preservar o corpo inteiro ou US$80 mil pela "opção neuro", que envolve serrar a cabeça. (Também há um desconto de US$10 mil se você estiver disposto a morrer em Scottsdale, Arizona, para que eles possam congelá-lo no local.) "Em nossa opinião, dizer que alguém está morto é um pouco arbitrário. Na verdade, essa pessoa só precisa de um resgate", diz o CEO da Alcor, Max More (um nome que ele outorgou a si mesmo como um lembrete de "qual é meu objetivo: sempre melhorar, nunca ser estático").[11] Ralph Merkle, um herói no Vale do Silício por ser um dos inventores da criptografia de chave pública para computadores, está no conselho de administração da Alcor e, a título de contribuição para o bem público, calculou o que seria necessário para preservar todos no planeta. Levando em conta que 55 milhões de seres humanos morrem anualmente, é mais fácil salvar as cabeças; e com uma câmara de resfriamento de dupla face com 30 metros de diâmetro, capaz de acomodar 5,5 milhões de cérebros, seria necessário construir apenas 10 por ano para armazenar "a cabeça de todas as pessoas que morrerão no mundo inteiro, daqui para a frente, até a época em que suas mortes possam ser remediadas". Em função da amortização de custos devido à abrangência da operação por toda a população da Terra, Merkle estima um preço "surpreendentemente competitivo" de US$24 a US$32 por pessoa.[12] Atualmente, pelo menos mil pessoas aguardam sua vez, incluindo uma grande variedade de pioneiros do Vale do Silício.

Em se tratando, contudo, da indústria de tecnologia, uma nova iteração da ideia já está disponível. A Nectome é uma das poucas startups escolhidas para fazer parte do Y Combinator, a mais importante das incubadoras de tecnologia da Califórnia. (Essas são as pessoas que primeiro defenderam o Dropbox, o Airbnb e o Reddit.) De fato, à frente do Y Combinator, Sam Altman já gastou US$10 mil pelo serviço da Nectome, que envolve embalsamar o cérebro quando se está perto da morte para que ele possa depois ser digitalizado e codificado. "A ideia é que, algum dia, no futuro, os cientistas escanearão os componentes do cérebro e o transformarão em uma simulação de computador", escreve Antonio Regalado na revista *MIT Technology Review*.[13]

De fato, essa noção de que um dia estaremos entrelaçados com computadores e, portanto, viveremos para sempre atraiu dinheiro, talvez porque, embora bizarra, pareça um tanto menos absurda do que a ideia de Ted Williams vagando novamente no mundo real. (Presumivelmente ao lado de Oscar, o cão de Max More, que também tem um cilindro de armazenamento esperando por ele.)

Ray Kurzweil é um cliente da Alcor, mas é claramente um plano B; sua verdadeira esperança é não morrer, e sim viver o tempo suficiente até que suas células defeituosas possam ser reparadas por nanorrobôs introduzidos no sangue. De fato, ele diz, essas células sanguíneas dos nanorrobôs talvez pudessem acionar seu próprio movimento, dispensando a necessidade de um coração, que afinal é apenas uma bomba grande, sujeita a falhas. E Kurzweil tem certeza de que algum dia conseguiremos conectar nosso cérebro diretamente à nuvem. Quando implantarmos 100 mil eletrodos por polegada quadrada de couro cabeludo, não haverá "necessidade de ler um livro — o computador apenas introduzirá o conteúdo em sua cabeça".[14] Lembre-se: esse é o principal cientista do que é, de certa forma, a maior empresa da história do planeta.

Conversar com Kurzweil é lembrar-se de que há algo docemente melancólico nesses sonhos de imortalidade. Seu pai, Fredric, morreu quando Ray era jovem, e o filho encheu um armário com caixas de pertences pessoais dele (cartas, fotos e até contas de luz), na esperança de um dia criar "um avatar virtual de seu pai e depois preencher a mente desse 'duplo' com toda essa informação".[15] Assim, ele poderia conversar novamente de pai para filho. "Acho a morte uma tragédia", disse-me Kurzweil. "Essa é nossa reação imediata a ela. Se alguém morre, nossa reação imediata é considerá-la algo trágico, não triunfante."

É claro que isso às vezes é verdade, embora creio que não seja quando alguém viveu o que pareceu ser uma vida plena. Você pode ler a página do obituário com uma sensação de aflição, mas também pode lê-la como a crônica de um mundo que funciona.

Os óbvios problemas práticos suscitados pelo caso de não mais haver mortes podem ser descartados se você acreditar, como Kurzweil, que em pouco tempo a inteligência artificial nos proporcionará um planeta tão rico em recursos, que ninguém jamais desejará coisa alguma. "Superpopulação?", ele me perguntou. "Faça uma viagem de trem para qualquer lugar do mundo e olhe pela janela. Quarenta por cento da terra que usamos é para agricultura horizontal. Podemos fazer um trabalho melhor sem nada disso." Cultivando nosso alimento em fazendas verticais, ele quis dizer. "À medida que aumentamos a longevidade, expandimos radicalmente os recursos da vida."

Eis agora um, digamos, aprimoramento da ética oferecido por Michael West, atualmente presidente de uma startup da Califórnia chamada BioTime, especializada em "medicina regenerativa". West, que organizou a primeira iniciativa de isolar células-tronco humanas para fins de clonagem, certa vez respondeu a uma pergunta sobre se a imortalidade não levaria à superpopulação. Claro, ele disse, mas "por que colocar o fardo nas costas das pessoas que vivem agora, pessoas que apreciam o processo de respirar, pessoas que amam e são amadas? A resposta é, claramente, limitar os recém-chegados da raça humana, não promover a morte daqueles que desfrutam hoje o presente da vida".[16] Esse nível de egoísmo faz Ayn Rand parecer uma Madre Teresa.

E é esse incrível egocentrismo que deveria ser a pista para como tudo isso é uma má ideia. Apresentei aqui os vários avanços possíveis se acolhermos plenamente as mais recentes tecnologias — poderemos "melhorar" nossos filhos; viver sem trabalhar (ou talvez o trabalho ainda seja necessário); e, de certo modo, viver para sempre — mas nada disso é viver, não no sentido humano.

Essas ameaças ao jogo humano são de ordem existencial. Embora os tecnólogos, em algum nível, valorizem demais os seres humanos como indivíduos — não é permitido morrer; precisamos recolher a cabeça das pessoas em um recipiente térmico gigante —, eles valorizam muito pouco a humanidade. Eles não compreendem que algumas tristezas e perdas não são apenas suportáveis; são essenciais. Pensando bem, existe um heroísmo cotidiano ao conscientizar seus filhos de que eles irão substituí-lo. Isso é o que a civilização humana é. Caso contrário — se seus filhos fossem outros seres que perpetuamente o seguiriam até o infinito por 20 ou 30 anos —, a conexão mais poderosa das pessoas seria efetivamente rompida. O que você lhes deveria, e vice-versa? Aqueles que exaltam os seres humanos desvalorizam muito a humanidade.

Um mundo sem morte é um mundo sem tempo, que, por sua vez, é um mundo sem significado, pelo menos sem significado humano. Continuar nesse caminho é encerrar o jogo.

PARTE QUATRO

Uma Possibilidade Remota

■ ■ ■

19

Eu não sei — ninguém sabe — se ainda é possível alterar fundamentalmente nossa trajetória. As mudanças climáticas estão muito avançadas e o ritmo de algumas dessas novas tecnologias parece tão veloz quanto desregulado. Porém, também não se sabe se isso é impossível; assim, a última seção deste livro será sobre resistência, sobre as ferramentas e ideias que podem nos ajudar a manter o aquecimento global e a mania tecnológica sob controle, e, no processo, permitir que o jogo humano continue reconhecível e até consistente.

Resistência é um assunto que trato com certa relutância, pois conheço um pouco a questão de custos que a envolve. Em boa parte dos últimos 30 anos, atuei como voluntário na luta contra o aquecimento global. Tivemos mais sucessos do que eu imaginava, alguns dos quais descreverei a seguir, mas a maré ainda é contrária: as pessoas ainda não se mobilizaram com força suficiente para superar a potência financeira da indústria de combustíveis fósseis, e com isso continuamos a trilhar um caminho a cada dia mais quente. Além disso, mesmo o preço dessa mobilização tem sido enorme: em algumas partes do mundo, defensores do meio ambiente são rotineiramente assassinados, e até nos locais onde operam com mais liberdade, o estresse e a tensão são muito reais. Conheço muitos que deram o melhor de sua vida a essa luta. Alguns foram presos, carreiras foram destruídas, seu emocional foi seriamente abalado. Eles foram processados e mantidos sob vigilância por empresas de petróleo, atacados por cães de guarda. Também conheço muitas pessoas que encontraram a vida nesse trabalho, em movimentos florescentes, repletos de amor e amizade. Mas nada disso tem sido fácil — e a luta pelo clima tem ao menos a vantagem de ser contra algo claramente feio e errado. Opor-se a incêndios florestais, secas e inundações é conceitualmente mais fácil do que descobrir como desacelerar a corrida em direção a uma pílula que concederia a vida eterna ou um ajuste genético que garantiria a uma criança a beleza angelical.

Não obstante, até os inimigos mais poderosos e a propaganda ideológica eficaz têm pontos fracos que podem ser explorados. Essas batalhas pelo futuro humano embaralham nossas posições políticas habituais. Por exemplo, por estar preocupado com a desigualdade e com o meio ambiente, geralmente sou classificado como progressista. Mas para mim, o que mais interessa é preservar um mundo que se assemelhe ao passado — um mundo com gelo em seus extremos e um singular recife de coral no meio, um mundo em que as pessoas estão conectadas ao passado e ao futuro (e umas às outras), em vez de ser transformado em um software obsoleto. E essas me parecem posições profundamente conservadoras. Enquanto isso, as companhias de petróleo e os magnatas da tecnologia me parecem eminentemente radicais, dispostos a alterar a composição química da atmosfera, ansiosos para obter a imortalidade. Os seres humanos são impregnados por um conservadorismo que resiste a tais esforços, um senso visceral do que é certo ou perigoso, imprudente ou apropriado. Ninguém precisa dominar todas as nuances da engenharia da linha germinativa ou do ciclo do carbono para entender que brincar com essas coisas pode ser uma má ideia. E, de fato, as pesquisas sugerem que a maioria das pessoas se opõe instintivamente, por exemplo, a viver para sempre ou a projetar bebês, assim como deseja que as ações do governo estabilizem o clima.

Essa mescla política poderá ser tanto uma divisão que será ampliada por quem deseja ser dono do futuro quanto uma fonte potencial de grande força. O segredo, penso, está na maneira como nos vemos. Se, como insistem os retóricos antigovernamentais, vemos a nós mesmos apenas como indivíduos, então o jogo está perdido: nunca nos uniremos o suficiente para superar o poder profundo e o foco incansável da grande riqueza.

Agora, o oposto do hiperindividualismo libertariano não é necessariamente o Exército Vermelho chutando a porta da farmácia do pai de alguém. Também poderia ser um senso de solidariedade social, uma ética do tipo "estamos todos juntos nisso". Como disse o Papa Francisco em 2018, após uma reunião a portas fechadas com executivos de empresas de petróleo sobre mudanças climáticas: "Progressos decisivos nesse caminho não podem ser feitos sem uma consciência crescente de que nós todos fazemos parte de uma família humana, unidos por laços de fraternidade e solidariedade."[1] Há muitos exemplos reais dessa ética no planeta: Escandinávia, por exemplo, ou em menor grau, qualquer um dos "estados de bem-estar social" em que as pessoas se preocupam umas com as outras...bem-estar social. E isso funciona. O World Happiness Report ["Relatório Mundial da Felicidade", em tradução livre] de 2018 considerou a Finlândia o país do povo mais alegre do mundo, seguido pela Noruega, Dinamarca e Islândia. Os Estados Unidos ocuparam o 18º lugar, "bem aquém das nações comparativamente mais ricas".[2] Mesmo para os norte-americanos, porém, não se trata de um conceito estranho e impossível. Em 2017, em meio ao triunfalismo Trumpista, as pesquisas mostraram que 61% dos republicanos e 93% dos democratas queriam "manter ou aumentar os gastos com assistência econômica a pessoas carentes".[3] Ayn Rand cooptou os CEOs, mas não o resto de nós. Em geral, os humanos continuam a acreditar na humanidade.

E, felizmente, temos duas novas tecnologias que podem transformar essa crença em realidade, duas invenções relativamente novas que, em nossa época, poderão ser decisivas caso sejam totalmente adotadas. Uma é o painel solar, e a outra, a "ação não violenta" [também conhecida por "resistência não violenta"]. Obviamente, não são invenções de uma mesma espécie: o painel solar (e seus parentes, a turbina eólica e a bateria de íons de lítio) é o hardware, enquanto a capacidade de organizar em massa a mudança assemelha-se mais ao software. Na verdade, até mesmo chamar de "tecnologia" a campanha de não violência parecerá estranho. Ambas ainda estão na infância; nós as implantamos, mas um tanto cegamente, descobrindo seus melhores usos na base da tentativa e do erro. E ambas têm limites intrínsecos: nenhuma delas é tão decisiva ou tão poderosa quanto, digamos, uma arma nuclear ou uma usina a carvão. No entanto, as duas são transformadoras — e, o que é vital, o poder que exercem tem escala humana. Elas não ameaçam o jogo que jogamos por todos esses anos. Na realidade, ameaçam torná-lo mais maravilhoso.

Antes de discutirmos como podemos aproveitar melhor essas tecnologias, precisamos abordar as duas ideias mais insidiosas empregadas em defesa do *status quo*. A primeira é a de que não há necessidade de resistência em massa ou regulamentação governamental, porque cada um de nós deve escolher por si mesmo o futuro que deseja. A segunda é que não há possibilidade de resistência uma vez que a sorte já está lançada.

A escolha é prioridade. Esse é o mantra que une pessoas de muitas facetas de persuasões políticas. Os conservadores dizem "Você não é o meu chefe" quando se trata de pagar impostos; progressistas afirmam a mesma coisa quando o assunto é maconha. A maneira mais fácil e preguiçosa de dispensar uma controvérsia é alegar: "Faça o que quiser; não me diga o que fazer." Então, se alguém disser: "Quero aplicar a engenharia genética para meu filho", muitos adiarão a escolha dessa pessoa. Jennifer Doudna, por exemplo, depois de uma discussão sobre sua invenção do CRISPR que tomou todo um livro, termina escrevendo: "Encontro-me voltando repetidamente à questão da escolha. Acima de tudo, devemos respeitar a liberdade das pessoas de escolher seu próprio destino genético e lutar por vidas mais saudáveis e felizes. Se as pessoas tiverem essa liberdade de escolha, farão com ela o que acham pessoalmente correto — seja lá o que for."[4]

Já expliquei a razão mais óbvia pela qual essa suposta liberdade parece profundamente coercitiva: você pode, com algum esforço, se rebelar contra a maneira como foi criado. (Considere, digamos, o número de pessoas que abdicaram da devoção católica apesar de todos os esforços combinados e ferozes de pais e freiras.) Todavia, não há como se rebelar contra os genes implantados em você: a escolha que seus pais farão na clínica de fertilidade prevalecerá. Na verdade, se eles acertarem na questão da dopamina, a ideia de se rebelar pode nunca passar pela sua cabeça.

Também há algo mais profundo em ação. Esse é o tipo de escolha que, para uma *sociedade*, não é absolutamente uma escolha. Quando um número substancial de pessoas se engajar na engenharia genética, esta se tornará efetivamente obrigatória. Não por determinação governamental, mas em face das poderosas forças da concorrência, pois a possibilidade de aprimorar seus filhos desencadeia uma corrida armamentista genética. Lester Thurow, falecido economista do MIT, abordou o dilema da seguinte maneira: "Suponha que os pais possam acrescentar 30 pontos ao QI de seus filhos... se você não o fizer, seu filho será o mais estúpido do bairro."[5] Essa é uma daquelas eleições que acontecem apenas uma vez: um número bastante reduzido de pessoas sempre tomará todas as decisões, da mesma forma que grupos diminutos, ao nos impedir de enfrentar as mudanças climáticas, tomam uma decisão que se estenderá profundamente na história geológica. (Esse raciocínio ajuda a explicar, a propósito, por que muitas feministas progressistas que apoiam o direito de uma mulher escolher um aborto opõem-se, no entanto, ao direito de alterar os genes de um bebê: no segundo caso, os efeitos se estendem a toda a sociedade e permeiam as gerações.) Nenhum pequeno grupo de pessoas deve tomar decisões como essa sozinho. Tais coisas devem ser decididas (se for o caso) por todos nós.

O ideal libertariano da autonomia individual, que de uma forma ou de outra todo ser humano moderno entende e valoriza, cai por terra quando os riscos são tão altos quanto a ida a um inferno ecológico ou a falta de sentido pós-humano. Por mais que eu goste de conversar com Ray Kurzweil, ele e seus amigos do Google não deveriam liberar sua visão de mundo até que todos votemos.

Se "Deixar a pessoa fazer o que quiser" é um argumento falho, então "Seja como for, ninguém pode impedi-la" é revoltante. Insistir que algum horror é inevitável, não importa o que se faça, é a reação de pessoas que não querem se incomodar em tentar impedi-lo, e eu ouvi isso com frequência suficiente para levar muito a sério.

Lembro-me, por exemplo, de quando repórteres investigativos provaram que a Exxon sabia tudo sobre o aquecimento global e encobriu esse conhecimento. Muitas pessoas da esquerda profissionalmente exaurida me disseram, de uma forma ou de outra: "É claro que sim" ou "Todas as empresas mentem" ou ainda "Elas jamais serão punidas". Esse tipo de postura cínica não é uma ameaça para as Exxons do mundo — é um presente. Felizmente, muito mais pessoas reagiram com indignação útil e ingênua: em pouco tempo, as pessoas compararam os gigantes do petróleo com as empresas de tabaco, e algumas das maiores cidades do país os processaram por perdas e danos. Ainda não sabemos exatamente como isso acabará, apenas temos consciência de que dar a eles um aval por causa de seu poder não faz sentido.

Outro exemplo: sete anos atrás, alguns de nós começaram a lutar pelo desinvestimento em combustíveis fósseis, e novamente nos disseram para não nos incomodarmos — se alguém vendesse suas ações, outra pessoa iria comprá-las e o mundo continuaria inalterado. Mas nossa pequena campanha tornou-se a maior do gênero na história — endowments [tipo de doação que serve como financiamento ou fonte de investimentos de longo prazo para uma atividade de interesse social] e portfólios no valor de quase US$8 trilhões — e claramente causou incômodo: estudos acadêmicos recentes provaram que ajudou a evidenciar a questão climática e reduziu o capital das empresas de combustíveis fósseis que podia ser mobilizado para novas explorações. Em 2018, depois que a cidade de Nova York e a Irlanda anunciaram o corte de investimentos, a Shell Oil, em seu relatório anual, chamou a campanha de "risco concreto" para seus negócios, e os analistas do Goldman Sachs relataram que a campanha teve um grande papel na desvalorização das ações das indústrias ligadas ao carvão. "É inevitável" é um argumento poderoso até o momento em que as pessoas decidem não deixar que isso exaure sua energia.

É verdade que a regulamentação eficaz da bioengenharia ou da inteligência artificial também será difícil. O CRISPR é tão fácil de usar que os laboratórios de biologia do ensino médio podem brincar com ajustes genéticos, e, de fato, existem kits de edição de genes "Faça Você Mesmo". (Um empreendedor começou a incluir sapos vivos em seu kit de pedidos de US$159, na esperança de que as pessoas parassem de experimentar nelas mesmas.)[6] Porém, difícil não é o mesmo que impossível: embora os cientistas tenham adotado o ponto de vista da linha germinativa humana, até o momento de escrita deste livro, apenas o Dr. He realmente a cruzou, e os embriões modificados das garotas gêmeas realmente levaram muitos cientistas a pedir mais restrições. Seus próprios experimentos clínicos foram encerrados pelo governo chinês. Na maior parte do mundo em que esse trabalho é possível, incluindo todas as nações europeias, a modificação genética hereditária é expressamente proibida. Ainda que outra pessoa decida violar a proibição, alguns bebês projetados não são como algumas armas nucleares — o professor de direito Maxwell Mehlman escreveu uma vez: "Se o número de indivíduos aprimorados for suficientemente pequeno, podemos ignorá-los."[7] Um número grande o suficiente para ter importância exigiria que os investidores construíssem clínicas e fossem atrás da recompensa, e isso significa que as corporações envolvidas precisariam submeter-se a controles quanto ao financiamento em grande escala, seguros e responsabilidades. Ou seja, elas precisariam obter a aprovação do sistema político, o que não é nada fácil, ao menos não em um país como os Estados Unidos, no qual maiorias fortes em todas as pesquisas recentes têm sérias reservas sobre esse trabalho: em 2015, 83% dos norte-americanos disseram aos pesquisadores que não era apropriado "alterar as características genéticas de um bebê para torná-lo mais inteligente".[8] Norte-americanos, tanto da direita quanto da esquerda, compartilham essa perspectiva: nove senadores com um registro de 100% de votos pró-escolha se juntaram a políticos evangélicos para votar a favor de uma proibição de clonagem.

Não é tarde demais, não completamente. O combustível fóssil chegou a dominar nossa economia um século antes de percebermos que o aquecimento global era uma ameaça. Esse é um dos motivos pelos quais as mudanças climáticas são tão difíceis de controlar. Mas a bioengenharia humana e as formas mais avançadas de inteligência artificial ainda não aconteceram. Sim, Ray Kurzweil e o Google têm grandes planos e grande poder, mas até agora a equipe de Kurzweil está focada na resposta automática para o Gmail. Sim, robôs são assustadores, mas "em uma competição recente patrocinada pelo governo, os robôs ficaram desorientados com uma porta destrancada que bloqueava seu caminho em uma pista de obstáculos ao ar livre", relatou o *Wall Street Journal* em 2017. ("Uma máquina bípede conseguiu colocar sua garra em torno da maçaneta da porta e abri-la, mas ficou confusa com o vento que continuava fechando a porta antes que ela pudesse passar."[9]) Algumas startups atualmente empregam seres humanos para *fingir* que são robôs: a empresa de software Expensify precisou contratar seres humanos para classificar os recibos porque seus robôs não conseguem fazer o trabalho, e a empresa de tecnologia de fala SpinVox estava contratando humanos em call centers estrangeiros para converter mensagens de voz em mensagens de texto.[10] Nossa Alexa é significativamente menos competente que nosso vira-lata, que não fica confuso com portas que o vento move.

Nada disso implica dizer que essas tecnologias não estão chegando, e em breve — isso é um fato. Mas temos uma brecha, mesmo que ela esteja diminuindo a uma velocidade exponencial. Ainda é possível imaginar a regulação da IA, e deveríamos fazê-lo. Segundo Elon Musk: "Ninguém gosta de ser regulamentado, mas tudo (carros, aviões, comida, drogas) que é um perigo para o público é regulamentado. A IA também deveria ser." É o "caso raro no qual precisamos ser proativos"[1], disse ele à National Governors Association ["Associação Nacional de Governadores", em tradução livre]. Com a engenharia genética, é vital não cruzar a linha germinativa e produzir alterações hereditárias — é uma linha tão evidente quanto 350 partes por milhão de dióxido de carbono na atmosfera. Com a IA, os limites são ainda mais difíceis de traçar: a busca por uma opção à prova de falhas que as impeça de se tornar inteligentes demais pode ser a tarefa de engenharia e política mais importante de nosso tempo. Parte desse trabalho já está em andamento: em Wall Street, onde o dinheiro é o verdadeiro jogo, as pessoas propuseram uma variedade de limitações tecnológicas para impedir que as IAs causassem uma crise nos mercados.

Haverá também necessidade de regulamentos internacionais fortes em países com noções muito diferentes sobre progresso. Os chineses, por exemplo, parecem significativamente menos preocupados com a engenharia genética humana — pelo menos para terapias somáticas, eles estão avançando com testes em humanos mais rapidamente do que em qualquer lugar do planeta,[12] a despeito de terem reagido depressa para impedir o Dr. He após a notícia de seus bebês projetados sem autorização. Enquanto isso, as startups de inteligência artificial da China agora rivalizam com o Vale do Silício em tamanho.[13] Vladimir Putin, ao visitar uma empresa de tecnologia de Moscou no final de 2017, perguntou ao CEO quanto tempo levaria até que robôs superinteligentes "nos comessem". E acrescentou: "Quem se tornar o líder nessa área se tornará o governante do mundo."[14] Elon Musk concorda — a competição pela superioridade da IA, ele afirmou, é "a causa mais provável da Terceira Guerra Mundial".[14] Mas é exatamente para isso que servem os diplomatas (ou costumava ser, quando os tínhamos). Desde Hiroshima e Nagasaki, eles conseguiram impedir que mais alguém, tomado pela raiva, usasse armas nucleares (bata na madeira). Eles foram auxiliados nessa tarefa pelo fato de todos nós podermos imaginar as nuvens de cogumelos que viriam com o fracasso, e isso não é tão fácil com as outras ameaças. Contudo, todas as nações do mundo acabaram assinando os acordos de Paris para começar a lidar com as mudanças climáticas — e os EUA foram os primeiros a desistir, o que faz você se perguntar se a China é realmente o principal obstáculo ao progresso internacional. E se não podemos estabelecer um regime internacional que dure *para sempre*, essa não é nossa responsabilidade. Nosso trabalho é manter o jogo humano se desenrolando em nosso tempo e passá-lo adiante.

O que significa que devemos ter uma discussão, uma longa e profunda discussão que envolva todos nós, em todos os lugares. Foi por isso que escrevi este livro, obviamente, e talvez seja o melhor argumento para o conjunto de ferramentas digitais que desenvolvemos para a comunicação global, por mais falhas que sejam elas. Devemos decidir o que queremos. Se for para continuar queimando combustíveis fósseis ou para criar bebês projetados, tudo bem, nós tomamos a decisão. Mas não devemos fingir que não há decisão a tomar, que isso é simplesmente inevitável. E não devemos deixar os técnicos sozinhos, pois, se o fizermos, eles simplesmente seguirão em frente, não porque sejam maus e, apenas em parte, desejam ganhar muito dinheiro, mas principalmente porque é o que fazem e têm grande satisfação no trabalho em si. O físico J. Robert Oppenheimer, refletindo sobre a construção da bomba atômica, disse uma vez: "Quando você vê algo que é tecnicamente agradável, vai em frente e o faz, e argumenta sobre o que fazer a respeito apenas após obter sucesso técnico."[16] Esse foco tecnológico é ainda mais distorcido pelo modo como a ciência recompensa os inovadores. É como Eliezer Yudkowsky, analista pioneiro de inteligência artificial, certa vez explicou: "Muitas pessoas ambiciosas acham muito menos assustador pensar em destruir o mundo do que pensar em nunca chegar a ser grande coisa. *Todos* que conheci que pensam que ganharão fama eterna por meio de seus projetos de IA são assim."[17] Não devemos deixar que biólogos e engenheiros decidam se e como implantar essas tecnologias, assim como não se deve deixar os físicos decidirem onde lançar armas nucleares ou os geólogos do petróleo decidirem quantos poços serão perfurados. Eles têm uma visão especial de *como* fazer essas coisas, mas não *se* essas coisas fazem sentido. Se os efeitos de uma decisão recairão sobre toda a sociedade, a sociedade inteira deve se pronunciar.

Mas e se as sociedades forem muito tímidas ou conservadoras? Converso frequentemente com tecnólogos que dizem: "Mas e se parássemos de inovar em 1800 ou 1900 porque estávamos preocupados com os efeitos?" Kurzweil insistiu na última vez em que nos falamos: "Romantizamos a humanidade. Leia Thomas Hobbes, ou mesmo Dickens. Todos viviam em extrema pobreza; não havia um sistema de seguridade social. Temos um imperativo moral de continuar pelo mesmo caminho, porque, apesar do progresso substancial que fizemos, ainda há sofrimento." Claro. Porém, como toda empresa de serviços financeiros precisa dizer em seus anúncios, "O desempenho passado não garante resultados futuros". Estamos em um mundo diferente — em 1800 ou 1900, as tecnologias em vista razoavelmente não levantavam questões existenciais. O jogo seguia em segurança.

Inovação não é algo que me assusta (como você verá quando a discussão se voltar para painéis solares), e não é que não tenhamos problemas. (Passei grande parte deste livro descrevendo o desastre iminente do aquecimento global e os sérios danos ocasionados pelo nível sem precedentes de desigualdade.) O que está em questão é se podemos lidar com esses problemas sem arriscar o significado humano que também tenho descrito. Em minha opinião, podemos. Penso que se nos afastarmos das fronteiras mais insanas da tecnologia, podemos descobrir como manter os humanos saudáveis, seguros, produtivos — e humanos.

Novamente, porém, nem todos concordam. Alguns nutrem um profundo pessimismo sobre a natureza humana, que, confesso, como norte-americano na era Trump, às vezes parece coerente. De todos os argumentos a favor do crescimento tecnológico irrestrito, o mais triste (no sentido de que simplesmente desiste dos seres humanos) vem de Julian Savulescu, professor de Oxford já mencionado. Sua proposta é importante para nossa discussão porque une as duas partes deste livro: em essência, ele afirma que a única maneira de resolver o aquecimento global antes que destrua nosso planeta é alterar geneticamente os seres humanos para que se tornem mais altruístas e dispostos a se sacrificar mais pelo bem comum. Ele argumenta que temos "uma obrigação moral de superar nossas limitações morais". Diz ele, ainda, que as pessoas, no processo evolutivo, formavam grupos de uns 150 indivíduos, que tratavam com violência quem não pertencesse a sua tribo. "Estamos longe de ser perfeitos", diz ele, mas "a ciência nos oferece a oportunidade... de superar diretamente tais limitações" ao produzir embriões que aprimoram "inteligência e autocontrole — certo nível de empatia ou capacidade de entender as emoções de outras pessoas, alguma disposição de tomar decisões de se sacrificar pelos outros", todas qualidades que "têm algumas bases biológicas".[18]

Segundo ele, as democracias, deixadas por sua conta, não têm como resolver as mudanças climáticas, "uma vez que para isso a maioria dos eleitores deveria apoiar a adoção de restrições substanciais a seu estilo de vida excessivamente consumista, e não há indicação de que eles estariam dispostos a fazer tais sacrifícios".[19] Além disso, a suspeita enraizada com relação à "gente de fora" nos impede de trabalhar juntos globalmente. E então, em face da necessidade de agir rapidamente, nos resta "melhorar moralmente" nossos filhos, com o uso de medicamentos ou, mais provavelmente, de engenharia genética, para que eles cooperem. Savulescu insiste que as mudanças serão libertadoras: "O aprimoramento moral de uma pessoa não restringe a liberdade; ele a amplia, tornando o sujeito mais capaz de superar impulsos que neutralizam o que é visto como moralmente bom." Ele teoriza: "Nosso orgulho se ressente ao reconhecer nossas deficiências morais." No entanto, temos de fazê-lo, porque as ameaças ao nosso futuro devem ser enfrentadas por "pessoas moralmente responsáveis".[20]

Esse esquema todo é praticamente semelhante à "geoengenharia da atmosfera" para impedir a mudança climática — algumas pessoas, tendo desistido de conseguir a adesão das empresas de combustíveis fósseis a métodos que melhorem sua conduta ambiental, querem bombear toda a atmosfera com enxofre para bloquear a radiação solar. Em ambos os casos, trata-se de uma solução alternativa péssima, com base na premissa de que nós, humanos, não seremos capazes de lidar com a situação. Espero que Savulescu subestime seriamente o poder da tecnologia e da democracia — do painel solar e da ação não violenta. Como veremos, temos os meios disponíveis para resolver nossos problemas antes de transformar nossos filhos em robôs santificados — o que, de qualquer forma, de nada serviria para resolver as mudanças climáticas, já que, no momento em que esses jovens moralmente aprimorados crescerem, o dano será fato consumado há muito tempo. E estou convencido de que Savulescu está errado sobre o egoísmo das pessoas, apresentando-o como o principal obstáculo para resolver as mudanças climáticas: em todo o mundo, as pesquisas mostram que as pessoas não estão apenas altamente preocupadas com o aquecimento global, mas também estão dispostas a pagar um preço para resolvê-lo. Os norte-americanos, por exemplo, disseram em 2017 que estavam dispostos a ver suas contas de energia aumentar 15% e ter o dinheiro a mais gasto em programas de energia limpa — isso está em conformidade com o tamanho dos impostos sobre o carbono pelo qual grupos nacionais estão em campanha.[21]

A razão pela qual não temos uma solução para a mudança climática tem menos a ver com a ganância das consideráveis pessoas incultas e não projetadas do que com a ganância da porcentagem quase inacreditavelmente pequena daqueles com alto poder de autoridade na questão energética. Ou seja, os irmãos Koch e os executivos da Exxon nunca estiveram dispostos a tirar uma fatia de 15% de seus lucros, não quando poderiam gastar uma parcela muito menor de seus ganhos corrompendo o debate político com uma série de mentiras e o sistema político com pacotes de dinheiro. Se você quer "melhorar moralmente" alguém, é aí que você começa — se os Grinches precisam "aumentar seu coração" [alusão ao personagem Grinch do livro escrito por Dr. Seuss. Ele é o vilão da história e tem um coração pequeno], é bastante óbvio quem deve estar no comando.

Mas não é dessa maneira que venceremos. Descobriremos como resolver os problemas que enfrentamos, dentro dos limites do jogo em que jogamos todos esses milênios. Seremos, por um tempo, verdadeiros otimistas, agindo com o pressuposto de que os seres humanos não são tão imperfeitos assim. Presumiremos que somos capazes de dar as mãos para, juntos, fazer coisas notáveis.

20

Você chega a Moshono, nos arredores da cidade tanzaniana de Arusha, por uma estrada bastante esburacada e que, à noite, está cheia de gente e quase inteiramente às escuras. A cidade fica a cerca de 64km por terra do desfiladeiro Olduvai, um dos lugares onde os antropólogos supõem que os humanos surgiram pela primeira vez, mas que até cerca de um ano atrás, Lembris Andrea contava com a luz fraca e oscilante de um lampião de querosene para iluminar a casa onde mora com a mulher e dois filhos. Hoje, graças a um pequeno painel solar em seu telhado, ele tem cinco luzes, incluindo uma na porta de metal ondulado, que ele me mostrou várias vezes. Uma "luz de segurança", disse ele. "Para afastar criminosos?", perguntei. "Sim, há crime aqui, mas também animais perigosos. Especialmente cobras, por isso é bom ter luz."

Na aldeia produtora de cacau de Daban, no norte de Gana, sentei-me com vários chefes e anciãos em cadeiras de plástico, para discutir a nova microrrede solar que, na semana anterior, começara a funcionar em seu pequeno assentamento. Estava muito quente, como sempre — estávamos a 6° do equador —, e um dos líderes locais me entregou os pequenos sacos plásticos de água que são onipresentes em toda a África Ocidental. Você apenas corta um dos cantos com os dentes e depois bebe. Agradeci pela água, mas levei 15 minutos para perceber, em meu jeito ocidental sem noção, por que o ancião da aldeia estava tão orgulhoso. Aqueles sacos plásticos estavam gelados. Isso só passou a ser possível depois que os painéis solares foram instalados na semana anterior. Pela primeira vez em Daban, havia alguma coisa que *podia* ficar fria.

Não há prosperidade em Petite Boundiale, um vilarejo rural produtor de cacau e borracha localizado na região central da Costa do Marfim: muitas das poucas placas de propaganda na rodovia próxima anunciam facões, e as crianças se divertem empurrando velhos pneus de moto com gravetos. Mas a eletricidade chegara, via painel solar, alguns meses antes da minha visita, e com isso uma pequena multidão se reunia no pátio da pequena casa de Naore

Abou para assistir à tela plana de 19 polegadas que ele colocara em um banco. O que ele gosta de assistir? Futebol, claro. (A vila divide-se entre Manchester United e Liverpool, com alguns torcedores do Real Madrid). Mas gosta ainda mais do canal National Geographic — isto é, o meio de comunicação eletrônico de uma instituição que fez fortuna mostrando imagens de vilas africanas remotas.

A energia solar é um milagre, ou pelo menos perto disso o suficiente para nossos propósitos. Tal como a engenharia genética e a inteligência artificial, ela tem raízes na ciência do século XIX, mas amadureceu no século XX e ganhou velocidade de decolagem no início do novo milênio. Na Feira Mundial de St. Louis de 1904, que também foi o lugar de estreia do club sandwich, do cachorro-quente, do algodão-doce e da casquinha de sorvete, Andrew Carnegie assistiu a um padre português demonstrar um "helióforo", que concentrava a luz do sol para produzir temperaturas de 6.000 °C. Essa visão permaneceu na mente de Carnegie — suas siderúrgicas usavam, de longe, a maior parte do suprimento de carvão do mundo, e ele previu que a melhor esperança para o futuro da humanidade estava no "motor solar", cujos "raios tornam o globo habitável, e ainda podem produzir energia por meio de mecanismos solares".[1] Somente em 1954, no entanto, o pessoal da Bell Labs conseguiu fabricar e colocar em funcionamento uma célula solar para gerar eletricidade, e era algo tão cara, que, no princípio, seu único uso foi nos primeiros satélites em órbita. Aproveitando a mesma curva de aprendizado que Kurzweil encontrou com a energia computacional, os fabricantes de energia solar observaram uma queda de preço — de fato, o custo da energia solar, de US$100/watt na década de 1960, caiu para menos de US$0,30/watt em 2018, tornando-a a maneira mais barata de gerar eletricidade em grande parte do mundo. Não é mais preciso escavar ou perfurar o solo em busca de carvão, gás ou petróleo para, em seguida, enviá-los a uma usina para queimar em alta temperatura e, então, usar o calor para girar uma turbina e depois levar a corrente elétrica a uma rede de distribuição remota e, finalmente, adaptá-la para uso doméstico. Agora você pode apontar um painel de vidro para o céu e fazer fluir luz, frio e informações. Isso é mágica à altura de Hogwarts.

Há muito me dei conta dos benefícios ambientais do painel solar, é claro. Faz 30 anos que os ambientalistas explicam que precisamos substituir os combustíveis fósseis por fontes de energias renováveis para impedir que o carbono preencha a atmosfera. Mas não compreendi de verdade o poder de um painel solar para mudar vidas até chegar recentemente à zona rural da

África para fazer uma reportagem. Existem hoje tantos humanos vivendo sem eletricidade quanto na época antes de Thomas Edison acender sua primeira lâmpada, e a maioria deles está na África. Enquanto na Europa, América do Norte e América do Sul o abastecimento de energia elétrica é quase total, e a Ásia caminha rapidamente na mesma direção, o número absoluto de africanos sem energia continua aumentando à medida que o crescimento da população contraria os esforços (mínimos) das empresas de serviços públicos do continente — um relatório do Banco Mundial publicado em maio de 2017 previa que, com base nas tendências atuais, ainda poderia haver meio bilhão de africanos sem energia elétrica até 2040. Isso porque o custo de construção e manutenção das redes convencionais é elevado, e a África é pobre.

"Acreditávamos que a rede dos EUA seria construída aqui", disse Xavier Helgesen, CEO de uma das startups mais dinâmicas, a Off-Grid Electric. "Mas os EUA são o país mais rico da Terra, e a infraestrutura para o fornecimento de energia elétrica era parcial até os anos 1940, e isso foi em uma era de cobre barato para fios, madeira barata para postes, carvão barato e capital barato. Hoje nada disso é barato, pelo menos por aqui." Mas a energia solar subitamente se tornou acessível. E então, tal como a disseminação de telefones celulares baratos uma década atrás significava que a África poderia dispensar a instalação de telefonia fixa, a energia solar poderia permitir que o continente ultrapassasse pelo menos algumas das formas tradicionais de geração de energia. Em última análise, é o que os gurus dos negócios chamam de disrupção, e tem sido um atrativo para empreendedores com ambições maiores que a próxima funcionalidade do Snapchat. Helgesen, por exemplo. Alto, cabelos lisos e compridos, ele poderia ser o baixista de uma banda indie, mas sua camiseta da Y Combinator desmente essa possibilidade. Na verdade, ele não teve nenhuma passagem profissional na incubadora mais famosa do Vale do Silício (sua esposa teve), mas essa é a linhagem dele, a mesma que produziu o Airbnb e também a empresa que deseja embalsamar seu cérebro para que você possa ser digitalizado e reimplantado em um android. A camiseta da Y Combinator diz: "Faça Algo que as Pessoas Desejam", o que praticamente define a energia solar barata. Os africanos estão desesperados por eletricidade.

Kim Schreiber, diretora de comunicação da Off-Grid, sussurra para mim: "É assim que a revolução solar começa." E completa: "Uma reunião de vendas importante de cada vez." Ela, eu e Max-Marc Fossouo, o gerente de vendas da empresa, nos espremeemos em um banco no quintal de uma cabana na vila de Grand-Zattry, na Costa do Marfim, que não é tão grande assim.

Estamos ouvindo a argumentação de vendas de Seko Serge Lewis, um dos mais novos vendedores da empresa. Dois cães da vila rosnam e brigam ali por perto; uma scooter passa com, não sei como, seis pessoas a bordo. Ao nosso lado no quintal, uma mulher usa uma tábua de lavar para a roupa que está em um balde — é o marido dela que o vendedor tenta persuadir. Ele mostra fotos no celular de outros clientes da vila com quem já conversou.

"Isso é para criar confiança", me diz Fossouo no pé do ouvido. No processo de vendas, que dura uma hora, ele explica tudo detalhadamente. "Esse cliente está na defensiva. Confia, mas está indeciso. Seja como for, tenho certeza de que o responsável pela decisão está ali, lavando roupa."

Fossouo nasceu em Camarões e estudou em Paris, mas sua verdadeira educação parece ter vindo dos sete verões que passou nos Estados Unidos vendendo livros para a Southwestern Publishing, um titã do marketing de porta em porta em Nashville. (Rick Perry é outro ex-aluno, assim como Ken Starr.) "Atuei em Los Angeles por anos", disse ele. "'Olá, meu nome é Max. Sou um estudante universitário meio doido, vim da França e estou ajudando famílias na educação de seus filhos. Conversei com seus vizinhos A, B e C e gostaria de conversar com você. Posso entrar e me sentar um pouco?'" Vendas são todas iguais, ele insiste: "Tudo começa com uma pessoa que compreende que tem um problema. Alguém pode viver no escuro, mas não entende que é um problema. Assim, você tem que mostrar a ele. Então precisa criar um senso de urgência em gastar dinheiro para resolver o problema agora."

Depois de uma hora tentando, Serge não consegue fazer a venda — o homem está com o rosto corado, preocupado com o fato de não conseguir pagar as prestações mensais no pequeno intervalo de tempo antes da próxima colheita de cacau. "Isso é balela", Max sussurra, apontando novamente para a esposa curvada sobre a roupa. "Ele ama essa mulher. Ele pode mudar o mundo por ela." Assim, conforme avançamos para o próximo quintal, Max assume o controle, para poder demonstrar sua técnica a um Serge ligeiramente envergonhado. O possível cliente é um fazendeiro e professor, e nos acomodamos em sua sala de aula, na qual há algumas mesas baixas com lousas — literalmente, *pedaços* de lousa — em cima. Max rapidamente descobre que o homem tem duas esposas e começa a falar o nome delas de forma liberal durante a conversa. "Sem pressão. Tudo bem. Não quero vender nada para você", diz ele, enquanto seguem as etapas familiares para quem já viu um infomercial. De início, Max pede para que o homem liste tudo o que está gastando agora em energia: querosene, baterias de lanterna, até o dinheiro do gás da scooter que ele pega emprestada para viajar para a próxima vila quando precisa recarregar o celular. Depois, ele mostra o que a Off-Grid oferece: um rádio (*"bem potente"*) e quatro pontos de luz, cada um com um interruptor que regula a luminosidade. "Onde você colocaria a lâmpada? Na porta da frente? Claro! E a luz intensa no meio da sala, para quando você der uma festa, todos possam enxergar bem. Agora me diga, se você fosse ao mercado comprar tudo isso, quanto custaria?"

O cliente resiste, mas Max tenta tática após tática. "Você tem que pensar grande aqui. Quando conversei com seu chefe, ele disse: 'Não pense pequeno.' Se seu filho pudesse ver as notícias na TV, ele talvez diria: 'Eu também posso ser presidente'".

"Isso é ótimo", diz o homem. "Sei que você está tentando nos ajudar. Eu só não tenho dinheiro. A vida é difícil, tudo é muito caro, às vezes passamos fome."

Max assente, pensativo. "E se eu lhe oferecesse uma maneira de pagar por isso sem que um dólar sequer saísse de seu bolso. Se você adquirir um sistema, as pessoas pagarão para você carregar seus telefones. Ou, se tivesse uma TV, poderia cobrar para que as pessoas assistissem aos jogos de futebol."

"Eu não poderia cobrar para alguém assistir a um jogo", diz o homem. "Aqui, somos todos uma grande família. Se alguém é rico o bastante para ter uma TV, todos são bem-vindos."

Mais uma hora que também termina sem uma venda; Max, porém, não está muito preocupado. "São necessárias duas ou três abordagens em média", diz ele. "É preciso sempre deixar a pessoa se sentir bem por você ter passado por ali. Esse homem quer, agora, terminar de construir sua casa; isso é pesado para ele, mas não será por muito tempo." De fato, enquanto conversamos, a pessoa da primeira tentativa se aproxima de nós novamente, pedindo um folheto e o número do telefone. Sua esposa, ele diz, está muito interessada.

Parte de mim está feliz que esses dois homens tenham recusado, ao menos por enquanto. Por uma hora, o que é inédito em suas vidas, eles estão na posição que a maioria dos ocidentais ocupa quase sempre: a de um cliente em potencial sendo cortejado. Trata-se de uma postura muito diferente de ficar suplicando para um governo, e é acompanhada de um certo poder e dignidade inegáveis. E, na maioria das vezes, a venda por fim acontece.

De volta à capital regional de Soubré, observo por alguns instantes o vendedor marfinense campeão da Off-Grid concluir seu terceiro contrato da manhã, com o objetivo de fechar nove no dia. Ele é alto e bonito em seu jeans de grife e camisa no estilo dashiki que mandou fazer nas cores da empresa. Chama-se Jean Anoh, mas decidiu que esse nome é "muito antigo, muito suave". "Pode me chamar de Stevens Ironman, o Magnífico e Incansável", diz ele — entre as conversas com os clientes em potencial, ele confere no celular a classificação constantemente atualizada do campeonato de vendas da Off--Grid em todo o continente e o bate-papo informal pelo WhatsApp com seus concorrentes na Tanzânia.

A chegada súbita de algo tão profundo quanto a eletricidade traz uma mudança inevitável às comunidades, desde quanto tempo as pessoas dormem até o que comem e a estrutura de vida da aldeia. A eletricidade recém-chegada foi utilizada de formas que agradaram a todos: conheci meninas de cinco anos estudando o alfabeto em cadernos iluminados pelo brilho novo e fulgurante de uma lâmpada de LED. E quando as baterias dos celulares dos agricultores estão carregadas, eles podem obter boletins meteorológicos diários do Farmerline, um serviço de informações de Gana que usa GPS para personalizar as previsões. "Se um fazendeiro coloca fertilizante no campo e depois chove, ele perde o fertilizante, que escorre com a água", diz Alloysius Attah, o jovem empresário que fundou o serviço. "Os agricultores dizem que não podem mais prever a chuva sozinhos. Minha tia sabia ler as nuvens, os pássaros voando, mas o padrão habitual das chuvas mudou."

Pense na porcentagem de energia elétrica da sua casa que você usa por mero deleite. Não é diferente na África. Conheci adolescentes deitados no chão assistindo a filmes repletos de explosões, e seus irmãos e irmãs mais novos curtindo desenhos intermináveis. Perguntei a uma jovem mãe da Tanzânia a que sua filha de quatro anos assistia, e a resposta, após várias camadas de tradução, foi "N'klodin" — ou seja, Nickelodeon. "Nosso aplicativo matador é definitivamente a televisão", disse Schreiber. "Se a de 24 polegadas estiver em falta, muitas pessoas deixam de comprar". Uma mãe em uma vila ganense explicou que a TV "mantém as crianças em casa à noite, em vez de perambularem por aí".

"Você deve desligar a televisão para que eles estudem", disse um senhor sem dentes, sacudindo o dedo. Mas quando perguntei qual era o programa mais popular, ele e todos imediatamente começaram a rir, em concordância. "*Kumkum*", gritavam as pessoas. *Kumkum Bhagya*, uma novela indiana, vai ao ar todas as noites das 19h30 às 20h30, período em que a vida entra em suspensão. Vagamente baseada em *Razão e Sensibilidade*, de Jane Austen, passa-se em um salão para festas de casamento em Punjabi. "Os chefes recomendaram que todos assistissem, pois o programa trata do modo como os relacionamentos são construídos", disse o chefe da Kofihuikrom. "Muitos casamentos enfrentam problemas."

De um jeito ou de outro, as mudanças profundas acontecem aos poucos. O mundo desenvolvido teve 200 anos para praticamente absorver o que agora está chegando à zona rural da África, com atraso, mas quase da noite para o dia.

A rápida disseminação de energia renovável pelo mundo em desenvolvimento irritou sobremaneira os executivos das indústrias de combustíveis fósseis. Em sua luta para preservar suas marcas diante do crescente clamor ambiental, passaram a explorar um assunto susceptível a discussões e problematizações: a "pobreza energética". A indústria do carvão, em particular, se apresentou como a solução para a falta de energia na África. A Peabody, por exemplo, a maior das produtoras de carvão, divulgou um "Plano para Eliminar a Pobreza e a Desigualdade Energética", enaltecendo seu produto como "o único combustível sustentável com a escala necessária para atender às necessidades de energia primária das populações em crescimento do mundo." Como um comentarista explicou: "Em vez de um símbolo sujo de poluição, a gigante do carvão pretendia assumir uma nova feição, a de libertadora dos pobres do mundo, uma maneira de sair da escuridão."[3] A conversa sobre "pobreza energética" logo foi reproduzida pelos irmãos Koch e por Rex Tillerson, da Exxon, antes de partir para sua breve carreira no governo Trump: pressionado por ativistas ambientais em uma reunião anual de acionistas, ele reagiu com um breve sermão sobre desigualdade energética, concluindo: "O que há de bom nessa coisa de salvar o planeta se a humanidade sofre?"[4]

Mas, claro, painéis solares não fazem a humanidade sofrer. Exatamente o contrário — em comunidades sem iluminação, sem refrigeração e desinformadas por combustíveis fósseis por 200 anos, os painéis solares ligaram a energia de um dia para o outro. Em meados desta década, as energias renováveis forneciam muito mais "novo acesso à eletricidade" do que os combustíveis fósseis, e especialistas calculavam que o cumprimento dos Objetivos de Desenvolvimento Sustentável da ONU requeria que cerca de 90% das novas conexões "viessem do Sol".[5]

Pode-se realizar a mesma mágica solar no mundo desenvolvido, é verdade, mas ali as complicações são de outra ordem. Por um lado, as pessoas usam muito mais energia. É preciso um teto cheio de painéis para administrar minha casa e, mesmo assim, no escuro do inverno, recorro à rede maior — um bom lembrete de que conservação e eficiência energética são tão importantes quanto a nova fonte. Enquanto isso, a própria existência dessa rede diminui o impulso de colocar esses painéis: quase todos nós temos acesso à energia altamente confiável o tempo todo. E, como vimos, as empresas de serviços públicos que a fornecem não querem que mudemos — elas estão dispostas a usar seu dinheiro e influência para diminuir drasticamente a tendência pela energia renovável.

Mas nós *poderíamos*. O sol brilha em todos os lugares, e, quando não, o vento normalmente está soprando. Os estudos mais recentes, de laboratórios como o de Mark Jacobson em Stanford, deixam claro que todas as grandes nações do planeta poderiam obter, até 2030, cerca de 80% de sua energia a partir de fontes renováveis a preços muito mais baixos do que os de arcar com os danos causados pelas mudanças climáticas. Os números de Jacobson são notavelmente detalhados: no Alabama, por exemplo, os telhados residenciais oferecem um total de 59,7km² posicionados na direção certa para a instalação dos painéis solares e sem que árvores projetem sombra neles. Deseja saber quanto vento sopra pelas estepes da Mongólia? Eles podem lhe dizer. Até uma década atrás, os céticos insistiam que as energias renováveis sempre seriam algo marginal e que eram muito caras. Mas os engenheiros fizeram o que os engenheiros fazem: aprimoraram tudo, desde prever a intensidade do vento até permitir que painéis e turbinas individuais se comuniquem diretamente com a rede. Em 2017, o especialista em energia Dave Roberts escreveu: "Depois de cair 65% entre 2009 e hoje, os custos da energia eólica podem cair outros 50% até 2020. Isso é incrível." Não há necessidade de um avanço tecnológico mágico. Tudo de que se precisa é que "a energia eólica e solar continuem nesse caminho — continuem aumentando, melhorando, ficando cada vez mais baratas — aproximadamente na mesma proporção até agora".[6] Não é que a energia renovável seja nossa única tarefa. Também precisamos diminuir o que comemos dentro de nossa cadeia alimentar, construir redes de transporte público, adensar as cidades e começar a cultivar de maneiras que restaurem o carbono no solo. A energia renovável, entretanto, pode ser a tarefa mais fácil, especialmente porque ficou tão barata de repente. O processo de fabricação de painéis solares se tornou tão eficiente, que eles restituem a energia utilizada para fabricá-los em menos de quatro anos. Como duram três décadas, isso significa 1/4 de século de operação livre de poluição.[7]

Os dados mais recentes vêm de pesquisadores finlandeses e alemães e mostram o impacto que a rápida diminuição dos preços das baterias dos painéis tiveram nesses cálculos. Esses pesquisadores descobriram que, em 2050, a energia solar e a energia eólica poderão fornecer 69% e 18%, respectivamente, do total de energia, sendo o restante proveniente principalmente de barragens hidrelétricas. Nesse processo, seriam criados 36 milhões de novos empregos, e o custo por megawatt/hora cairia dos atuais US$82 para US$61. O autor principal do estudo, Christian Breyer, afirma o seguinte: "A transição energética não é mais uma questão de viabilidade técnica ou econômica, mas de vontade política."[8] Outros economistas insistem que seria mais barato e mais rápido se houvesse alguma energia nuclear na matriz energética, mas o ponto principal é bastante claro. Se os seres humanos quisessem, poderiam descobrir como nos livrar da desordem climática ao obter a maior parte de nossa energia a partir do vento e do Sol. Provavelmente não há um único passo que contribuiria mais para prolongar o jogo humano por outra geração, para passar a tocha (solar) aos nossos filhos e netos.

Sim, seria preciso ter muitas fábricas para produzir milhares de hectares de painéis solares, e turbinas eólicas ao longo de campos de futebol, e milhões e milhões de carros e ônibus elétricos. Mas aqui, novamente, os especialistas já começaram a fazer as contas. Tom Solomon, um engenheiro aposentado que supervisionou a construção de uma das maiores fábricas nos últimos anos, a gigantesca Rio Rancho da Intel no Novo México, pegou os dados de Stanford e calculou quanta energia limpa os EUA precisariam produzir até 2050 para substituir completamente os combustíveis fósseis. A resposta: 6.448 gigawatts. "Em 2015, instalamos 16 gigawatts de energia limpa", diz Solomon. "Nesse ritmo, levaria 405 anos, o que é muito tempo."[9]

Então Salomon fez as contas para saber quantas fábricas seriam necessárias para produzir 6.448 gigawatts de energia limpa nos próximos 35 anos. Ele começou analisando a grande nova fábrica de painéis solares da Tesla em Buffalo. "Ela está sendo chamada de gigafábrica", diz Solomon, "porque os painéis que constrói produzirão um gigawatt de energia solar por ano". Usando essa usina como parâmetro, Solomon calcula que os Estados Unidos precisam de 295 fábricas solares de tamanho similar (aproximadamente seis por estado) para derrotar as mudanças climáticas, além de um esforço semelhante para turbinas eólicas.

Os Estados Unidos se mobilizaram nessa escala uma ocasião antes, e foi a última vez que enfrentamos o que parecia ser um inimigo existencial. Após o ataque a Pearl Harbor, a maior instalação industrial do mundo sob um único teto emergiu em seis meses, perto de Ypsilanti, Michigan; Charles Lindbergh a chamou de "Grand Canyon do mundo mecanizado". Em poucos meses, ela produzia um bombardeiro B-24 Liberator por hora. Bombardeiros! Aviões enormes e complicados, infinitamente mais intrincados do que painéis solares ou lâminas de turbinas — cada um com 1.225.000 peças e 313.237 rebites. Nas proximidades, em Warren, Michigan, o exército dos EUA construiu uma fábrica de tanques mais rápido do que a usina de energia para executá-la — então simplesmente rebocou uma locomotiva a vapor em uma extremidade do edifício para fornecer calor e eletricidade. Essa fábrica produziu mais tanques do que os alemães construíram durante todo o curso da guerra.

E não eram apenas armas. Em outro canto do Michigan, uma empresa de radiadores firmou um contrato envolvendo mais de 20 milhões de capacetes de aço, enquanto a empresa que fornecia o tecido para os bancos dos carros da Ford passou a produzir paraquedas. Nada foi desperdiçado: quando as montadoras interromperam a fabricação de automóveis durante a guerra, a General Motors constatou que havia milhares de cinzeiros do modelo 1939 empilhados no estoque. Eles, então, foram enviados para Seattle, onde a Boeing os colocou em bombardeiros de longo alcance rumo ao Pacífico. A Pontiac fez armas antiaéreas; a Oldsmobile produziu canhões; a Studebaker construiu motores para os bombardeiros Fortaleza Voadora; a Nash-Kelvinator produziu hélices para a britânica De Havilland; a Hudson Motors fabricou asas para caças Helldivers e P-38; destruidores de tanque foram fabricados pela Buick; a Fisher Body construiu milhares de tanques M4 Sherman; e a Cadillac produziu mais de 10 mil tanques leves. E isso era apenas Detroit. O mesmo tipo de mobilização industrial ocorreu em todos os Estados Unidos.

Se, como prevê a proposta visionária do Green New Deal, fizermos algo assim novamente, em nome da interrupção da mudança climática, em vez do fascismo, não precisaremos matar uma única alma. Na verdade, estaremos salvando um grande número de vidas que, de outra forma, seriam perdidas não apenas em função do aquecimento global, mas por respirar a fumaça da combustão de combustíveis fósseis. (Os dados globais mais recentes mostram que o cumprimento das metas climáticas mais ousadas estabelecidas nas negociações de Paris salvaria 150 milhões de vidas, ou aproximadamente o dobro do número de pessoas vitimadas na Segunda Guerra Mundial.)[10] E não teríamos de fazê-lo mediante uma competição mortal com o restante do globo; trata-se de uma oportunidade de cooperação em uma nova escala, lado a lado com a tecnologia. (Nesse ponto, a China claramente precisaria fornecer uma boa parte de sua força manufatureira e expertise.) Em vez de cada um de nós termos de nos sacrificar, poderíamos morar em casas mais acessíveis e confortáveis, economizando o suficiente em combustível para pagar a mudança.

A ideia de economizar dinheiro à medida que avançamos nesse caminho lhe parece animadora? Rutland, Vermont, é um lugar desagradável — figurou na primeira página do *New York Times* como o marco zero da epidemia de heroína da Nova Inglaterra —, mas presenciei lá cenas tão notáveis e comoventes quanto qualquer outra em Gana ou na Tanzânia. Sara e Mark Borkowski moram em Rutland com suas duas filhas, em uma casa centenária de 140m². Mark é motorista de um ônibus escolar, e Sara trabalha como auxiliar escolar. O custo de aquecimento e refrigeração da casa durante o ano consome boa parte da renda deles. Recentemente, no entanto, convencidos pela Green Mountain Power, a principal prestadora de energia elétrica do estado, os Borkowski decidiram reformar as instalações elétricas de sua residência. Durante vários dias, equipes de trabalhadores colocaram um novo isolamento por toda a casa e instalaram nela uma bomba de calor para a água quente e outras duas para distribuir ar aquecido. Também trocaram todas as lâmpadas por LEDs e fixaram um pequeno painel solar no telhado de ardósia da garagem. Os Borkowski pagaram pelas melhorias, mas a concessionária financiou os encargos por meio da conta de luz, que diminuiu no primeiro mês. Antes da reforma, de outubro de 2013 a janeiro de 2014, os Borkowski usavam 3.411kWh de eletricidade e 325 galões de óleo combustível. De outubro de 2014 a janeiro de 2015, o consumo foi de 2.856kWh de eletricidade e nenhum óleo. Reduziram a pegada de carbono de sua casa em 88% em questão de dias e sem custo líquido. Se você multiplicar esses tipos de pequenas mudanças em muitas famílias, o resultado é recompensador.

A Green Mountain Power, a propósito, foi a primeira concessionária a subsidiar a compra de baterias Tesla Powerwall por seus clientes. Dois mil residentes em Vermont as instalaram, e quando uma terrível onda de calor em meio ao verão de 2018 assolou a região, a GMP foi capaz de aproveitar a corrente que haviam armazenado — o que economizou aos contribuintes do estado US$0,5 milhão em uma única semana, em comparação ao custo de comprar energia de fora.[11] O mesmo tipo de mudança é possível em qualquer lugar, em quase qualquer escala. No sul da Austrália, em 2018, a Tesla anunciou planos para construir a maior "usina virtual" do mundo, cobrindo os telhados de 50 mil casas com painéis solares que serão interligados para suprir a rede. Os painéis estão sendo instalados inicialmente nas residências cujos financiamentos são subsidiados por recursos públicos, reduzindo em um terço as contas de energia dos moradores.[12]

Veja bem, não estamos falando de abrigos em Aspen, construídos com tijolos de adobe e pneus velhos por ex-executivos de software que se converteram à consciência planetária em eventos de contracultura como o Burning Man. A casa dos Borkowski não poderia ser mais comum: nos quartos das meninas, as camas são cobertas com colchas do *Frozen*, e na parede estão cartazes do One Direction, além de dois coelhos e um periquito chamado Oliver. A família não tinha nenhum interesse particular no meio ambiente: "Se não está no Disney Channel, não fico sabendo", Sara me disse. A casa fica em um bairro nada pitoresco, em uma cidade famosa por seus drogados. A importância dela está em sua não excepcionalidade. Se é possível tornar uma casa como essa sustentável de forma acessível, deve-se ser capaz de fazer isso em qualquer lugar, e assim, uma das grandes ameaças ao jogo humano será parcialmente neutralizada.

21

A energia solar é um avanço interessante, pois é menos potente que o combustível que substitui e, de certa forma, mais difícil de usar. Carvão, petróleo e gás podem ser reunidos em determinados lugares e transportados ao redor do mundo, já sol e vento têm que ser coletados em 1 milhão de locais diferentes e depois compartilhados em toda a rede; a energia renovável é onipresente, mas também difusa, distinta de um conjunto de energia química concentrada em um pedaço de carvão ou em um litro de petróleo.

Essas limitações, contudo, também vêm acompanhadas de vantagens reais e compensatórias. Ainda que algumas pessoas enriqueçam instalando aerogeradores e painéis solares, elas não ganham dinheiro na escala da Exxon, porque não se pode cobrar pelo Sol. (É essa a razão pela qual a Exxon odeia a energia solar: você instala um painel solar e a energia é *gratuita*, algo que para a mente corporativa é o plano de negócios mais estúpido de todos os tempos.) O dinheiro gasto em energia permanece no país; não há como os irmãos Koch se tornarem os cidadãos norte-americanos mais ricos e poderosos simplesmente transportando combustível de um lado para o outro.

Nesse sentido, a energia solar poderia ser uma tecnologia de *restauro*, social e ambiental. Assim como ajuda a limpar a atmosfera, pode contribuir para reduzir aquela parcela da desigualdade oriunda do controle dos depósitos de petróleo e gás. Em nenhum dos casos ela pode fazer o trabalho inteiramente: existem outras fontes de desigualdade, tal como a criação de gado e o corte de florestas contribuem para os danos climáticos ao lado das usinas de energia. Mas é um começo. E, assim, o fato de não representar um avanço espetacular do poder humano é um atributo e também um defeito — ela se encaixa melhor no jogo humano.

O mesmo se aplica à não violência, a outra "tecnologia" que quero apresentar como uma esperança prática. Na verdade, ela trabalha em conjunto com inovações como painéis solares, porque, se quisermos construir a vontade política de implantar a energia renovável com rapidez suficiente, precisaremos de uma força coletiva considerável para remodelar o "zeitgeist". Esse é o trabalho dos movimentos.

Quase por definição, a não violência é imediatamente menos poderosa do que as forças (violência, coerção) que deseja substituir. (Os manifestantes desarmados sempre podem ser mortos, e muitos foram.) A violência é consagrada pelo tempo — há milênios é a ferramenta utilizada pelos humanos para resolver suas diferenças. Quando a história precisava sair da mesmice institucionalizada, muitas vezes o único pé de cabra para alavancar uma mudança disruptiva era uma revolução de algum tipo, travada com quaisquer armas que se pudesse obter. Não há necessidade de considerar isso como algo abominável, assim como não precisamos pensar que queimar carvão no século XX seja algum tipo de crime. Cresci em Lexington, Massachusetts, e durante todo o verão fui guia no local onde a primeira batalha da Guerra da Independência dos EUA foi travada. (De fato, olhando em retrospecto, percebe-se que foi a primeira batalha contra o maior império que o mundo já conheceu.) Os Minutemen [colonos norte-americanos] exigiam uma democracia real, embora imperfeita. Ao capitão Parker e seus homens desarmados, as honras.

Porém, três gerações depois, há 13km de Lexington, na cidade de Concord, outra ideia sobre resistência começou a emergir da mente intrincada de Henry Thoreau. Em 1846, ele deixou a cabana em Walden Pond, na qual sua permanência temporária seria mais tarde celebrada, e foi dar uma volta pela cidade. Lá, cruzou com Sam Staples, policial e cobrador de impostos em Concord, que o lembrou de que ele não havia pagado a taxa anual exigida de todos os homens entre 20 e 70 anos. É verdade, disse Thoreau, ele não o tinha feito, porque, como abolicionista, "não posso, nem por um instante, reconhecer como meu governo essa organização política que é também o governo do escravo". Então ele foi levado para a prisão e passou a noite lá. Dizem que seu amigo Ralph Waldo Emerson o visitou e perguntou por que ele estava na cadeia, apenas para ouvir outra pergunta: "Por que você não está?" De qualquer forma, como Thoreau escreveu mais tarde, ele estava pensando em soluções que iam bem além das simples regras democráticas pelas quais seus ancestrais da Nova Inglaterra haviam lutado:

Vote de modo integral, não apenas em uma tira de papel, mas com toda sua influência. Uma minoria é impotente enquanto está em conformidade com a maioria; nem sequer é uma minoria; mas é irresistível quando impõe todo o seu peso. Se a alternativa for manter todos os homens justos na prisão ou desistir da guerra e da escravidão, o Estado não hesitará em escolher. Se mil homens não pagassem seus impostos este ano, isso não seria uma medida violenta e sangrenta, como seria pagá-los e permitir ao Estado cometer violência e derramar sangue inocente. Essa é, de fato, a definição de uma revolução pacífica, se é que tal coisa é possível.[1]

Introvertido e um tanto quanto antissocial, Thoreau não estava disposto a organizar pessoas. Sua ideia era suficientemente quixotesca para que quase ninguém, incluindo os fervorosos abolicionistas a seu redor, seguisse sua liderança. E a questão da escravidão, é claro, foi resolvida apenas por uma guerra tão sangrenta quanto qualquer uma na história norte-americana.

Contudo, se a princípio o mundo prestou pouca atenção a Thoreau, o tempo amplificou sua ideia. Tolstoi leu e escreveu sobre ele; por meio de Tolstoi, Gandhi conheceu seu ensaio, o qual, disse ele em 1907: "Fora escrito para todas as épocas. Sua lógica incisiva é incontestável." Os grandes "experimentos com a verdade" de Gandhi ocuparam grande parte do próximo meio século, e embora tenham chegado tarde demais para impedir as duas guerras mundiais, acabaram por expulsar os britânicos da Índia. O trabalho que os Minutemen começaram com mosquetes no gramado de Lexington, Gandhi e seus seguidores terminaram com sua coragem nas salinas de Gujarat — e então o Dr. King [Martin Luther King] adaptou essas técnicas para enfrentar alguns dos males que a Guerra da Independência dos Estados Unidos havia institucionalizado.

Quando digo "não violência", não quero dizer apenas, ou mesmo principalmente, os atos dramáticos de desobediência civil que acabam em prisão ou em espancamento. Refiro-me à ampla variedade de organizações que visam construir movimentos de massa cujo objetivo é mudar o "zeitgeist" e, portanto, o curso da história. (De fato, Gandhi deixou claro que sua filosofia também incluía "trabalho construtivo" para erguer economias locais. Na época, o símbolo principal era a roda de fiar, mas agora seu antigo ashram [comunidade voltada à evolução espiritual] em Sevagram possui não apenas painéis solares, mas também um biodigestor que produz gás de cozinha a partir de esterco de vaca.) Esse movimento difere da política normal, da luta diária por vantagens comparativas dentro do sistema vigente e pelas pequenas modificações desse sistema (reduções de impostos, por exemplo) que estão em conformidade com as correntes dominantes da opinião pública. Em vez disso, estou pensando em dramas como a luta pelo sufrágio, ou contra as leis de Jim Crow [leis estaduais que institucionalizaram a segregação racial], ou pelo casamento gay — cada um deles exigindo seu próprio e amplo movimento que transitava do eleitoral ao ilegal e cujo foco era mais a mudança cultural do que obter vitórias legislativas apertadas. Um dos melhores teóricos da não violência foi Jonathan Schell, que, com seu livro *O Destino da Terra*, sugeriu que as armas nucleares, de tão poderosas, tornavam as guerras invencíveis. Em um livro subsequente, *The Unconquerable World* ["O Mundo Inconquistável", em tradução livre], ele aprofundou a ideia. A violência era crescentemente disfuncional, escreveu ele, e "formas de ação não violenta podem ocupar eficazmente o lugar da violência em todos os níveis dos assuntos políticos". Ou, mais eloquentemente, era o método pelo qual "*os muito ativos podem sobrepujar os poucos impiedosos*".[2]

Acredito, como já disse antes, que a não violência é uma das invenções que marcam nossa época — talvez, se tivermos sorte, a inovação pela qual os historiadores mais reverenciam o século XX. Nem todos, porém, concordam. De fato, para os mais pragmáticos, parece mais uma crença. O futurista Yuval Hariri disse que era difícil escolher a maior descoberta do século XX. Antibióticos, talvez? O computador? "Agora, pergunte a si mesmo qual foi a descoberta influente... das religiões tradicionais no século XX. Esse também é um problema muito difícil, porque há poucas alternativas."[3] Seu sarcasmo é equivocado. É verdade que a não violência não emergiu diretamente da religião e, de fato, às vezes a subverteu — algumas das maiores campanhas de Gandhi visavam à duradoura discriminação de castas do hinduísmo. Mas mahatmas e ministros definitivamente lideraram no desenvolvimento desse tipo de resistência, e em sua essência há uma visão espiritual que pelo menos alude ao Sermão da Montanha. Essa é a ideia de dar a outra face, assumir sofrimento não merecido, voltar nossa simpatia para os fracos, em vez de nossa obsequiosa admiração aos fortes. Mesmo no que parece ser o mundo mais prático do ambientalismo, montes de pesquisas e dados não são decisivos: a luta pelas mudanças climáticas não é, afinal, uma discussão sobre a absorção de infravermelhos na atmosfera, mas sobre poder, dinheiro e justiça. A indústria geralmente vence, uma vez que ela tem a maior parte desse dinheiro e, portanto, a maior parte desse poder — a menos, é claro, que surja um movimento capaz de mudar corações e mentes.

Esse movimento emergiu no final da década de 1960, após a publicação de *Primavera Silenciosa*, de Rachel Carson, em meio a rios em chamas e cidades sufocadas pela poluição. Mas pouco progrediu até o Dia da Terra, em 1970, quando 20 milhões de norte-americanos (10% da população) participaram de manifestações em todos os cantos do país. Essa demonstração de preocupação sem precedentes (e algumas derrotas eleitorais subsequentes para políticos ligados a poluidores) abalou Washington. Com o habitual equilíbrio de poder revertido, por alguns anos as grandes empresas perderam uma batalha após a outra: politicamente acuado, Richard Nixon, de modo algum um ambientalista, não teve outra escolha a não ser assinar as leis Clean Air, Clean Water e Endangered Species [em tradução livre e respectivamente: leis do "Ar Limpo", "Água Limpa e "Espécies Ameaçadas de Extinção"] e outras leis ambientais ainda em vigor.

O sucesso, entretanto, pode solapar os movimentos. As organizações que haviam tomado as ruas agora se retiravam para os grandes escritórios de Washington, onde se concentravam para fazer lobby. Essa estratégia funcionou por um tempo, porque aquele primeiro Dia da Terra havia colocado carga suficiente na bateria para acionar um motor potente por uma década ou duas. Essa energia, porém, começou a minguar e, por fim, o poder do dinheiro se reafirmou. Com o governo George W. Bush, as companhias de petróleo estavam de volta ao controle, capazes de diminuir qualquer chance de progresso em relação às mudanças climáticas. Após a eleição de Barack Obama, um Congresso com maioria do Partido Democrata não aprovou nem uma modesta legislação de limitação da emissão de carbono para combater o aquecimento global. E com isso alguns decidiram que havia chegado o momento de tentar reconstruir o movimento de rua, para que tivéssemos a chance de vencer a luta e a discussão.

Muitas pessoas em muitos lugares desempenharam vários papéis nesse ressurgimento — em especial as que estão nos lugares mais pobres e mais duramente afetados pela mudança ambiental. Para alguns, o veículo era um pequeno grupo chamado 350.org, que nós formamos em 2008 (o "nós" inicialmente éramos eu e sete estudantes universitários na Middlebury College, em Vermont). Não nos concentramos em políticas, mas em mobilização, imaginando que, sem um movimento que pressionasse por mudanças, não fazia sentido se preocupar com como deveria ser precisamente a mudança. Nossa estratégia era, francamente, ridícula ("organizar o mundo"), mas a sorte de principiante se fez valer, e aparentemente havia um nicho ecológico não preenchido. As pessoas ao redor do planeta estavam realmente preocupadas com o aquecimento global, mas se sentiam impotentes contra uma força tão grande; o mero ato de reuni-las superou um pouco esse desespero. Em 2009, na nossa primeira tentativa de mobilizar o mundo, ocorreram 5,2 mil manifestações em 181 países, o que a CNN chamou de "o dia de ação política mais difundido na história do planeta". Em sua maioria, essas manifestações reuniam um número pequeno de pessoas, mas com o tempo o movimento cresceu a ponto de levar centenas de milhares de pessoas às ruas. Quando nos juntamos a outras pessoas para combater o oleoduto Keystone, isso ajudou a desencadear uma série de batalhas em todo o mundo que agora atrapalham e complicam todos os projetos de infraestrutura de combustíveis fósseis. (O chefe de um dos maiores lobbies de energia dos EUA se queixou bastante da "Keystonização" de todos os planos da indústria.) Milhares de pessoas em caiaques — "caiaquetivistas", é claro — ajudaram a persuadir a Shell de que a empresa não deveria perfurar petróleo no Ártico; dezenas de estados e países já proibiram o fraqueamento; e alguns chegaram ao ponto de impedir novas explorações de petróleo e gás.

Esse conjunto de ações constitui-se hoje em um movimento, e cada vez mais tendo à frente crianças, nações indígenas, comunidades não brancas. No outono de 2018, uma garota sueca de 15 anos chamada Greta Thunberg organizou uma "greve escolar", sentando nos degraus do Parlamento em vez de ir para a aula, com o argumento de que ela não poderia se preocupar com isso se o governo não se preocupava em cuidar do clima. Sua ação repercutiu esse sentimento no norte da Europa, e do outro lado do globo, crianças australianas também ficaram em greve e ocuparam o vestíbulo do Parlamento. Enquanto isso, na Grã-Bretanha eclodiu o movimento Extinction Rebellion ["Rebelião contra a Extinção", em tradução livre], que realizou ações de desobediência civil para interromper o tráfego em Londres. Nos Estados Unidos, os jovens organizaram uma manifestação no Congresso exigindo a instalação de uma comissão especial sobre um "Green New Deal; no início de 2019, os pesquisadores relataram que 80% dos democratas e 60% dos republicanos apoiavam a ideia, ou pelo menos o slogan". A Terra está com febre, e os anticorpos estão começando a agir. O que não significa que vencemos. Não o fizemos, os irmãos Koch e as companhias de petróleo estão resistindo, graças em parte a Trump. Nós os assustamos o suficiente para que eles começassem a atacar — passei meses com agentes de combustíveis fósseis seguindo todos meus movimentos com câmeras de vídeo, graças ao financiamento petrolífero da principal empresa de "pesquisa de oposição" do país. Após uma notável demonstração de unidade indígena nos protestos de Standing Rock contra o oleoduto Dakota Access, os legisladores financiados por Koch aprovaram "projetos de lei antimanifestantes" em um estado após o outro, todos visando a desencorajar dissidências desse tipo. (Em Oklahoma, penetrar certo perímetro em volta de "instalações críticas de infraestrutura" agora pode acarretar dez anos de prisão.)[4] Isso também acontece em vários lugares do mundo, das Filipinas de Duterte e da Turquia de Erdogan à Venezuela de Maduro e à Rússia de Putin, onde os protestos são frequentemente letais. Os oligarcas, entretanto, enfrentam brigas a todo momento. Como Naomi Klein disse, se não conseguirmos um imposto de carbono sério de um Congresso corrompido, podemos firmar um imposto de fato com nossos corpos. E, ao fazê-lo, ganhamos tempo para a indústria de energias renováveis se expandir — talvez até rápido o bastante para ficar um pouco mais em dia com a física do aquecimento global.

Não conto tudo isso para me vangloriar — até porque, como disse, não estamos ganhando e, de qualquer forma, não sou o que se pode chamar de líder. (Por ter ajudado a iniciar o movimento, encontrei alívio e satisfação em dar maior visibilidade aos organizadores jovens, diversificados e notáveis de todo o mundo.) Ainda assim, tem sido um grande privilégio ver de perto que, mesmo contra as maiores e mais ricas forças do planeta, essa tecnologia da não violência pôde provar seu poder. No outono de 2011, na semana em que a desobediência civil contra Keystone começou na Casa Branca, por exemplo, o *National Journal* divulgou uma pesquisa com seus 300 "informantes em energia" entre os lobistas atuantes no Congresso dos EUA. Cerca de 91% deles previram que a TransCanada, a empresa que tentava construir o oleoduto, em breve teria sua permissão. Mas então 1.253 pessoas foram presas por desobediência civil, um número maior que em qualquer ocasião em décadas. E depois, dezenas de milhares cercaram a Casa Branca — dependendo do ponto de vista de cada um, era um abraço em grupo ou uma prisão domiciliar temporária para Barack Obama. As pesquisas mostram que uma clara maioria de norte-americanos se opõe a esse projeto há muitos anos. O oleoduto ainda não foi construído, e mesmo que em algum dia isso ocorra, seu principal legado será um amplo entendimento de que não devemos mais seguir esse caminho. No início do verão setentrional de 2018, o Papa Francisco usou exatamente a linguagem que adotamos naquela luta: a maior parte do petróleo, gás e carvão, disse ele, precisava "permanecer no subsolo".[5] Começamos a mudar o *zeitgeist*, que é a razão pela qual nos pusemos em ação.

É possível imaginar o surgimento de um movimento semelhante sobre, digamos, bebês projetados. Na verdade, essa campanha seria, de certa forma, mais fácil, porque não há ainda uma posição consolidada dos que apoiam essa prática: não há um equivalente da Exxon, com um enorme fluxo de receita e um harém de congressistas e senadores. E os ativistas chegariam a tal luta vindos da esquerda e da direita, o que significa grande poder em potencial e também estresse constante. Não sei dizer o que desencadeará esse movimento — provavelmente algum desenvolvimento chocante o suficiente (um clone humano, ou uma próxima série de bebês projetados, quem sabe?) para realmente capturar a atenção das pessoas — e não se pode prometer que ele sairá vencedor. Se o Google e empresas similares se mobilizarem do outro lado, será uma batalha difícil, provavelmente vencida ou perdida por quem for capaz de definir em que consiste o chamado "progresso". Mas pode muito bem ser o início de um movimento maior em defesa do humano.

A não violência é uma tecnologia poderosa, ainda que não saibamos muito sobre ela. Pense em nossa compreensão do poder militar: quase todas as nações do planeta têm uma ou duas instituições dedicadas ao estudo da guerra, ensinando a homens e mulheres tudo sobre manobras de flanco e apoio aéreo aproximado. Nos EUA, elas se juntam a forças armadas mais bem financiadas do que qualquer outra parcela da sociedade. A polícia também costuma ser fortemente militarizada. Visitar o acampamento em Standing Rock foi um lembrete de que as autoridades estaduais e locais, niveladas ao excesso de equipamento do Pentágono, podem parecer quase indistinguíveis das forças armadas. Elas tinham canhões sônicos, canhões de água e veículos que eram, em essência, tanques; elas vestiam equipamento tático para uso em guerras. As empresas de petróleo contrataram seguranças que levaram cães pastores alemães rosnando, ameaçadores. E, no entanto, todo esse poder de fogo era quase impotente contra o acampamento que se reunira ao longo da confluência dos rios Cannonball e Missouri. De fato, quanto mais força os magnatas do petróleo empregavam, menos funcionava. O fato de soltarem cães em cima de manifestantes pacíficos marcou o dia em que Standing Rock se transformou em uma crise para a Casa Branca, porque as pessoas sabiam o que as fotos significavam — elas eram uma relação direta com as imagens icônicas de Birmingham e do movimento pelos direitos civis. O fato de Barack Obama ter sido forçado a proibir o oleoduto foi uma grande vitória; que Donald Trump o tenha resgatado foi um grande e triste acidente da história. Mas pensar que o tempo está a favor das companhias de petróleo é interpretar a história de forma equivocada. Esse movimento vencerá (no entanto, como vimos, pode não vencer *a tempo*).

E vencerá, em parte porque a vantagem da força é menor do que costumava ser. Sim, ainda é poderosa, nas Dakotas, na China, na Rússia e em muitos outros lugares. Essa nova tecnologia de não violência, porém, a está desafiando. Ainda estamos no início da curva de aprendizado e não temos instituições como a West Point ou a Annapolis [academias militares], mas pessoas de todo o mundo estão trocando ensinamentos. O grupo sérvio Otpor! aprendeu táticas com a derrubada do ditador do país, Slobodan Milosevic, e as ensinou aos jovens que promoveram a Primavera Árabe; seus sucessos e fracassos ainda ensinam novas lições. Com o tempo, se conseguirmos não dar um fim ao jogo humano, essas novas ideias continuarão a florescer, pois se baseiam exatamente no que há de mais humano em nós: criatividade, inteligência, paixão, espírito. Nada disso parece estar à altura de dinheiro e armas, mas pergunte aos milhões que se reuniram espontaneamente para impedir o presidente [Trump] de separar famílias ao longo da fronteira. Às vezes isso funciona.

Ou pergunte ao fazendeiro de Nebraska que conseguiu, de forma maravilhosa, combinar as tecnologias vitais da energia fotovoltaica e da desobediência civil. Bob Allpress cria gado e cultiva alfafa em uma extensão de 900 acres que a TransCanada Corporation deseja dividir com o oleoduto Keystone XL. Ele está lutando contra o oleoduto há anos — e em 2017 construiu uma grande matriz de energia solar em seu caminho. Se a TransCanada quiser construir o oleoduto, "não apenas teria que invocar o mecanismo de desapropriação por interesse público, mas também precisaria derrubar painéis solares que fornecem energia boa e limpa de volta à rede e acabar com os empregos daqueles que os constroem".[6]

As pessoas estão, agora, usando regularmente a mesma tática — em Nebraska, no Canadá, na Austrália, onde quer que seja proposto um grande projeto de combustível fóssil. Recentemente, algumas freiras construíram uma capela com um teto solar no caminho de um oleoduto. Se você fosse uma companhia de petróleo, com quem preferiria lutar? Um sujeito com um rifle não seria problema; você tem acesso a todos os rifles do mundo. Mas alguém inteligente, com alguns painéis solares e acesso às mídias sociais o deixaria extremamente irritado.

22

Pense no progresso tecnológico de algumas centenas de anos para cá como se ele fosse um homem passando uma noite em um cassino. Ele se deu muito bem, uma mão melhor que a outra. Houve algumas perdas ao longo do caminho, claro, mas ele sempre dobrou a aposta e conseguiu dar a volta por cima. Agora, porém, as apostas estão ficando cada vez mais altas, e sua sorte parece estar diminuindo: se ele arriscar todas as fichas, poderá perder tudo. Ele se senta, pensa um pouco e, então, talvez leve suas fichas para o caixa e as desconte, ficando com ganhos que podem assegurar o resto de sua vida.

Energia solar e não violência são tecnologias mais de restauro, consolidação e terapêutica do que de expansão, crescimento e disrupção. Elas postulam que crescemos poderosos o suficiente como espécie e que o trabalho agora é garantir que esse poder seja compartilhado e controlado. Elas são, para usar a primeira de várias palavras que eu gostaria que usássemos com mais frequência, as tecnologias da *maturidade*. Elas imaginam uma sociedade interessada mais em contentamento e manutenção econômica e política do que em excitação e ampliação.

Em nossa cultura atual, a ideia de amadurecer nos afigura menos emocionante do que a de crescimento, porque, penso, em nossa própria vida, a maturação é agridoce. Quando éramos jovens e crescíamos, podíamos fazer e escolher qualquer coisa; nenhuma alternativa estava fora de questão. Maturidade — "deixar de crescer" em contraste com "crescer" — significa fazer escolhas: comprometer-se com uma pessoa, uma carreira, uma comunidade. Em épocas e lugares passados, essa maturidade era honrada — basta considerar o respeito que se tinha com os mais velhos nas sociedades mais tradicionais, um respeito reservado principalmente aos jovens em nossa própria cultura de consumo. Mas acho que mesmo muitos eleitores de Trump, no fundo do coração, estimam os amigos que amadureceram completamente, ou seja, aqueles que colocaram limites em seu próprio comportamento pelo bem da comunidade. Nessas pessoas, a satisfação em trabalhar, orientar e transmitir o que sabem para os outros é plena — satisfação em comportar-se exatamente do modo altruísta que Ayn Rand e seus seguidores abominam. Se admiramos indivíduos com essas características, é possível aprender a admirar sociedades pelas mesmas coisas.

As sociedades já aprenderam, de bom grado, a aceitar alguns limites. Por exemplo, moro próximo à Floresta Nacional de Green Mountain. Durante décadas, essa área foi reservada e protegida: é permitida a presença de pessoas lá, mas apenas como visitantes. Elas fazem caminhadas pelas poucas trilhas, mas a maioria das dezenas de milhares de acres da floresta não tem uma pegada de bota sequer de um ano para o outro; essa parte é reservada para os perus, ursos e abetos. Sim, somos beneficiários de tal arranjo, mesmo financeiramente: ao limpar o ar e filtrar a água, esse lugar selvagem nos fornece "serviços ecossistêmicos" que os economistas podem medir e cuja mensuração verifica que manter a floresta intacta é um bom negócio. Mas, ao fazê-lo, abdicamos do dinheiro rápido, do crescimento, que viria da liquidação dessas florestas em forma de, digamos, toras de madeira que poderiam ser queimadas em caldeiras para gerar eletricidade. (Esse é, de fato, o destino atual de muitas florestas norte-americanas, especialmente no sudeste.) E, é claro, nenhuma pessoa em particular fica rica com essa área preservada; enriquecemo-nos tão somente como sociedade. Portanto, deixar tais áreas livres da ação do homem é uma afirmação de que, como povo, chegamos ao ponto em que podemos ter uma nova ética, da mesma maneira que contrair matrimônio é uma declaração esperançosa de que você alcançou um lugar em sua vida no qual deseja que um novo conjunto de valores seja aplicado. E é uma afirmação popular — uma "maioria esmagadora" até mesmo entre os eleitores de Trump se opôs ao plano do presidente de reduzir o tamanho das áreas protegidas do país.[1]

Isso não implica olharmos para trás horrorizados com a ausência anterior de tais limites. Há muito em nossa história a deplorar, é claro (escravidão, sexismo e a maneira como os nativos norte-americanos foram tratados, apenas para começar), mas também há muito para admirar, ou pelo menos para considerar com respeito. Paul Bunyan, ou os lenhadores reais nos quais ele foi inspirado, conseguiu derrubar a maioria das florestas do continente com serras de corte. É um trabalho mais difícil do que se pode imaginar, e ajudou a abrir o caminho (literalmente) para a prosperidade de que desfruto. Não guardo rancor algum dos habitantes de Vermont que vieram antes de mim, cujas paredes de pedra você pode encontrar nas profundezas da floresta. Eles trabalharam para construir o mundo que conhecemos. Mas também honro cidadãos de Vermont como George Perkins Marsh, o primeiro norte-americano a postular as ideias que agora conhecemos como ambientalismo. Suas cuidadosas medições do fluxo dos rios no século XIX mostraram que o desmatamento causava inundações na primavera e secas no verão, provocando grandes ondas de lodo. Uma vez que não havia mais um novo mundo para onde os norte-americanos se mudarem, Marsh argumentou que deveríamos estabelecer alguns limites em nosso comportamento para manter este mundo saudável. E assim fizemos, começando pelas montanhas Adirondack e pelo parque nacional Yellowstone, em um esforço que se espalhou pelo mundo. Agora, 15% da superfície da Terra está protegida. Sociedades são avaliadas não somente por aquilo que constroem, mas também por suas atitudes para deixar em paz baleias, pássaros de plumas brilhantes, montanhas e manter crianças a salvo de trabalhos degradantes.

As pessoas, *só elas entre as criaturas*, podem decidir impor tais limites a si mesmas. Nenhuma dessas lutas é fácil; me aproximo do fim deste livro, e o governo Trump acaba de anunciar um novo ataque à Endangered Species Act, com o argumento de que "impede o meio de vida das pessoas".[2] Mas em um mundo em que os algoritmos estão começando a dominar, no qual Facebook e Amazon nos conhecem muito bem, esses limites autoimpostos ajudam a nos manter humanos. Muito antes de alguém ouvir falar da Cambridge Analytica, Wendell Berry, agricultor, escritor de Kentucky e nossa grande consciência literária, abordou isso melhor:

> *Adoro o lucro rápido, os aumentos anuais,*
> *as férias remuneradas. Quero mais*
> *de tudo pré-fabricado. Tenha medo*
> *de conhecer os vizinhos e morrer.*
> *E sua cabeça será um livro aberto.*
> *Nem mesmo seu futuro será um mistério,*
> *não mais. Sua mente será perfurada em um cartão*
> *e guardada em uma pequena gaveta.*
> *Quando eles quiserem que você compre alguma coisa*
> *ligarão para você. Quando quiserem que você*
> *morra pelo lucro, eles o deixarão saber.*
> *Então, amigos, todos os dias, façam alguma coisa*
> *que não será computada. Ame o Senhor.*
> *Ame o mundo. Trabalhe para nada.*

Leve tudo que tem e seja pobre.
[...]
Tão logo generais e políticos
possam prever os movimentos de sua mente,
prive-se dela. Deixe-a como um sinal
para indicar a trilha falsa, o caminho
pelo qual não seguirá. Seja como a raposa
que deixa mais rastros que o necessário,
alguns na direção errada.
Pratique a ressurreição.[3]

Wendell Berry alinha-se a uma longa herança contracultural que remonta a Buda e passa por Cristo, uma tradição que incorpora pessoas como Thoreau e Gandhi, Dorothy Day e Ella Baker e milhões de mulheres e homens de quem nunca ouvimos falar. Essa tradição celebra limites, insistindo que as pessoas são mais humanas quando conseguem restringir seu próprio ego e seus desejos. Sempre pagamos um preço baixo pela hipocrisia — os Estados Unidos, por exemplo, são considerados uma "nação cristã" —, mas agora podemos realmente precisar que essa tradição contracultural se torne mais... cultural. A concentração atmosférica de dióxido de carbono é uma discussão prática para o que anteriormente era uma postura moral; a tabela periódica está apontando para a mesma direção que os profetas hebreus.

E não são apenas os sábios, gurus e excêntricos que imaginaram tal coisa. Talvez, na verdade, seja melhor não insistirmos tanto neles, pois Jesus é literalmente difícil de superar, e Thoreau não representa o tipo de sujeito que se imagina ter uma família para cuidar. Vamos até descer um tom na qualificação de *maturidade*: talvez ela seja um pouco severa e parental. Em vez disso, adicionemos outra palavra ao nosso léxico: *equilíbrio*. Após 40 anos de domínio libertariano em nossa política, desde que Ronald Reagan venceu ao insistir que o governo era o problema e Thatcher ganhou ao declarar que de fato não existia sociedade, é difícil para nós ver o quão desequilibrada nossa política se tornou. A porcentagem de norte-americanos que se lembram do New Deal cresce muito pouco a cada dia, e até a Great Society de Lyndon Johnson parece vir de uma era diferente. No entanto, precisamos nos lembrar, porque é com essas leis que a solidariedade humana se torna cotidiana, em vez de excepcional.

Não se pode passar a vida inteira arquitetando movimentos — quase por definição, eles brilham intensamente e depois se apagam. (É por isso que a ganância geralmente vence, é claro: os Koch fazem isso 24 horas por dia, 7 dias por semana. Se um lobista altamente precificado sucumbir à cirrose após o milionésimo coquetel, eles apenas contratarão outro.) Portanto, precisamos de estruturas que tornem a fraternidade real e relativamente fácil: sindicatos, direito a voto, uma rede de previdência social. Talvez bancos estatais como o da Dakota do Norte. Serviços de utilidade pública verdadeiramente públicos. Essas não são ideias comunistas bizarras. Você pode encontrar exemplos delas em todo o continente e ao redor do mundo, desde o serviço de internet de propriedade municipal em Chattanooga (classificado entre os melhores pela *Consumer Reports*) até o time de futebol americano sem fins lucrativos em Green Bay, Wisconsin (classificado entre os melhores pela Cheeseheads). Na Alemanha, 850 cooperativas locais controlam grande parte da energia renovável que cada vez mais alimenta o país, a maioria delas financiando suas operações por meio de um dos milhares de bancos cooperativos do país.[4] Dizer "Precisamos de equilíbrio" não é o mesmo que dizer "A economia não é importante e devemos viver com cerveja artesanal e boas vibrações". Uma transição rápida para a energia renovável empregaria milhões em todo o mundo em todas as estimativas — milhões de pessoas, não robôs, escalando seu telhado e instalando painéis solares continua sendo um trabalho que exige capacitação e alto grau de discernimento. Quando as pessoas muito jovens dizem aos pesquisadores que se identificam mais com o socialismo do que com o capitalismo,[5] elas não querem dizer que desejam viver na Coreia do Norte, mas, sim, que querem ter oportunidades justas, não o sistema saturado que herdaram. De novo: solidariedade não requer santidade; requer as instituições que o direito antigovernamental tenta desmantelar há décadas.

Escala é a terceira e última palavra que me parece crucial. Se as únicas coisas que você queria no mundo fossem eficiência e crescimento, seria preciso aumentar a escala — e é o que temos: grandes corporações, grandes nações. Mas chegamos a um ponto em que o tamanho atrapalha tanto quanto ajuda, de tal modo que a quantidade de maneiras pelas quais o jogo humano pode ser jogado fica circunscrita a muito poucos. Parte disso aconteceu naturalmente. Conforme os humanos exploravam o globo e se deparavam uns com os outros, os modos de jogar diminuíam. Os mexicanos não têm mais um mundo para si mesmos: agora todos nós também temos milho e pimenta — pelos quais agradecemos. Mas quando o NAFTA [acordo de comércio entre EUA, Canadá e México] transformou a fartura de milho em penúria para os agricultores mexicanos, mostrou como a escala pode se tornar grande demais.

Para os economistas, *protecionismo* é uma palavra comum que implica *ineficiência*, mas essa geralmente é apenas outra maneira de dizer que você serve a mais de um propósito. A Amazon é incrivelmente eficiente — posso ter algo de que preciso ou não na minha porta amanhã —, mas quando ela tira as lojas físicas do negócio, sacrifica os outros serviços prestados por essas lojas: "A conversação casual, a ajuda para idosos, a vigilância das ruas."[6] A Cargill e a Archer Daniels Midland são incrivelmente eficientes — posso comprar alimento gastando muito pouco dinheiro —, mas, quando inviabilizam o negócio dos agricultores locais, perdemos comunidades rurais, paisagens pastoris, diversidade agrícola. (Sem contar que engordamos com o xarope de milho.) Descobrimos o valor desses benefícios apenas quando desaparecem, e, mesmo assim, as perdas são registradas quase sempre inconscientemente — você não sabe o que tem até perder, e a essa altura já se está bem acostumado com a substituição.

É por isso que acho útil que palestras sobre não violência e energia solar nos induzam, por pouco que seja, a estabelecer um mundo de menor escala e menos obcecado por eficiência. Os movimentos, com frequência, são lembretes precisamente sobre as coisas que foram sacrificadas em nome da eficiência. Podemos agradecer aos organizadores de movimentos por dias de oito horas e semanas de cinco dias; previdência social e salário mínimo; pelo fato de termos ar mais limpo em nossas grandes cidades e água mais limpa em nossos rios. Na verdade, podemos agradecer a eles por tudo aquilo de que os irmãos Koch não gostam. A energia solar acelera essa transição. Por estar em todos os lugares, ela oferece a todos a chance de suprir além de suas próprias necessidades. Em vez de sangrar capital para a Arábia Saudita ou Texas, cada vez mais, podemos prover internamente esse tão importante insumo. Teremos de lutar para garantir que isso aconteça — que as comunidades controlem suas fontes de energia locais e que essas fontes sejam desenvolvidas tendo em mente o interesse de todos — ao menos isso é uma possibilidade. Lar, comunidade, é o terreno sobre o qual podemos realmente jogar o jogo humano; miná-lo é uma falsa eficiência.

Acho que não estou sozinho quando digo que os Estados Unidos me parecem um país que provoca cada vez mais perplexidade: 300 milhões ultrapassa o tamanho populacional capaz de fazer com que qualquer um de nós se sinta totalmente em casa ou completamente responsável. Tento imaginar Donald Trump chegando a uma reunião de munícipes em minha pequena comunidade, um encontro na primeira terça-feira de março em que discutimos o orçamento do ano e os assuntos da comunidade. Sua boca suja e desdém evidente pelos detalhes significariam que ninguém lhe daria muita atenção; se ele continuasse falando alto, seria convidado a sentar-se para que o resto de nós pudesse fazer o trabalho necessário para, assim, garantir que houvesse dinheiro para comprar areia para a equipe de manutenção da estrada e descobrir se o telhado da prefeitura duraria mais um ano. Acho que Donald Trump teria dificuldade em ser eleito prefeito ou governador, pois os danos que ele causaria estariam muito próximos. Mas, considerando o tamanho dos Estados Unidos, as pessoas poderiam votar nele como presidente, pensando que ele "agitaria as coisas", razoavelmente confiantes de que não estariam no raio de ação dos estilhaços.

Estou tentando dizer que o que funcionou no passado não automaticamente funciona no futuro. Até certa altura, o crescimento proporcionou mais benefícios que custos. A regulamentação branda estimulou a expansão. Uma escala maior proporcionou eficiências que nos tornaram mais ricos. Tudo bem. Você quer que seu filho cresça; caso contrário, o leva ao médico. Mas se ele tem 22 anos e ainda estica 15cm por ano, você também o leva ao médico. Há um tempo e lugar para o crescimento, e um tempo e lugar para a maturidade, o equilíbrio, a escala. E os riscos que corremos atualmente, aqueles que descrevi neste livro, sugerem que o momento é agora. De fato, os danos já perceptíveis, desde as altas temperaturas até a crescente desigualdade, devem nos dizer que nossos objetivos precisam mudar fundamentalmente: em direção ao reparo, à segurança, à proteção.

O objetivo principal é dar continuidade ao jogo humano. Voltando à metáfora do cassino, seria como se juntássemos os ganhos dos últimos 100 anos e depois decidíssemos dar um tempo, jogando algumas mãos com apostas mais baixas. Talvez o que precisamos fazer, aqui e agora, seja desacelerar o ritmo, tal como os times de basquete quando estão à frente no placar. Se não pusermos tudo a perder, o jogo humano pode durar muito tempo; comparado a outras espécies, ainda estamos no início da carreira. (Há um certo tipo de caranguejo que vive no planeta há 445 milhões de anos, tão velho que o sangue deles é à base de cobre. *Isso* sim é um longo prazo de respeito.) E calcule os riscos: se dermos um fim ao jogo humano por meio de alguma combinação de destruição ambiental e usurpação tecnológica, impossibilitamos centenas de bilhões de vidas interessantes e amigáveis que poderíamos esperar nos próximos séculos. Também desperdiçamos, em certo sentido, o trabalho que todo poeta, filósofo e cientista realizou nos últimos dez milênios. Considerando que não há uma linha de chegada para o jogo humano, nenhum objetivo óbvio para o qual estamos correndo, então por que exatamente estamos tão empenhados em acelerar constantemente?

De fato, há sinais de trânsito amarelos piscando por todos os lados, nos dizendo para diminuir a velocidade. É essa a leitura a ser feita de um gráfico que mostra temperaturas crescentes ou dos dados espantosos sobre a disparada da desigualdade. Indicações mais sutis apontam que estamos perto ou no topo de uma curva. Citando primeiro o menos importante, o desempenho dos atletas começou a se estabilizar, com os recordes sendo difíceis de quebrar mesmo por margens minúsculas: os anos 2000 foram a primeira década em um século de medição em que ninguém correu mais rápido; até agora, os anos 2010 são a segunda. Como aponta o repórter esportivo Clint Carter, pelo menos uma dúzia de eventos de atletismo, incluindo as corridas de 3 mil e 1,5 mil metros, não registram um único novo recorde em mais de duas décadas. "O recorde de salto em distância permanece intocado há 27 anos; o de arremesso de peso, por 28 anos. Tanto no lançamento de disco quanto no arremesso de martelo, os recordes foram estabelecidos há mais de 30 anos", observou ele em meados de 2018.[7] De fato, em alguns esportes, os tempos começaram a desacelerar quando as autoridades conseguiram, ao menos por ora, reprimir quem se dopava. (Os humanos autênticos levam mais tempo para subir o Alpe d'Huez do que Lance Armstrong.)

Não são apenas atletas de elite que atingiram um patamar; pelo menos no mundo ocidental, quase todos nós estamos estagnados. Estudos recentes parecem mostrar que, embora "o século XX tenha sido um período sem precedentes de aprimoramento da capacidade e desempenho humano, com um aumento significativo na expectativa de vida, na altura na fase adulta e no desempenho fisiológico máximo", os dados agora mostram "uma grande desaceleração nos últimos anos". Assim como não estamos mais aumentando substancialmente nossa produção agrícola, como fizemos após a Segunda Guerra Mundial, também deixamos de ficar mais altos; e a taxa de aumento da nossa expectativa de vida também começou a cair.[8]

Essa desaceleração parece afetar, além de nosso corpo, também nosso cérebro — para muitos, um choque. Steven Pinker dedicou uma parte considerável do seu livro otimista *O Novo Iluminismo* para demonstrar que o QI das pessoas estava aumentando. "Será que o mundo está se tornando não só mais alfabetizado e rico em conhecimento, mas também mais inteligente?", ele perguntou, no tom atrevido que o caracteriza. "Espantosamente, a resposta é sim. As pontuações de QI vêm aumentando há mais de um século em todas as partes do mundo, à taxa aproximada de três pontos de QI por década." Esse efeito Flynn (em homenagem a seu descobridor) forneceu o que Pinker chamou de "fator impulsionador da vida", uma porta de entrada para a compaixão e a ética".⁹ Isso dificulta a leitura dos novos dados que surgiram em 2018, mostrando o efeito Flynn agora em marcha à ré, com o QI "atingindo seu ápice para as pessoas nascidas na década de 1970 e declinando de modo significativo a partir daí". Uma revisão em 700 mil registros de QI na Noruega mostrou que o QI das pessoas estava agora caindo sete pontos por geração, e o mesmo tipo de queda foi observado nas seis outras nações estudadas. "Não é que as pessoas burras tenham mais filhos do que pessoas inteligentes", disse um dos pesquisadores. "Tem algo a ver com o meio ambiente, porque estamos vendo as mesmas diferenças entre as famílias."¹⁰

Considerados em conjunto, os resultados sugerem que, em vez de sonhar com utopias, devemos nos concentrar em manter afastada a distopia. No maior metaestudo global desses dados sobre desempenho humano, uma equipe de cientistas encerrou seu relatório precisamente com esta sugestão: nossa tarefa agora deve ser de alguma forma *manter os ganhos do passado*. "É preciso tomar cuidado", concluíram, "para que não ocorra uma regressão, mesmo que permanecer próximo dos limites superiores possa se tornar mais caro. Esse objetivo será um dos maiores desafios deste século, em especial devido à nova pressão das atividades antropocêntricas responsáveis por efeitos deletérios" sobre nossa saúde e bem-estar.¹¹ Em outras palavras, no momento estamos em algo como um auge humano, e seria uma tarefa válida tentar permanecer nele — espalhar os benefícios dos últimos 100 anos, em termos de alimentação e saúde pública, em todo o mundo e todas as classes, e tentar afastar os efeitos colaterais do progresso do século XX antes que comprometam as vidas do século XXI.

Há, sem dúvida, muitos lugares, continentes inteiros, cuja população não se beneficiou muito com a longa sequência de apostas favoráveis no cassino. Desses locais vinha grande parte da mão de obra e matéria-prima que viabilizavam esses ganhos, geralmente não por escolha própria; e eles pagam o preço inicial por nossos equívocos, à medida que o nível de seus oceanos aumenta, suas plantações secam e suas florestas queimam — ou quando perdem seus empregos para os robôs. E mesmo que nos tornemos mais altos, saudáveis e com vida mais longa, é claro que existem pessoas que ainda ficam doentes. E todos nós ainda somos mortais.

Tais desigualdades podem ser usadas para promover a maneira atual de fazer negócios: por exemplo, pense em todos os executivos da indústria do carvão que, de repente, desenvolveram um interesse na "pobreza energética" quando o mundo desenvolvido começou a se recusar a queimar mais de seus produtos. Até mesmo os filósofos que pensam que estamos resolvendo a maioria dos problemas do mundo acreditam que devemos ser, como de costume, ainda mais tenazes em nossa determinação de eliminar as aflições remanescentes: Pinker, por exemplo, se recusa a aceitar limites ou lentidão momentâneos; sua prescrição "para os bioéticos de hoje pode ser resumida em uma única frase: saiam da frente".[12]

É verdade que uma maneira de lidar com nossos problemas remanescentes, com a desigualdade e o subdesenvolvimento, é tentar impulsionar novamente a máquina do crescimento: em tese, cortar os impostos dos ricos gera prosperidade. Se liberarmos a indústria das regras ambientais, ela poderá criar empregos. Se não ligarmos para o que ocorre na atmosfera, a energia a carvão poderia trazer prosperidade à África, sem mencionar a Virgínia Ocidental. Essas são as promessas de Trump e dos Koch, e não estão tão distantes da ideia de que, se avançarmos a toda velocidade na questão da inteligência artificial, também "nossa economia crescerá". Essa abordagem tem a vantagem de ser exatamente como o passado: é obviamente mais fácil continuar fazendo o que estamos fazendo. Como observou o jornalista francês Hervé Kempf, o crescimento "cria um excedente de riqueza aparente que permite que o sistema seja lubrificado sem modificar sua estrutura".[13] Mas, como este livro tem apontado, esse crescimento agora apresenta enormes níveis de risco. De fato, ele ameaça dar fim ao jogo humano. Mesmo com toda essa lubrificação, as engrenagens começaram a ranger.

Portanto, faz sentido lembrar que aqueles que ajudaram a definir nossa visão de mundo atual imaginaram outras possibilidades. Adam Smith, não obstante ter dado, com *A Riqueza das Nações*, o tiro de partida da corrida que ainda estamos correndo, previu que chegaria o momento em que "um país, tendo obtido todo o conjunto de riquezas cuja natureza de seu solo e clima, e sua situação em relação a outros países, lhe permitiam adquirir, não poderia, portanto, avançar mais ou retroceder".[14] Ele acreditava que essa situação estacionária era o destino inevitável das sociedades, mesmo que ninguém a tivesse alcançado ainda. O grande filósofo e teórico político John Stuart Mill, reverenciado por muitos libertarianos por seu clássico ensaio *A Liberdade*, mal podia esperar por uma economia tão estável. "Uma condição estacionária de capital e população não implica um estado estacionário de melhoria humana", escreveu ele. "Haveria tanto escopo como sempre para todos os tipos de cultura mental e progresso moral e social; tanto espaço quanto necessário para melhorar a arte de viver e muito mais probabilidade de ela ser aprimorada, quando as mentes deixassem de ser absorvidas pela arte de avançar."[15] E ainda está viva na memória a afirmação de John Maynard Keynes, que esperava não estar tão distante "o dia em que o problema econômico ocupará o banco de trás, ao qual pertence, e a arena do coração e da mente será ocupada ou reocupada pelos nossos problemas reais — os problemas da vida e das relações humanas".[16]

É por isso que continuo relembrando uma das pessoas mais interessantes que conheci nas viagens que fiz para escrever este livro. O nome dela é Nicole Poindexter e ela é afro-americana. Criada no Texas, onde seu pai era cirurgião, ela estudou nos lugares certos: Yale, Harvard Business School. Ela passou boa parte de seu tempo nas mesas de negociação dos bancos de investimento, lidando com os derivativos que ajudaram a destroçar a economia e, depois, na Opower, uma plataforma de software para clientes de serviços de utilidade pública que, há pouco tempo, foi adquirida pela gigante de tecnologia Oracle. "Fui um dos primeiros funcionários da empresa, e, por fim, ela abriu seu capital. Adoro o que eles estão fazendo, mas havia uma sensação incômoda de que não era isso que me dava um propósito", disse ela.

Poindexter e eu estávamos sentados no banco de trás de um carro, sacudindo por uma estrada de terra perto da cidade de Kumasi, no norte do Gana — região de Axante, quente como o inferno. Muito longe de Harvard. "Vi aquele vídeo; foi durante a crise do ebola", ela me disse. "As pessoas viviam em condições pré-industriais; quero dizer, usavam os pés para alimentar uma forja. As pessoas tossiam muito, e eu pensava: 'É alguém com ebola.' Nada disso. A tosse devia-se à fumaça causada pelo fogo. Isso é inaceitável para mim, ainda mais quando em nosso mundo temos esta abundância. Aí então, juntei as peças com o que eu tinha em minha mente sobre o material energético na Opower e peguei um avião."

Ela tinha ideias diferentes daquelas da maioria dos empreendedores que conheci. Em vez de vender um sistema de painel solar para clientes individuais, ela planejava microrredes solares abrangendo um vilarejo inteiro. Ela queria construir pequenas matrizes solares na periferia das cidades rurais e depois conectar as cabanas, como se fosse uma pequena Con Edison [uma das maiores empresas de energia dos EUA]. O modelo requer mais capital investido antecipadamente no empreendimento e, portanto, mais riscos, mas também significa fornecer mais energia, o suficiente para pensar além das lâmpadas e televisores, em direção a negócios que geram dinheiro. Segundo o modelo financeiro, os clientes começam a usar quase nada, apenas 100kW/h por mês, mas se pressupõe que, ao longo de uma década, ao descobrirem o que fazer com essa eletricidade, chegarão a consumir 1000kW/h.

"Em que elementos você se apoia para supor que as pessoas aumentarão seu consumo dessa maneira?", perguntei.

"Ora, apenas no que nos diz a história", ela respondeu. "Se as pessoas tiverem acesso à energia, elas a usarão."

Os números funcionaram — no papel, pelo menos. "Em certo dia, fiz o modelo", explicou Poindexter. "Coloquei os custos de tudo, verifiquei todos os números. No final do dia, ele mostrou que um sistema para uma pequena vila poderia dar US$2 mil de lucro. E pensei que essa era a maior quantidade de trabalho que já fizera para obter US$2 mil. Mas *estava* ganhando dinheiro." De fato, se as pessoas aumentarem seu uso conforme o esperado, ela diz que seus investidores obterão "um retorno de 50%, não alavancado".

Com um colega, Joe Philip, que é indiano-americano e trabalhava na startup de energia renovável SunEdison, Poindexter conseguiu um pequeno financiamento em 2015, e eles começaram seu primeiro projeto na região de Kumasi, ao qual denominaram Black Star Energy. (Confira a bandeira de Gana e você perceberá a razão do nome.) Não foi nada fácil. Por exemplo, os medidores de energia elétrica inteligentes, no estilo norte-americano, a US$50 cada, eram muito caros, então Philip e sua equipe construíram o seu, a US$1 a peça, com chips encomendados da Amazon. Kumasi, a capital regional, onde ficava a sede da Black Star, tinha uma rede elétrica tão instável quanto qualquer outro lugar em Gana, o que fazia do escritório um lugar quase impossível de trabalhar. "Você tinha 24 horas com eletricidade e 12 horas sem", disse Philip. "Toda vez que voltava para o apartamento, o medidor estava desligado." Mas isso, é claro, os fazia se lembrar de como era a vida de seus clientes em potencial, pensamento que só aumentava a determinação dele e de Poindexter. "Não ter luz o faz ficar sempre com pressa", disse Poindexter. "Você sai correndo do campo para chegar em casa e preparar o jantar antes que escureça. Tudo tem que acontecer em um dia de 12 horas." Então, eles trabalharam rapidamente para iluminar sua primeira comunidade.

Nosso carro estava agora, aos solavancos, parando do lado de fora de uma das primeiras aldeias nas quais o sistema fora instalado, Kofihuikrom. Saímos e inspecionamos o pequeno conjunto cercado de painéis solares e depois caminhamos para o edifício que mais se destacava no assentamento, uma clínica de concreto armado, na qual havia um grande cartaz em uma parede mostrando Nelson Mandela falando sobre tuberculose. O diretor da clínica estava lá para apertar nossas mãos. "Sempre tive que armazenar vacinas em diferentes aldeias, em um distrito diferente", disse ele. "Não tínhamos um refrigerador. Agora — agora eu posso fazer compressas de gelo para as pessoas. Quando cheguei aqui, usávamos lanternas para conseguir enxergar os pacientes. Isso tinha que acabar. Fazíamos partos com lanternas. Não aquela que você adapta na cabeça, mas aquela que segura com a boca para enxergar. E agora temos horário noturno." Era difícil contratar enfermeiros: "As pessoas não queriam ocupar um cargo aqui. O novo enfermeiro veio dar uma olhada antes de aceitar o trabalho. Quando viu que tínhamos energia elétrica, ele disse: 'Ok'."

A alguns metros de distância, os grãos de cacau secavam nas telas — tínhamos chegado bem na colheita de abril. Esse é um lugar *muito* pobre. Poindexter estimava que a renda média por família era de cerca de US$3 por dia, e a família média tinha cinco membros. Portanto, a vila precisava de energia não apenas para a luz, mas também para avançar na cadeia de suprimentos. "Gosto muito de chocolate", disse ela. "Acabei de comprar no aeroporto de Amsterdã por US$40 por quilo. E quando calculo por alto, acho que os agricultores daqui, meus clientes, ganham pouco mais de US$0,02 por quilo. Mas se eles mesmos fazem o beneficiamento e torram o cacau — talvez ganhem US$2 por quilo algum dia? Além disso, você envia os nibs [grãos torrados, descascados e quebrados em vários pedacinhos], não toda a água que está nos grãos."

Vagar por essas aldeias recém-eletrificadas é entender consideravelmente por que o século XX foi tão incrível: sua chegada tardia aqui permite perceber como eram os Estados Unidos nos anos 1930, quando ocorria a eletrificação rural; ou a China nos anos 1990. Mas imaginar a energia elétrica chegando sem poluição é uma bela reviravolta: essas comunidades na zona rural de Gana não estão recebendo a tecnologia mais antiga e barata. Elas estão recebendo a tecnologia mais nova e barata, tão nova e tão barata, que famílias que atualmente ganham US$3 por dia podem pagar. E não se trata de ajuda; é um negócio. Quando encontramos os clientes de Poindexter, eles são gratos, mas não obsequiosos, e ela é gentil, mas não sentimental. Eles perguntam sobre crédito para geladeiras, sobre a possibilidade de iluminação pública, sobre outros aparelhos. Não há um ludista à vista, nem um romântico. "Eu não sou socialista", disse Poindexter. "Não acho que os humanos sejam conectados dessa maneira. Mas também acho que o capitalismo extrativo já deu o que tinha que dar."

Como os humanos *são* conectados? Onde está o ponto ideal, o equilíbrio, a escala certa? "Em minha primeira viagem a Gana, eu tinha certeza de muitas coisas", disse Poindexter. "Tipo, estas são sociedades comunitárias; podemos ter um medidor para cada vila. 'Não, não', todos disseram. 'Isso não vai funcionar. Vamos disputar aqueles que usam mais energia.' Por isso temos medidores individuais." Marque um ponto para Ayn Rand. Mas o sistema de Poindexter, no entanto, é baseado em comunidades. "Se temos uma vila com 100 famílias, precisamos que 60 delas se inscrevam antes de prosseguirmos. Cada indivíduo precisa escolher se deseja ter energia elétrica, mas também precisa trabalhar em conjunto com a comunidade. Encontramo-nos primeiro com os chefes, assinamos um memorando de entendimento com o chefe ou a rainha-mãe. Nós oferecemos um serviço público. A unidade é a comunidade."

É também a comunidade que muda, sem dúvida algumas vezes para melhor, e outras, para pior. Na Costa do Marfim, conheci um fazendeiro que disse que sua vida melhorou muito com a nova energia. "Antigamente, você tinha que sair e conversar. Agora meu vizinho tem a TV dele, eu tenho a minha, e ficamos dentro de casa" — o que para mim parece o primeiro e triste passo em direção ao *A Revolta de Atlas*, mas as pessoas têm o direito de descobrir isso sozinhas. Sentei-me com um chefe na vila ganesa de Daban, bebendo água gelada e ouvindo-o falar sobre a chegada da energia. "No terceiro dia em que a tínhamos, todos os jovens foram à cidade e voltaram com um sistema de som", disse ele. "Ouvimos música a noite toda. Até aquele velho lá tem escutado música."

23

O que me leva de volta a um ponto que venho mantendo subentendido o tempo todo. O jogo humano é um esporte coletivo.

Ou, pelo menos, me parece. Se os conservadores antigoverno estão certos, e os indivíduos são tudo o que realmente importa, se "não existe sociedade", então não temos chance. Não conseguiremos agir como equipe para combater as mudanças climáticas. Observaremos passivamente, boquiabertos, enquanto o Vale do Silício lança as mais recentes invenções.

Estou, porém, bastante convencido de que eles estão errados. O projeto humano tem sido um trabalho em equipe. Nascemos com um cérebro grande, mas sem forma e vulnerável. Foi preciso uma tribo, um bando, um clã, uma comunidade para elevar os humanos à idade adulta. Caçamos juntos em grupos. Com nossa linguagem complexa, somos capazes de tagarelar, acompanhar um ao outro. E tudo o que aprendemos sobre o animal humano, agora que podemos realizar uma ressonância magnética das pessoas ou analisar seus hormônios, nos leva a pensar que ainda não estamos tão distantes assim das criaturas que ficavam sentadas no chão da savana catando piolhos do pelo um do outro.

Em 2018, o Centers for Disease Control [Centro de Controle de Doenças, em tradução livre] divulgou novas e alarmantes estatísticas sobre suicídio nos Estados Unidos: desde 1999, houve um aumento de 25% "na maioria das etnias e faixas etárias".[1] Esses números causam espanto e, em princípio, são difíceis de explicar: durante esse mesmo período, muito mais pessoas conseguiram encontrar tratamento para depressão e ansiedade. Clay Routedge é um cientista comportamental da universidade estadual em Dakota do Norte; ele observou um aumento de 58% no total de suicídios, o maior em qualquer dos estados norte-americanos. Recentemente, ele escreveu que os seres humanos requerem não apenas comida e abrigo, mas "significado e propósito". Não podemos, por conta própria, fabricar tais coisas — "a literatura psicológica sugere que relacionamentos próximos com outras pessoas são nosso maior recurso existencial" —, mas vivemos em um mundo no qual as famílias se formam mais tarde na vida, se é que o fazem, as instituições religiosas que antes nos uniam começaram a perder vigor, e as pessoas presas às telas de seus dispositivos "têm menos probabilidade de conhecer e interagir com seus vizinhos". Essas são notícias terrivelmente ruins, porque "estudos mostram que quanto mais as pessoas sentem um forte senso de pertencimento, mais percebem significado na vida"[2] — significado o suficiente para que continuem vivendo.

Alguns desses problemas modernos podem ser minorados por mudanças de ordem política. Como os países escandinavos proporcionam assistência infantil, o que dá aos pais uma melhor condição de criar seus filhos, por exemplo, seus cidadãos formam famílias maiores. Os progressistas deveriam relativizar o menosprezo pelas igrejas, mesmo porque elas se constituem em um local para as pessoas se reunirem. A questão fundamental da importância da sociedade é se ela transcende esquerda e direita.

No entanto, ela não transcende interesses políticos. Atualmente, o impulso antigovernamental domina o mundo. Ele é expresso por todos aqueles funcionários de gabinete que mantêm *A Nascente* na mesa de cabeceira, todos os bilionários que se reúnem com os irmãos Koch para saber o curso de nossa política, todos aqueles magnatas do Vale do Silício que não querem nada que atrapalhe suas próximas invenções. São pessoas que, em algum nível, odeiam a ideia de sociedade, organizam campanhas contra o transporte público, tentam desmantelar escolas públicas e parques nacionais e que, por instinto, trancam-se em suas cidadelas. Não acho que o domínio deles dure para sempre, mas, como já disse, eles aplicam hoje uma alavancagem desmedida, um poder talvez suficiente para terminar o jogo humano. Com certeza, dão tudo de si. O empenho interminável para manipular distritos, reprimir votações, o uso propositadamente ofensivo de termos racistas, o estímulo ao cinismo na política, a persistência para nos confundir sobre questões como a mudança climática — nada mais são do que esforços para enfraquecer a sociedade, de modo que ela não possa exercer poder sobre seus indivíduos mais dominantes. Pesquisas mostram que "os pobres agora são os fãs mais fortes da democracia, e os ricos, os maiores céticos".[3]

Outra maneira de dizer isso: uma razão pela qual algumas pessoas poderosas gostam de robôs é justamente porque neles não há o impulso humano da solidariedade — eles não precisaram de uma sociedade para apoiá-los; são imaculadamente autossuficientes. Andy Puzder, o primeiro candidato a ministro do Trabalho de Trump, dedica "grande parte de seu tempo livre" à leitura de Ayn Rand. No dia a dia, seu trabalho era administrar as lojas de fast-food da Hardee's e da Carl's Jr., e, nessa função, se opunha fervorosamente a aumentar o salário mínimo; ele disse que as pessoas que solicitavam ganhar US$15 por hora "deveriam, na verdade, pensar no que estão fazendo". Em vez disso, ele almejava ampliar a automação em suas redes, pois robôs são "sempre educados, sempre vendem mais, nunca tiram férias ou chegam tarde e nunca acionam a justiça para reparação de danos por acidente de trabalho ou por discriminação racial, de idade ou de gênero".[4]

Ainda sobre os robôs: uma campanha de não violência não os afetaria. Eles interpretariam o boicote aos ônibus de Montgomery como um exercício ilógico. Uma IA poderia derrotar um Gary Kasparov, mas ficaria pestanejando sem parar por não compreender um Colin Kaepernick [astro do futebol americano que em 2016 protestou contra a violência policial e o racismo nos EUA, ajoelhando-se durante a execução do hino nacional]. O apelo à solidariedade humana, ao sentimento de companheirismo, ecoa até seus limites, situados nas fronteiras da consciência. Então, é melhor começarmos a nos mexer logo, se é que começaremos.

Epílogo

Com os Pés no Chão

Em julho de 1969, eu tinha oito anos de idade e, portanto, quase desde o início, minha compreensão do mundo exterior incluía o Universo. Acompanhei a Apolo 11 desde as horas que antecederam a decolagem até o final da missão, uma semana depois, desligando a televisão apenas para ir dormir em obediência a episódicas broncas de meus pais e para viagens ao quintal, onde, maravilhado, contemplava a Lua. Memorizei todos os acrônimos da NASA (LEM, para "módulo de excursão lunar"; EVA para "atividade extraveicular", ou seja, caminhar em outro corpo celeste). Recitei a contagem regressiva em voz alta, várias e várias vezes: "T menos doze, onze, dez, nove, iniciada a sequência de ignição, seis, cinco, quatro, três, dois, um, zero. Decolando. A *Apolo Onze* deixou a torre."

Então, 49 anos depois, em abril de 2018, foi como retornar à minha profunda inocência infantil e ficar no telhado do VAB [sigla em inglês para "Edifício de Montagem de Veículos", em tradução livre] — o prédio mais alto fora de uma área urbana e a estrutura com as maiores portas do planeta Terra e a maior pintura de uma bandeira norte-americana — uma hora antes do alvorecer, e olhar admirado lá ao longe, após o matagal do Cabo Canaveral, um foguete de propriedade de Elon Musk preparando-se para ser lançado em direção à Estação Espacial Internacional. Quando o momento aguardado chegou, foi como sempre imaginei: as nuvens de vapor expelidas se propagando, e em seguida a erupção de chamas imensamente brilhantes. Por um segundo, nada pareceu acontecer — até que, com impressionante lentidão, o foguete começou a subir, a força da gravidade cedendo à potência dos motores. Quando o Falcon 9 começou a acelerar, um som estrondoso tomou conta da cena; cada vez mais rápido, a nave espacial se elevava rumo ao céu pálido, iluminando as nuvens como fogos de artifício por seis minutos antes de finalmente sumir da vista cansada pelo esforço.

Em termos tecnológicos, é um espetáculo universalmente sedutor, o mais espantoso produzido pelos seres humanos. Até para Ayn Rand. Ela cobriu o lançamento da Apolo 11 para sua revista *The Objectivist*, e embora insistisse, é claro, que o governo não tinha de financiar empreendimentos como aquele, ela, seja como for, deu-se por vencida: "O que vimos, em sua essência — mas em termos concretos, não em uma obra de arte —, era a abstração materializada da grandeza do homem... que um esforço longo, sustentado e disciplinado foi feito para obter essa série de momentos, nos quais o homem alcançava sucesso após sucesso." Melhor ainda, ela escreveu, Neil Armstrong não havia arruinado seu grande momento na Lua falando sobre Deus, "não solapou a racionalidade do que realizara prestando homenagem às forças opostas; Armstrong falou do homem. 'Este é um pequeno passo para um homem, mas um salto gigantesco para a humanidade.' E assim foi".

Rand gostaria ainda mais do atual programa espacial. O presidente Trump propôs zerar o orçamento da Estação Espacial Internacional, o que significa que grande parte da participação dos Estados Unidos na exploração espacial terá de ser financiada pela turma de bilionários de tecnologia que aproveitarem a oportunidade. Naquele dia, era a empresa SpaceX de Musk, mas a ignição dos motores de foguete também repercutiu no vasto hangar do projeto Blue Origin, de Jeff Bezos. Existem outros: o falecido Paul Allen, com seu avião espacial de seis motores; Richard Branson, que já está reservando um lugar em uma espaçonave Virgin Galactic que transportará passageiros e satélites em viagens no espaço. Mais vale tentar construir o maior iate (embora Allen, cujo *Octopus*, de 414 pés [126 metros], tenha dois helipontos e uma doca de jet ski, também possa ter esse título). Na verdade, há algo de sério e de pueril em todo o esforço espacial, algo mais agradável do que arruinar sindicatos na Terra. Como Bezos afirmou recentemente: "Aos 80 anos de vida, olharei para trás e poderei dizer que implantei a infraestrutura fundamental que tornou menos dispendioso o acesso ao espaço", então, "serei um idoso de 80 anos muito feliz".[1]

Por que ir ao espaço?

"Para que a próxima geração possa ter a explosão empreendedora tal como presenciei na internet", disse Bezos, suscitando a visão de ônibus marrons e amarelos da UPS entregando cartuchos de impressora nos anéis de Saturno.[2] (Em algum momento deste ano, Vodafone e Nokia planejam estabelecer uma rede de telefonia móvel na Lua.)[3]

Ou para fugir dos escombros da Terra destruída. Em novembro de 2016, ao falar em público, Stephen Hawking declarou que "espalharmo-nos por aí talvez seja a única coisa que nos salvará de nós mesmos", e nos deu um prazo de mil anos para abandonarmos o planeta. Em maio seguinte, ele reduziu esse tempo para um século. "A Terra está ameaçada em tantas áreas, que é difícil para mim ser positivo", disse ele.[4]

Ou pelo motivo mais irresistível de todos: porque, quando você chega ao espaço, está por sua conta, sozinho. É o paraíso libertariano supremo, algo que escapou a todos aqueles visionários. Considere o físico Freeman Dyson, que no final dos anos 1950 se afastou durante um ano do Instituto de Estudos Avançados de Princeton para ajudar a desenvolver um foguete capaz de alcançar Saturno movido por explosões nucleares em série. Esses planos foram abandonados quando, em 1963, um tratado internacional proibiu a realização de testes nucleares, mas Dyson permanece um entusiasta do espaço, pois, como disse em 2017, ele quer se livrar dos pequenos trechos do Universo "com seus tratados, suas leis e seus agentes e coletores de impostos" e vagar pelos enormes trechos de imensidão ingovernável em que... nenhuma autoridade burocrática pode ser eficaz".[5] No espaço, ninguém pode fazer você pagar seus impostos.

Entretanto, bem pouco disso de fato ocorrerá, pois não é assim que o espaço funciona. Tal como na questão das mudanças climáticas na Terra, em última análise, quem dá as cartas são a física e a biologia. Sim, é possível que possamos extrair alguns minerais raros de asteroides de passagem, fabricar algo em um ambiente de baixa gravidade ou estabelecer a colônia de Musk em Marte. No esquema das coisas, no entanto, essas são realizações de uma ordem menor, que provavelmente não causarão nenhum viés nas tendências que por ora governam o planeta. Tudo o que aprendemos sobre a vida no espaço deixa claro que não teremos uma segunda chance lá.

Por um lado, voos espaciais são árduos para os seres humanos. Algumas pessoas passaram um ano em órbita, e esse experimento evidenciou os reflexos negativos envolvidos em tudo, desde o formato de nossos globos oculares até a estabilidade de nosso DNA. Como Charles Wohlforth e Amanda Hendrix assinalaram logo após Musk anunciar suas ambições marcianas, apenas a viagem interplanetária já colocaria os astronautas em risco inaceitável, pois seriam bombardeados com tantos raios cósmicos estelares, que a chance de câncer seria maior que a de um acidente do voo espacial em si. Ratos expostos a esses raios desenvolvem "danos cerebrais e perdas cognitivas", mesmo quando não apresentam câncer. Aqui na Terra, o vapor de água na atmosfera nos protege desses raios, mas "são necessários 2m³ de água para filtrar cerca de metade da radiação, e 1m³ de água pesa 1 tonelada. Carregar água suficiente para isolar uma espaçonave está muito além da atual capacidade". E não se trata somente de raios cósmicos: um relatório de 2014 da Academia Nacional de Ciências listou nove riscos à saúde de uma missão em Marte (incluindo danos ao coração por radiação, instabilidade alimentar e medicamentosa e más condições psicológicas) que estão em um "nível inaceitável".[6]

Ademais, o espaço é infinitamente vasto. Alfa Centauri, a estrela mais próxima do Sol, está a 4,37 anos-luz de distância, algo absurdamente distante, uma vez que o objeto mais veloz que já lançamos ao espaço, uma sonda de nome *Helios 2*, que viaja 100 vezes mais rápido que uma bala, levaria *19 mil anos* para chegar lá. Não muito antes de ficar sem combustível e começar a hibernar, o satélite caçador de planetas *Kepler*, da NASA, localizou um sistema solar alienígena ao qual os cientistas apelidaram de Trappist. Seus sete planetas do tamanho da Terra orbitam uma estrela anã esfriada, três deles a distâncias que podem suportar vida. Pode ser o candidato mais próximo possível de um mundo como o nosso, mas faltam 39 anos-luz, ou seja, a *Helios* levaria cerca de *180 mil anos* para chegar lá, ou seja, 18 vezes mais do que o tempo que, segundo nossos cálculos, a civilização humana existe. É por isso que todas as histórias de ficção científica estão repletas de buracos de minhoca e dobras espaciais: supera-se a física básica do Universo — nos livros.

Na melhor das hipóteses, poderíamos enviar transumanos pela atmosfera. De fato, alguns entusiastas da IA imaginam que é precisamente o que acontecerá, argumentando que deveríamos estar explorando "modificações genéticas e/ou cirúrgicas"[7] para permitir viagens espaciais ou, o que é mais provável, simplesmente enviar robôs. Pioneiro da tecnologia, o russo Yuri Milner (cujo prenome é uma homenagem de seus pais a Yuri Gagarin, o primeiro homem a viajar ao espaço) é um dos alicerces do Vale do Silício — entre outras coisas, ele é um investidor na empresa de testes de genes 23andMe (sem mencionar que é sócio de Jared Kushner em empreendimentos imobiliários). Em 2017, ele anunciou planos de gastar US$100 milhões para enviar um robô pesando menos que uma folha de papel para Alfa Centauri com uma vela espacial gigante e um laser de 100 bilhões de watts. Se funcionar, levará apenas 20 anos para que a sonda chegue lá e faça seu trabalho.

Na realidade, aquela missão à qual eu estava presente em Cabo Canaveral decolou levando a primeira inteligência artificial para o espaço, uma esfera chamada CIMON (Crew Interactive Mobile CompaniON) ["Companhia Móvel Interativa com a Tripulação", em tradução livre], equipada com o mesmo equipamento do Watson, a IA que a IBM usou para vencer no programa de perguntas e respostas da TV norte-americana *Jeopardy!* e derrotar os melhores jogadores de Go do mundo. O CIMON se parece muito com o iMac original, e, no ambiente sem gravidade da estação espacial, ele flutuou até ser requisitado, ocasião em que se valeu de pequenos ventiladores para voar pela cápsula e "dialogar" com o astronauta, que pôde lhe fazer várias perguntas técnicas. Antes da decolagem, um grupo tagarela de senhores teutônicos da Airbus, que havia desenvolvido a esfera, falou longamente sobre como ele ofereceria "parceria e até companheirismo", mostraria "paciência infinita" e seria "como um amigo, como um bom amigo colaborando". Os engenheiros que criaram o CIMON o levavam a restaurantes — quando lhe fazem uma pergunta, os pequenos ventiladores no dorso dele o ajudam a simular um aceno de cabeça em resposta. Eles o investiram com uma personalidade do tipo ISTJ na escala Myers-Briggs — ou seja, ele é extremamente lógico. "Não consigo pensar em nada que poderia ser mais empolgante do que lançar a IA no espaço pela primeira vez", disse um dos engenheiros. "Não há nada mais legal do que isso", especialmente porque o CIMON também foi treinado para eventualmente espionar seus colegas de tripulação, examinando "efeitos de grupo que podem se desenvolver por um longo período de tempo em pequenas equipes e que podem surgir durante missões de longo prazo".[8]

Levar pessoas à Lua foi incrivelmente complicado, e nosso satélite está a pouco mais de 400 mil km de distância. Mas digamos que atravessamos os 80 *milhões* de km que nos separam de Marte — e aí? Para não perecer, você precisa viver em um subterrâneo. Mas com que finalidade? *Você pode viver em um subterrâneo na Terra, se quiser.* E as tentativas multibilionárias de construir uma "biosfera" aqui em nosso planeta natal (onde materiais de construção chegaram em caminhões) fracassaram vergonhosamente. Kim Stanley Robinson é autor dos melhores romances sobre a colonização de Marte, uma trilogia escrita há 25 anos. Agora, diz o autor, ele acha que tudo seria um erro. "Isso cria um risco moral", diz ele. As pessoas imaginam que, se tornarmos a Terra imprestável, podemos "sempre ir a Marte ou às estrelas. Um pensamento pernicioso".[9]

Na verdade, é até pior. Isso nos distrai da beleza quase insuportável do planeta em que já vivemos. Em um romance mais recente, *Aurora*, Robinson descreve uma missão terráquea fracassada para colonizar um planeta (fracassada por todos os motivos de distância e fragilidade humana que eu já descrevi). Alguns dos colonos conseguem voltar à Terra, entre eles uma mulher chamada Freya, nascida na nave espacial, que acaba encontrando o trabalho de sua vida reconstruindo praias destruídas pela elevação do nível do mar causado pelas mudanças climáticas. Quando a narrativa chega ao fim, ela dá seu primeiro mergulho no oceano terrestre: "O sol bate em suas costas, a praia, úmida, brilha. Tudo é radiante e resplandecente, ofuscante demais para se olhar. Vinda da arrebentação, uma onda invade a praia, estendendo nela um lençol de espuma." Ela se ajoelha em meio às ondas, a água escorrendo pela areia sob as pernas dela, "de um lado, flocos escuros se esparramam, de outro, pequeninos grãos dourados os acompanham, ambos encontrando-se na ponta de um V em um movimento incessante, criando e recriando novos deltas bem diante de seus olhos. Que mundo! Ela se curva e beija a areia."[10]

Esse final mágico me veio à mente quanto estava em Cabo Canaveral. Um dia antes do lançamento, fiz um passeio com o funcionário encarregado de relações públicas, Greg Harland, e com Don Dankert, um especialista no assunto que havia supervisionado a reconstrução de dunas ao longo da costa atlântica do Centro Espacial Kennedy. Alertaram-me para sequer levantar o tópico do aquecimento global, o que não me incomodou — não queria que eles fossem demitidos. De qualquer forma, nem havia necessidade, porque o problema era de uma obviedade total. Subimos uma pequena colina com vista para o Complexo de Lançamento 39, local de onde partiram as missões lunares da Apollo e onde qualquer missão futura a Marte provavelmente começaria. O oceano estava a algumas centenas de metros de distância — o que é perfeito no sentido de que lançar foguetes aqui na Costa Leste significa que, se algo der errado, eles caem no mar; mas não tão perfeito assim, levando em conta que esse mar está se elevando. A NASA começou a se preocupar com isso não muito depois da virada do século, formando uma equipe para tratar da questão da vulnerabilidade das dunas. A preocupação aumentou, e dramaticamente, após o furacão Sandy, em 2011. Sandy não atingiu Cabo Canaveral — atingiu a cidade de Nova York —, mas mesmo a uma distância de algumas centenas de quilômetros, a tormenta provocou ondas fortes o suficiente para romper a barreira de dunas e quase inundar os complexos de lançamento. "Dunas relativamente estáveis há décadas de repente se foram", disse John Jaeger, geólogo da Universidade da Flórida.

E então essas dunas foram refeitas. Dankert não apenas encontrou milhões de metros cúbicos de areia (escavados em uma base aérea próxima), mas também plantou o último dos 180 mil arbustos nativos para manter a areia no lugar. Até agora, a nova duna tem estado firme, cedendo pouco terreno diante dos recentes furacões. Assim, talvez, até que mais alguns pedaços da Antártida colidam em meio ao oceano ou uma tempestade de maior porte aconteça, nossa rota de fuga para o espaço sideral está segura.

Porém, o que me impressionou mais do que a nova duna foi o quanto aqueles dois homens eram afeiçoados à paisagem em que trabalhavam. "O Kennedy Space Center *é* o Merritt Island Wildlife Refuge [como o próprio nome diz, trata-se de uma área na Flórida destinada ao "Refúgio de Vida Selvagem da Ilha Merritt", em tradução livre], disse Harland. "Usamos menos de 10% para nossos propósitos industriais."

"Quando você olha para a praia, ela é como a Flórida da década de 1870 — o mais longo trecho intocado da costa atlântica", acrescentou Dankert. "Lançamos pessoas para o espaço no meio de um refúgio de vida selvagem. Isso é incrível."

Ambos conversaram por um longo tempo sobre suas espécies locais preferidas: os pelicanos marrons roçando de leve as águas do mar perto da praia; os matagais da Flórida; a tartaruga Gopher. Quando estavam reconstruindo a duna, dispuseram-se a recolher, com todo o cuidado, as tartarugas desalojadas, uma por uma, e realocá-las. Antes de eu ir embora, eles me guiaram pelo pântano em uma caminhada de meia hora até uma lagoa perto do prédio da sede do Centro Espacial, só porque queriam me mostrar alguns jacarés; pudemos ver focinhos surgindo perto da margem. Em cada canto da lagoa, uma placa havia sido cuidadosamente colocada: OS JACARÉS VIVEM AQUI DESDE SEMPRE. NÃO FORAM COLOCADOS AQUI NEM SÃO ANIMAIS DE ESTIMAÇÃO. JOGAR QUALQUER TIPO DE ALIMENTO NA ÁGUA OS DEIXARÁ ACOSTUMADOS COM AS PESSOAS E POSSIVELMENTE PERIGOSOS. A placa continuava, afirmando que, se isso acontecesse, lia-se nela: ELES PRECISARÃO SER REMOVIDOS DAQUI E MORTOS.

A visão da placa e o que ela transmitia foi algo que me comoveu profundamente. Teria sido muito fácil simplesmente envenenar o lago, assim como teria sido fácil passar por cima das tartarugas com a retroescavadeira, matando-as. Mas não foi o que fez a NASA, graças a uma longa série de leis sensíveis que se basearam em uma compreensão emergente de quem somos. John Muir, de certa forma o primeiro ambientalista autoconsciente do Oeste, atravessou a Flórida em sua longa caminhada [1,6 mil km] de Louisville até o Golfo do México em 1867, uma viagem na qual formou seus primeiros pensamentos heréticos sobre o significado de ser humano. De seu diário: "O mundo, nos contaram, foi feito especialmente para o homem — uma presunção não sustentada pelos fatos. Há uma numerosa classe de homens que ficam dolorosamente atarantados sempre que encontram algo, vivo ou morto, em todo o universo de Deus, que eles não podem comer ou tornar de alguma maneira o que chamam de útil para si mesmos." Para ele, a prova do equívoco desse egocentrismo eram os inúmeros jacarés que ele podia ouvir rugindo no pântano enquanto acampava nas proximidades, e que claramente causavam muitos problemas para o homem. Jacarés, no entanto, são maravilhosos, pensou Muir, criaturas notáveis perfeitamente adaptadas ao seu ambiente. "Tenho por eles maior apreço agora que os vi em sua casa", escreveu ele. De fato, ele se dirigiu diretamente às criaturas: "Representantes honrosos dos grandes sáurios mais antigos, que vocês desfrutem de seus lírios e juncos e às vezes sejam abençoados com uma bocada saborosa de homem aterrorizado."[11] A maioria de nós não vai tão longe quanto Muir — ainda estremecemos ao ler sobre algum jacaré que emergiu de repente de uma lagoa em um campo de golfe para abocanhar um jogador incauto preparando-se para dar uma tacada na bola infelizmente caída à beira d'água —, mas sua ideia básica de que toda a criação é importante tem progredido bastante.

Naquele final de tarde, Harland e Dankert rascunharam para mim um mapa localizando uma praia onde eu podia passar o tempo até antes do amanhecer, quando o foguete seria lançado — lá, disseram, eu provavelmente veria uma tartaruga marinha chegando à praia para botar seus ovos. E então, me estendi na areia ao norte da Base Aérea de Patrick e ao sul da placa erguida pela Comissão Histórica do Condado de Brevard para comemorar que ali, em 1965, Barbara Eden saiu da garrafa para saudar seu astronauta no início de *Jeannie é um Gênio* (a última série de TV filmada em preto e branco, e certamente uma característica fundamental do início de minha vida intelectual). A praia estava deserta, e sob a Lua quase cheia era fácil ver uma tartaruga saindo lentamente do mar. De forma deliberada, ela seguiu rumo a um local próximo à duna, onde escavou um buraco, na verdade um poço, com suas patas poderosas. Ficou lá durante uma hora botando ovos, e mesmo a 30 metros de distância, dava para ouvir sua respiração pesada em meio ao marulho das ondas. E depois de cobrir com areia a futura ninhada, retornou ao oceano, do mesmo jeito que outras como ela fizeram nos últimos 120 milhões de anos.

Não dá para negar que os humanos tornaram a vida dela mais difícil. Em alguns lugares, as tartarugas marinhas servem de alimento; em muitos outros, seu habitat foi destruído, geralmente por cidades à beira-mar, que, por sua vez, estimulam guaxinins e raposas que se deliciam em desenterrar seus ovos. Um número muito grande de tartarugas é capturado e morto por acidente na caça ao camarão; no México, 300 tartarugas marinhas foram encontradas mortas em 2018, presas em uma rede de pesca abandonada.[12]

Mas os humanos, hoje em dia, também reservam praias para elas e organizam patrulhas para proteger seus ninhos — em alguns lugares, essas pessoas cercam cada um dos ninhos com arame para impedir a ação dos guaxinins. Eles determinaram "dispositivos de exclusão de tartarugas" em redes de pesca de camarões. Até o projeto da nova duna construída ao longo do complexo da barra de lançamento previa o bloqueio das luzes que frequentemente confundiam as tartarugas que saíam do mar para botar seus ovos. E assim, em alguns lugares, as populações desses anfíbios começaram a se recuperar — apenas, é claro, para ser novamente ameaçadas pelo aumento do calor (a temperatura da areia determina o sexo dos ovos) e pela acidez crescente.

Duas reflexões me vêm à mente ao observar um ninho de tartaruga.

A primeira é que realmente vivemos em um planeta estonteantemente bonito. Com frequência, não pensamos nele como um planeta — vivemos nossa vida cotidiana em terreno plano e muitas vezes prosaico, e quando estamos no ar, a aeromoça geralmente nos faz baixar a persiana da janela para não atrapalhar o filme. Porém, mesmo com sete bilhões de nós, o planeta continua sendo uma coleção impressionante, não apenas de cidades e subúrbios, mas também de montanhas, gelo, florestas e oceanos. Já estive na mais alta habitação humana durante todo o ano, o Mosteiro Rongbuk no Tibete, e dali avistei o Everest, seu cume tão alto, que ele se alinhava à marca deixada no ar pelos jatos e desenrolava um longo estandarte de nuvem branca. Andei pela Península Antártica, observando geleiras parirem icebergs com um rugido estrondoso. Escalei os intermináveis campos de lava da Islândia e vi o magma do Kilauea, no Havaí, derramar-se no Oceano Pacífico, gerando novas terras diante de meus olhos. Vi o vapor subindo do topo do Monte Rainier e me perguntei se conseguiria escalá-lo naquele dia em que poderia haver uma erupção. Já me deitei de bruços no meu quintal, vendo besouros dar suas voltinhas e observando o orvalho pendurado em talos de grama. Vi pinguins, vi baleias, brinquei com meu cachorro.

Vivemos em um planeta — vivemos em um *planeta*. E é infinitamente mais glorioso do que outros que tentamos alcançar, com tanto risco e despesa. O mais inóspito metro cúbico da superfície da Terra — alguma parte do deserto do Saara, algum afloramento rochoso no Himalaia — é mil vezes mais hospitaleiro do que o canto mais atraente de Marte ou Júpiter. Se, pelo motivo que for, quiséssemos tornar o deserto do Saara verde, poderíamos fazê-lo com um tanto de água. Pode-se respirar até no topo do pico mais alto. Em toda parte há vida.

E — esta é para mim a segunda lição — a mais curiosa de todas essas vidas são as humanas, *porque podemos destruir, mas também porque podemos decidir não destruir.* A tartaruga faz o que faz, e de maneira magnífica. Ela não pode não fazê-lo, assim como o castor não pode decidir dar uma pausa na construção de barreiras, ou a abelha, de fazer mel. Mas se o dom especial do pássaro é o voo, o nosso é a possibilidade de restrição. Somos a única criatura que pode decidir *não* fazer algo que somos capazes de fazer. Esse é o nosso superpoder, mesmo que o exercitemos muito raramente.

Então, sim, podemos destruir a Terra como a conhecemos, matando grandes contingentes de nós mesmos e varrendo áreas inteiras de outras vidas — na verdade, como vimos, estamos fazendo isso neste exato instante. Mas também podemos *não* fazer isso. Poderíamos, em vez disso, colocar um painel solar no topo de todos os telhados que descrevi na abertura deste livro; se o fizermos, tomaremos uma direção diferente. Podemos projetar nossos filhos, pelo menos um pouco agora e sem dúvida mais no futuro —, ou podemos decidir que *não* o faremos. Podemos construir nossos substitutos na forma de robôs cada vez mais inteligentes, e podemos tentar nos manter vivos como consciências preservadas digitalmente — ou podemos aceitar com o coração leve que cada um de nós tem um momento e um lugar.

Não sei se faremos essas escolhas. Mas suspeito que não — estamos vacilando agora mesmo, e o jogo humano, na verdade, começou a desandar. É o que o aumento incessante da temperatura nos diz, e o fato de passarmos nossos dias cada vez mais melancólicos, os olhos pasmos fitando o nada. Mas nós *poderíamos* fazer essas escolhas. Temos as ferramentas (o carro-chefe da não violência entre elas) que nos permitem enfrentar os poderosos e os imprudentes, e temos a ideia fundamental de solidariedade humana que poderíamos adotar como nosso guia.

Somos criaturas confusas, muitas vezes egoístas, propensas à visão limitada, suscetíveis à ganância. Em tempos de Trump, com o ressurgimento do racismo e do nacionalismo, alguém poderia argumentar que nosso desaparecimento como espécie não seria uma grande perda. E, no entanto, a maioria de nós, na maioria das vezes, é maravilhosa: engraçada, gentil. Amor é um outro nome para a solidariedade humana, e quando penso em nosso mundo em sua forma atual, sinto-me tomado por ele. O amor humano que trabalha para alimentar os famintos e vestir os nus, o amor que se reúne em defesa das tartarugas marinhas, do gelo marinho e de tudo o que há de bom ao nosso redor. O amor que permite que cada um de nós perceba que não somos a coisa mais importante na Terra e nos deixa em paz com esse fato. O amor que nos acolhe neste mundo, imperfeitos como somos, e que nos envolve quando morremos.

Até mesmo — e especialmente — em sua decadência, o jogo humano é gracioso e admirável.

NOTAS

UMA PALAVRA ESPECIAL SOBRE A ESPERANÇA

1. Steven Pinker, *Enlightenment Now: The Case for Reason, Science, Humanism, and Progress* (Nova York: Vintage, 2017), p. 262.

PARTE UM: O TAMANHO DO QUE ESTÁ EM JOGO
CAPÍTULO 1

1. Youtu.be/3UgGVKnelfY CertainTeed Roofing, "How Shingles Are Made", youtube.com
2. Yuval Noah Harari, *Homo Deus: A Brief History of Tomorrow* (Nova York: HarperCollins, 2017), p. 15.
3. Nicholas Kristof, "Good News, Despite What You've Heard", *The New York Times*, 1º de julho de 2017.
4. Yuval Noah Harari, *Sapiens: A Brief History of Humankind* (Nova York: HarperCollins, 2015), p. 247.
5. Kaushik Basu, "The Global Economy in 2067", *Project Syndicate*, 21 de junho de 2017.
6. "Scientists' Warning to Humanity 'Most Talked about Paper'", 7 de março de 2018, sciencedaily.com.
7. Nafeez Ahmed, "NASA-Funded Study: Industrial Civilization Headed for 'Irreversible Collapse'?", *The Guardian*, 4 de março de 2014.
8. Baher Kamal, "Alert: Nature, on the Verge of Bankruptcy", 12 de setembro de 2017, ispnews.net.
9. Clive Hamilton, *Defiant Earth: The Fate of Humans in the Anthropocene* (Cambridge, UK: Polity Press, 2017), p. 42.
10. John Vidal, "From Africa's Baobabs to America's Pines: Our Ancient Trees Are Dying", *Huffington Post*, 19 de junho de 2018.
11. Anne Barnard, "Climate Change Is Killing the Cedars of Lebanon", *The New York Times*, 18 de julho de 2018.
12. Damian Carrington, "Arctic Stronghold of World's Seeds Flooded After Permafrost Melts", *The Guardian*, 19 de maio de 2017.
13. William E. Rees, "Staving Off the Coming Global Collapse", TheTyee.ca, 17 de julho de 2017.
14. Eelco Rohling, *The Oceans: A Deep History* (Princeton, NJ: Princeton University Press, 2017), p. 15.

15. Donella H. Meadows et al., *The Limits to Growth: A Report of the Club of Rome* (Nova York: Universe Books, 1972), resumo.
16. "A Greener Bush", *The Economist*, 13 de fevereiro de 2003.
17. Peter U. Clark et al., "Consequences of Twenty-First-Century Policy for Multi-Millennial Climate and Sea-Level Change", *Nature Climate Change* 6, n. 4 (fevereiro de 2016): 360–69.
18. Adam Gopnik, "The Illiberal Imagination", *The New Yorker*, 20 de março de 2017.

CAPÍTULO 2

1. Michael Safi, "Pollution Stops Play at Delhi Test Match as Bowlers Struggle to Breathe", *The Guardian*, 3 de dezembro de 2017.
2. Mehreen Zahra-Malik, "In Lahore, Smog Has Become a 'Fifth Season'", *The New York Times*, 10 de novembro de 2017.
3. Aniruddha Ghosal, "Landmark Study Lies Buried: How Delhi's Poisonous Air Is Damaging Its Children for Life", *The Indian Express*, 2 de abril de 2015.
4. Hilary Brueck, "Pollution Is Killing More People than Wars, Obesity, Smoking, and Malnutrition", *Business Insider*, 4 de outubro de 2017.
5. Institute for Governance and Sustainable Development, "Climate Change Could Kill More than 100 Million People by 2030", http://www.igsd.org/climate-change-could-kill-more-than-100-million-people-by-2030/
6. Joe Romm, "Earth's Rate of Global Warming Is 400,000 Hiroshima Bombs a Day", thinkprogress.org, 2 de dezembro de 2013.
7. Rohling, *The Oceans*, p. 106.
8. Ibid., p. 107.
9. Justin Gillis, "Carbon in Atmosphere Is Rising, Even as Emissions Stabilize", *The New York Times*, 26 de junho de 2017.
10. Eric Holthaus, "Antarctic Melt Holds Coastal Cities Hostage. Here's the Way Out", grist.org, 13 de junho de 2018.
11. Harry Cockburn, "Worst Case Climate Change Scenario Could Be More Extreme than Thought, Scientists Warn", *The Independent*, 5 de maio de 2018.
12. Damian Carrington, "Record-Breaking Climate Change Pushes World into 'Uncharted Territory'", *The Guardian*, 20 de março de 2017.
13. Eleanor Cummins, "Tropical Storm Ophelia Really Did Break the Weather Forecast Grid", *Slate*, 16 de outubro de 2017.
14. Brett Walton, "Cape Town Rations Water Before Reservoirs Hit zero", circleofblue.org, 26 de outubro de 2017.
15. Samanth Subramanian, "India's Silicon Valley Is Dying of Thirst. Your City May Be Next", *Wired*, 2 de maio de 2017.
16. Marcello Rossi, "In Italy's Parched Po River Valley, Climate Change Threatens the Future of Agriculture", Reuters, 27 de julho de 2017.
17. Catherine Edwards, "The Source of Italy's Longest River Has Dried Up Due to Drought", thelocal.it, 6 de setembro de 2017.
18. Chelsea Harvey, "Scientists Find a Surprising Result on Global Wildfires: They're Actually Burning Less Land", *Washington Post*, 29 de junho de 2017.
19. Michael Kodas, *Megafire: The Race to Extinguish a Deadly Epidemic of Flame* (Boston: Houghton Mifflin Harcourt, 2017), p. xii.

20. Ibid., pp. xii, xv.
21. David Karoly, "Bushfires and Extreme Heat in South-East Australia", realclimate.org, 16 de fevereiro de 2009.
22. Regional Municipality of Wood Buffalo, post do Twitter, 4 de maio de 2016, 9h28.
23. "Greece Wildfires: Dozens Dead in Attica Region", bbc.com, 24 de julho de 2018.
24. Kodas, *Megafire*, p. 116.
25. Will Dunham, "Bolt from the Blue: Warming Climate May Fuel More Lightning", Reuters, 13 de novembro de 2014.
26. Kodas, *Megafire*, p. 20.
27. Jack Healy, "Burying Their Cattle, Ranchers Call Wildfires 'Our Hurricane Katrina'", *The New York Times*, 20 de março de 2017.
28. Michael E. Mann, "It's a Fact: Climate Change Made Hurricane Harvey More Deadly", *The Guardian*, 28 de agosto de 2017.
29. Doyle Rice, "Global Warming Makes 'Biblical' Rain Like That from Hurricane Harvey Much More Likely", *USA Today*, 14 de novembro de 2017.
30. Ibid.
31. Scott Waldman, "Global Warming Tied to Hurricane Harvey", *Scientific American*, 14 de dezembro de 2017.
32. Seth Borenstein, "Florence Could Dump Enough to Fill Chesapeake Bay", Associated Press News, 14 de setembro de 2018.
33. Somini Sengupta, "The City of My Birth in India Is Becoming a Climate Casualty. It Didn't Have to Be", *The New York Times*, 31 de julho de 2018.
34. "Extreme Precipitation Events Have Risen Sharply in Northeastern U.S. Since 1996", *Yale Environment 360*, 24 de maio de 2017.
35. Hiroko Tabuchi et al., "Floods Are Getting Worse, and 2,500 Chemical Sites Lie in the Water's Path", *The New York Times*, 6 de fevereiro de 2018.
36. "Glacier Mass Loss: Past the Point of No Return", University of Innsbruck, uibk.ac.at, 19 de março de 2018.
37. Stephen Leahy, "Hidden Costs of Climate Change Running Hundreds of Billions a Year", *National Geographic*, 27 de setembro de 2017.
38. Fiona Harvey, "Climate Change Is Already Damaging World Economy, Report Finds", *The Guardian*, 25 de setembro de 2012.
39. Richard Harris, "Study Puts Puerto Rico Death Toll from Hurricane Maria Near 5,000", *All Things Considered*, NPR, 29 de maio de 2018.
40. Solomon Hsiang and Trevor Houser, "Don't Let Puerto Rico Fall into an Economic Abyss", *The New York Times*, 29 de setembro de 2017.
41. Pinker, *Enlightenment Now*, p. 69.
42. "Climate Change Aggravates Global Hunger", Agência France-Press, 15 de setembro de 2017.
43. Lin Taylor, "Factbox: Conflicts and Climate Disasters Forcing Children into Work — U.N.", Reuters.com, 12 de junho de 2018.
44. Laignee Barron, "143 Million People Could Soon Be Displaced Because of Climate Change, World Bank Says", *Time*, 20 de março de 2018.
45. Daniel Wesangula, "Dying Gods: Mt. Kenya's Disappearing Glaciers Spread Violence Below", *Climate Home News*, 2 de agosto de 2017.
46. Lorraine Chow, "The Climate Crisis May Be Taking a Toll on Your Mental Health", *Salon*, 22 de maio de 2017.

47. Ilissa Ocko, "Climate Change Is Messing with Clouds", edf.org/blog, 24 de agosto de 2016.
48. Brian Resnick, "We're Witnessing the Fastest Decline in Arctic Sea Ice in at Least 1,500 Years", vox.com, 16 de fevereiro de 2018.
49. Henry Fountain, "Alaska's Permafrost Is Thawing", *The New York Times*, 23 de agosto de 2017.
50. Gillis, "Carbon in Atmosphere Is Rising".
51. Tom Knudson, "California Is Drilling for Water That Fell to Earth 20,000 Years Ago", *Mother Jones*, 13 de março de 2015.
52. Carol Rasmussen, "Sierras Lost Water Weight, Grew Taller During Drought", nasa.gov, 13 de dezembro de 2017.
53. Matt Stevens, "102 Million Dead California Trees 'Unprecedented in Our Modern History,' Officials Say", *Los Angeles Times*, 18 de novembro de 2016.
54. Thomas Fuller, "Everything Was Incinerated: Scenes from One Community Wrecked by the Santa Rosa Fire", *The New York Times*, 10 de outubro de 2017.
55. Andrew Freedman, "The Combustible Mix Behind Southern California's Terrifying Wildfires", mashable.com, 6 de dezembro de 2017.
56. Nora Gallagher, "Southern Californians Know: Climate Change Is Real, It Is Deadly and It Is Here", *The Guardian*, 3 de março de 2018.
57. Ibid.

CAPÍTULO 3

1. "Failing Phytoplankton, Failing Oxygen: Global Warming Disaster Could Suffocate Life on Planet Earth", sciencedaily.com, 1º de dezembro de 2015.
2. Jasmin Fox-Skelly, "There Are Diseases Hidden in Ice and They Are Waking Up", bbc.com, 4 de maio de 2017.
3. Susan Casey, *The Wave: In Pursuit of the Rogues, Freaks, and Giants of the Ocean* (Nova York: Doubleday, 2010), p. 153.
4. Ibid., p. 253; e Akshat Rathi, "Global Warming Won't Just Change the Weather — It Could Trigger Massive Earthquakes and Volcanoes", qz.com, 24 de maio de 2016.
5. Joe Romm, "Exclusive: Elevated CO_2 Levels Directly Affect Human Cognition, New Harvard Study Shows", thinkprogress.org, 26 de outubro de 2015.
6. Anna Vidot, "Climate Change to Blame for Flatlining Wheat Yield Gains: CSIRO", *ABC Rural*, 8 de março de 2017.
7. Georgina Gustin, "Climate Change Could Lead to Major Crop Failures in World's Biggest Corn Regions", *InsideClimate News*, 11 de junho de 2018.
8. Bill McKibben, "While Colorado Burns, Washington Fiddles", *The Guardian*, 29 de junho de 2012.
9. Daisy Dunne, "Global Warming Could Cause Yield of Sorghum Crops to Drop 'Substantially'", carbonbrief.org, 14 de agosto de 2017.
10. Tobias Lunt et al., "Vulnerabilities to Agricultural Production Shocks: An Extreme, Plausible Scenario for Assessment of Risk for the Insurance Sector", *Climate Risk Management* 13 (2016): 1–9.
11. Elizabeth Winkler, "How the Climate Crisis Could Become a Food Crisis Overnight", *Washington Post*, 27 de julho de 2017.

12. Helena Bottemiller Evich, "The Great Nutrient Collapse", *Politico*, 13 de setembro de 2017.
13. Brad Plumer, "How More Carbon Dioxide Can Make Food Less Nutritious", *The New York Times*, 23 de maio de 2018.
14. Evich, "Great Nutrient Collapse".
15. Bob Berwyn, "Global Warming Means More Insects Threatening Food Crops — a Lot More, Study Warns", *InsideClimate News*, 30 de agosto de 2018.
16. http://www.realclimate.org/index.php/archives/2013/10/sea-level-in-the-5th-ipcc-report/
17. Peter Brannen, *The Ends of the World: Volcanic Apocalypses, Lethal Oceans, and Our Quest to Understand Earth's Past Mass Extinctions* (Nova York: Ecco Books, 2017), p. 258.
18. Robert Scribbler, "New Study Finds That Present CO_2 Levels Are Capable of Melting Large Portions of East and West Antarctica", robertscribbler.com, 2 de agosto de 2017.
19. Michael Le Page, "Alarm as Ice Loss from Antarctica Triples in the Past Five Years", *New Scientist*, 13 de junho de 2018.
20. Ian Johnston, "Earth Could Become 'Practically Ungovernable' If Sea Levels Keep Rising, Says Former NASA Climate Chief", *Independent*, 14 de julho de 2017.
21. "How Much Will the Seas Rise?", conversations.e-flux.com, 26 de fevereiro de 2018.
22. David Smiley, "Was Jorge Pérez Drunk When He Made Controversial Sea Level Rise Comment to Jeff Goodell?", *Miami Herald*, 31 de maio de 2018.
23. Jeff Goodell, *The Water Will Come: Rising Seas, Sinking Cities, and the Remaking of the Civilized World* (Nova York: Little, Brown, and Company, 2017), p. 148.
24. Christopher Flavelle, "Florida Could Be Close to a Real Estate Reckoning", *Insurance Journal*, 2 de janeiro de 2018.
25. Anna Hirtensen, "AXA Insurance Chief Warns of 'Uninsurable Basements' from New York to Mumbai", *Insurance Journal*, 26 de janeiro de 2018.
26. Tim Radford, "Kids Suing Trump Get Helping Hand from World's Most Famous Climate Scientist", *EcoWatch*, 19 de julho de 2017.
27. "Relocating Kivalina", toolkit.climate.gov, 17 de janeiro de 2017.
28. Wallace-Wells, *"The Uninhabitable Earth"*, *New York*, 9 de julho de 2017.
29. Kenneth R. Weiss, "Some of the World's Biggest Lakes Are Drying Up. Here's Why", *Inter Press Service*, 1º de março de 2018.
30. Bryan Bender, "Chief of U.S. Pacific Forces Calls Climate Greatest Worry", *Boston Globe*, 9 de março de 2013.
31. Jonathan Watts, "Arctic's Strongest Sea Ice Breaks Up for First Time on Record", *The Guardian*, 21 de agosto de 2018
32. Quirin Schiermeier, "Huge Landslide Triggered Rare Greenland Mega-Tsunami", *Nature*, 27 de julho de 2017.
33. Goodell, *The Water Will Come*, p. 141.

CAPÍTULO 4

1. "How to Improve the Health of the Ocean", *The Economist*, 27 de maio de 2017.
2. Brannen, *Ends of the World*, p. 235.

3. Roz Pidcock, "Rate of Ocean Warming Quadrupled Since Late 20th Century, Study Reveals", *Carbon Brief*, 10 de março de 2017.
4. Brittany Patterson, "How Much Heat Does the Ocean Trap? A Robot Aims to Find Out", *Climatewire*, 18 de outubro de 2016.
5. Christopher Knaus e Nick Evershed, "Great Barrier Reef at Terminal Stage; Scientists Despair at Latest Bleaching Data", *The Guardian*, 9 de abril de 2017.
6. Amy Remeikis, "Great Barrier Reef Tourism Spokesman Attacks Scientist Over Slump in Visitors", *The Guardian*, 12 de janeiro de 2018.
7. P. G. Brewer, "A Short History of Ocean Acidification Science in the 20th Century: A Chemist's View", *Biogeosciences* 10 (2013): 7411–22.
8. Rohling, *Oceans*, p. 181.
9. Ibid., p. 72.
10. 10. Ibid., 161.
11. Seth Borenstein, "Scientists Warn of Hot, Sour, Breathless Oceans", Associated Press, 14 de novembro de 2013.
12. Elena Becatoros, "More than 90 Percent of World's Coral Reefs Will Die by 2050", *Independent*, 13 de março de 2017.
13. Brannen, *Ends of the World*, p. 65.
14. Ibid., p. 65.
15. Ibid., p. 122.
16. Ibid., p. 188.
17. Ibid., p. 203.
18. "A One-Two Punch May Have Helped Check the Dinosaurs", sciencedaily.com, 7 de fevereiro de 2018.
19. Joseph F. Byrnes e Leif Karlstrom, "Anomalous K-Pg–aged Seafloor Attributed to Impact-Induced Mid-Ocean Ridge Magmatism", *Science Advances* 4 no. 2 (7 de fevereiro de 2018): 1–6.
20. Brannen, *Ends of the World*, p. 136.
21. Rohling, *Oceans*, p. 114.
22. 22. Ibid., p. 88.
23. Howard Lee, "Underground Magma Triggered Earth's Worst Mass Extinction with Greenhouse Gases", *The Guardian*, 1º de agosto de 2017.
24. Damian Carrington, "Earth's Sixth Mass Extinction Event Under Way, Scientists Warn", *The Guardian*, 10 de julho de 2017.
25. Damian Carrington, "Humans Just 0.01% of All Life but Have Destroyed 83% of Wild Mammals — Study", *The Guardian*, 21 de maio de 2018.
26. George Monbiot, "Our Natural World Is Disappearing Before Our Eyes. We Have to Save It", tppahanshilhorst.com, 6 de julho de 2018.

CAPÍTULO 5

1. Donald Worster, *Shrinking the Earth: The Rise and Decline of Natural Abundance* (Nova York: Oxford University Press, 2016), p. 15.
2. Ibid., p. 40.
3. Adam Smith, *The Wealth of Nations*, Livro 4, Capítulo 7, Parte 3. (Indianapolis, 2009), p. 2.

4. Gayathri Vaidyanathan, "Killer Heat Grows Hotter around the World", *Scientific American*, 6 de agosto de 2015.
5. Alan Blinder, "As the Northwest Boils, an Aversion to Air-Conditioners Wilts", *The New York Times*, 3 de agosto de 2017.
6. Mike Ives, "In India, Slight Rise in Temperature Is Tied to Heat Wave Deaths", *The New York Times*, 8 de junho de 2017.
7. Jason Samenow, "Two Middle Eastern Locations Hit 129 Degrees, Hottest Ever in Eastern Hemisphere, Maybe the World", *Washington Post*, 22 de julho de 2016.
8. Bob Berwyn, "Heat Waves Creeping Toward a Deadly Heat-Humidity Threshold", *InsideClimate News*, 3 de agosto de 2017.
9. Damian Carrington, "Unsurvivable Heatwaves Could Strike the Heart of China by End of Century", *The Guardian*, 31 de julho de 2018.
10. Jonathan Watts e Elle Hunt, "Halfway to Boiling: The City at 50C", *The Guardian*, 13 de agosto de 2018.
11. Kevin Krajick, "Humidity May Prove Breaking Point for Some Areas as Temperatures Rise, Says Study", *Earth Institute*, 22 de dezembro de 2017.
12. Lauren Morello, "Climate Change Is Cutting Humans' Work Capacity", climatecentral.org, 24 de fevereiro de 2013.
13. Jeremy Deaton, "Extreme Heat Is Killing America's Farm Workers", qz.com, 1º de setembro de 2018.
14. Somini Sengupta, Tiffany May, and zia ur-Rehman, "How Record Heat Wreaked Havoc on Four Continents", *The New York Times*, 30 de julho de 2018.
15. Elle Hunt, "'We Have Different Ways of Coping': The Global Heatwave from Beijing to Bukhara", *The Guardian*, 28 de julho de 2018.
16. Watts e Hunt, "Halfway to Boiling".
17. Christopher Flavelle, "Louisiana Plan Could Move Thousands from Coast", *Portland Press Herald*, 22 de dezembro de 2017.
18. Ashley Nagaoka, "Hawaii Study: Impacts of Sea Level Rise Already Being Felt — and It Will Only Get Worse", hawaiinewsnow.com, 20 de dezembro de 2017.
19. Michael Kimmelman, "Jakarta Is Sinking So Fast, It Could End Up Underwater", *The New York Times*, 21 de dezembro de 2017.
20. Gabrielle Gurley, "Boston's Rendezvous with Climate Destiny", prospect.org, 5 de janeiro de 2018.
21. Rohling, *Oceans*, p. 170.
22. Goodell, *The Water Will Come*, p. 214.
23. Dr. Jeff Masters, "Retreat from a Rising Sea: A Book Review", wunderground.com/cat6, 16 de fevereiro de 2018.
24. Kavya Balaraman, "U.S. Harvests Could Suffer with Climate Change", *Scientific American*, 20 de janeiro de 2017.
25. Oliver Millman, "We're Moving to Higher Ground", *The Guardian*, 24 de setembro de 2018.
26. Worster, *Shrinking the Earth*, p. 133.
27. Alister Doyle, "Arctic Thaw to Cause up to $90 Trillion Damage to Roads and Buildings", *Independent*, 25 de abril de 2017.
28. Catherine Porter, "Canadian Town, Isolated after Losing Rail Link, 'Feels Held Hostage'", *The New York Times*, 30 de agosto de 2017.

29. Jim Dwyer, "Saving Scotland's Heritage from the Rising Seas", *The New York Times,* 25 de setembro de 2018.

CAPÍTULO 6

1. Nathaniel Rich, "Losing Earth: The Decade We Almost Stopped Climate Change", *The New York Times Magazine,* 1º de agosto de 2018.
2. Harry Stevens, "A 30-year alarm on the reality of climate change", Axios, 23 de junho de 2018.
3. Peter Frumhoff, "Global Warming Fact: More than Half of All Industrial CO_2 Pollution Has Been Emitted Since 1988", uscusa.org, 5 de dezembro de 2014.
4. Goodell, *The Water Will Come,* p. 224.
5. Ibid., p. 84.
6. Joe Romm, "Obama's Worst Speech Ever: 'We've Added Enough New Oil and Gas Pipeline to Encircle the Earth'", thinkprogress.org, 22 de março de 2012.
7. Sabrina Shankman, "Oil and Gas Fields Leak Far More Methane than EPA Reports, Study Finds", *InsideClimate News,* 21 de junho de 2018.
8. Cameron Cawthorne, "Obama Touts Paris Agreement", *Washington Free Beacon,* 28 de novembro de 2018.
9. Nicole Gaouette, "Trudeau Issues Rallying Cry for Climate Fight and Takes a Dig at the US", cnn.com, 21 de setembro de 2017.

CAPÍTULO 7

1. Neela Banerjee, Lisa Song e David Hasemyer, "Exxon's Own Research Confirmed Fossil Fuels' Role in Global Warming Decades Ago", *InsideClimate News,* 16 de setembro de 2015.
2. Ibid.
3. Benjamin Franta, "On Its 100th birthday in 1959, Edward Teller Warned the Oil Industry About Global Warming", *The Guardian,* 1º de janeiro de 2018.
4. Energy and Policy Institute, "Utilities Knew: Documenting Electric Utilities' Early Knowledge and Ongoing Deception on Climate Change from 1968–2017", julho de 2017.
5. Dick Russell and Robert F. Kennedy Jr., *Horsemen of the Apocalypse: The Men Who Are Destroying Life on Earth — And What It Means for Our Children* (Nova York: Hot Books, 2017), p. 16–17.
6. Neela Banerjee, Lisa Song e David Hasemyer, "Exxon: The Road Not Taken", *InsideClimate News,* 16 de setembro de 2015.
7. Sara Jerving et al., "What Exxon Knew about the Earth's Melting Arctic", *Los Angeles Times,* 9 de outubro de 2015.
8. Benjamin Franta, "Shell and Exxon's Secret 1980s Climate Change Warnings", *The Guardian,* 19 de setembro de 2018.
9. Jason M. Breslow, "Investigation Finds Exxon Ignored Its Own Early Climate Change Warnings", pbs.org, 16 de setembro de 2015.
10. Russell e Kennedy, *Horsemen of the Apocalypse,* p. 20–21.
11. Oliver Burkeman, "Memo Exposes Bush's New Green Strategy", *The Guardian,* 3 de março de 2003.

12. Ruairí Arrieta-Kenna, "Almost 90% of Americans Don't Know There's Scientific Consensus on Global Warming", vox.com, 6 de julho de 2017.
13. Russell e Kennedy, *Horsemen of the Apocalypse*, p. 30.
14. Rupert Neate, "ExxonMobil CEO: Ending Oil Production 'Not Acceptable for Humanity'", *The Guardian*, 25 de maio de 2016.
15. Olivia Beavers, "Trump: Polar Ice Caps Are 'at a Record Level'", *Hill*, 28 de janeiro de 2018.
16. John H. Cushman Jr., "Exxon Reports on Climate Risk and Sees Almost None", *InsideClimate News*, 5 de fevereiro de 2018.
17. Exxon Mobile, "Understanding the '#ExxonKnew' controversy", https://corporate.exxonmobil.com/en/key-topics/understanding-the-exxonknew-controversy/understanding-the-exxonknew-controversy/
18. Alex Steffen, "On Climate, Speed Is Everything", *The Nearly Now*, 7 de dezembro de 2017.
19. Brady Dennis, "Countries Made Only Modest Climate-Change Promises in Paris. They're Falling Short Anyway", *Washington Post*, 19 de fevereiro de 2018.

PARTE DOIS: ALAVANCAGEM
CAPÍTULO 8

1. David Cole, "Facts and Figures", *New York Review of Books*, 19 de julho de 2018.
2. Philip Alston, "Extreme Poverty in America: Read the UN Special Monitor's Report", *The Guardian*, 15 de dezembro de 2017.
3. Ed Pilkington, "Hookworm, A Disease of Extreme Poverty, Is Thriving in the U.S. South. Why?", *The Guardian*, 5 de setembro de 2017.
4. Ibid.
5. "Contempt for the Poor in US Drives Cruel Policies, Says UN Expert", ohchr.org, 4 de junho de 2018.
6. Editorial Board, "The Tax Bill that Inequality Created", *The New York Times*, 16 de dezembro de 2017.
7. Noah Kirsch, "The Three Richest Americans Hold More Wealth Than Bottom 50% of the Country, Study Finds", *Forbes*, 9 de novembro de 2017.
8. Max Ehrenfreund, "How Trump's Budget Helps the Rich at the Expense of the Poor", *Washington Post*, 23 de maio de 2017.
9. Annie Lowrey, "Jeff Bezos's $150 Billion Fortune Is a Policy Failure", *Atlantic*, 1º de agosto de 2018.
10. Les Leopold, *Runaway Inequality: An Activist's Guide to Economic Justice* (Nova York: Labor Institute Press, 2015), p. 6.
11. Josh Hoxie, "Blacks and Latinos Will Be Broke in a Few Decades", *Fortune*, 19 de setembro de 2017.
12. Preeti Varathan, "Millennials Are Set to Be the Most Unequal Generation Yet", qz.com, 19 de novembro de 2017.
13. Raj Chetty, interview by Michel Martin, "U.S. Kids Now Less Likely to Earn More than Their Parents", *All Things Considered*, NPR, 18 de dezembro de 2016.
14. Richard Wilkinson and Kate Pickett, "The Science Is In: Greater Equality Makes Societies Healthier and Richer", evonomics.com, 26 de janeiro de 2017.

15. Jessica Boddy, "The Forces Driving Middle-Aged White People's Deaths of Despair", *Morning Edition*, 23 demarço de 2017.
16. Tyler Durden, "America's Miserable 21st Century", zerohedge.com, 4 de março de 2017.

CAPÍTULO 9

1. "A Very Big Shoe to Fill", *The Economist*, 7 de março de 2002.
2. Harriet Rubin, "Ayn Rand's Literature of Capitalism", *The New York Times*, 15 de setembro de 2007.
3. Jonathan Freedland, "The New Age of Ayn Rand: How She Won Over Trump and Silicon Valley", *The Guardian*, 10 de abril de 2017.
4. Rubin, "Ayn Rand's Literature of Capitalism".
5. Harriet Rubin, "Fifty Years On, 'Atlas Shrugged' Still Has Its Fans — Especially in Business", *The New York Times*, 17 de setembro de 2007.
6. Freedland, "New Age of Ayn Rand".
7. Rachel Weiner, "Paul Ryan and Ayn Rand", *Washington Post*, 13 de agosto de 2012.
8. Husna Haq, "Paul Ryan Does an About-Face on Ayn Rand", *Christian Science Monitor*, 14 de agosto de 2012.
9. Robert James Bidinotto, "Celebrity Ayn Rand Fans", atlassociety.org, 1º de janeiro de 2006.
10. James B. Stewart, "As a Guru, Ayn Rand May Have Her Limits. Ask Travis Kalanick", *The New York Times*, 13 de julho de 2017.
11. Kirsten Powers, "Donald Trump's Kinder, Gentler Version", *USA Today*, 11 de abril de 2016.
12. Wendy Milling, "President Obama Jabs at Ayn Rand, Knocks Himself Out", *Forbes*, 30 de outubro de 2012.
13. Jennifer Burns, *Goddess of the Market: Ayn Rand and the American Right* (Nova York: Oxford University Press, 2009), p. 23.
14. Thomas E. Ricks, *Churchill and Orwell: The Fight for Freedom* (Nova York: Penguin Press, 2017), p. 8.
15. William Manchester, *The Last Lion: Winston Spencer Churchill, Alone 1932–1940* (Nova York: Bantam Books, 1988) (grifo nosso).
16. George Orwell, *A Patriot After All* (London: Secker and Warburg, 1998), p. 503.
17. Burns, *Goddess of the Market*, p. 8.
18. 18. Ibid., p. 13.
19. 19. Ibid., pp. 20, 24.
20. Anne C. Heller, *Ayn Rand and the World She Made* (Nova York: Nan A. Talese, 2009), p. 1.
21. Ayn Rand, *The Fountainhead,* edição comemorativa de 25 anos (Indianapolis: Bobbs-Merrill, 1968), p. 7, publicado no Brasil com o título *A Nascente*.
22. Ibid., p. 3.
23. Burns, *Goddess of the Market,* p. 86.
24. Ibid.
25. Rand, *The Fountainhead*, p. 712 (grifo nosso), publicado no Brasil com o título *A Nascente*.

26. Ayn Rand, *Atlas Shrugged* (Nova York: Dutton, 1957), p. 1065, publicado no Brasil com o título *A Revolta de Atlas*.
27. Andrea Barnet, *Visionary Women: How Rachel Carson, Jane Jacobs, Jane Goodall, and Alice Waters Changed Our World* (Nova York: Ecco Books, 2018), p. 441.
28. Burns, *Goddess of the Market*, p. 157.
29. Jonas E. Alexis, *Christianity's Dangerous Idea: How the Christian Principle and Spirit Offer the Best Explanation for Life and Why Other Alternatives Fail: Volume 1* (Bloomington, IN: Authorhouse, 2010), p. 600.

CAPÍTULO 10

1. Maria Tadeo, "Unrepentant Tom Perkins Apologises for 'Kristallnacht' Remarks but Defends War on the Rich Letter", *Independent*, 28 de janeiro de 2014.
2. Julia Ioffe, "Before Predicting a Liberal Kristallnacht, Tom Perkins Wrote a One-Percenter Romance Novel", *New Republic*, 25 de janeiro de 2014.
3. Jonathan Chait, "Voting Also Reminds Tom Perkins of Kristallnacht", *New York Magazine*, 14 de fevereiro de 2014.
4. Jane Mayer, "The Koch Brothers Say No to Tariffs", *The New Yorker Radio Hour*, 15 de junho de 2018.
5. Jane Mayer, *Dark Money: The Hidden History of the Billionaires behind the Rise of the Right* (Nova York: Doubleday, 2016), p. 36.
6. Ibid., p. 38 (grifo nosso).
7. Ibid, p. 40.
8. Jane Mayer, "The Secrets of Charles Koch's Political Ascent", *Politico*, 18 de janeiro de 2016.
9. Nancy MacLean, *Democracy in Chains: The Deep History of the Radical Right's Stealth Plan for America* (Nova York: Viking, 2017), p. xiv.
10. James M. Buchanan e Gordon Tullock, *The Collected Works of James M. Buchanan, Vol. 3: The Calculus of Consent: Logical Foundations of Constitutional Democracy*, disponível em delong.typepad.com/Files/calculus-of-consent.pdf, p. 171.
11. MacLean, *Democracy in Chains*, p. 134.
12. Ibid., p. 148.
13. Mayer, *Dark Money*, p. 464.
14. Jane Mayer, "The Reclusive Hedge-Fund Tycoon Behind the Trump Presidency", *The New Yorker*, 27 de março de 2017.
15. Lisa Mascaro, "They Snubbed Trump. But the Koch Network Has Still Exerted a Surprising Influence over the White House", *Los Angeles Times*, 15 de agosto de 2017.
16. Annie Linskey, "The Koch Brothers (and Their Friends) Want President Trump's Tax Cut. Very Badly", *Boston Globe*, 14 de outubro de 2017.
17. Hiroko Tabuchi, "How the Koch Brothers Are Killing Public Transit Projects Around the Country", *The New York Times*, 19 de junho de 2018.
18. Lee Gang e Nick Surgey, "Koch Document Reveals Laundry List of Policy Victories Extracted from the Trump Administration", *Intercept*, 25 de fevereiro de 2018.
19. Fredreka Schouten, "Secret Money Funds More than 40% of Outside Congressional Ads", *USA Today*, 12 de julho de 2018.
20. Robert Barnes e Steven Mufson, "White House Counts on Kavanaugh in Battle Against 'Administrative State'", *Washington Post*, 12 de agosto de 2018.

CAPÍTULO 11

1. Ayn Rand, "Civilization", aynrandlexicon.com.
2. Dhruv Khullar, "How Social Isolation Is Killing Us", *The New York Times*, 22 de dezembro de 2016.
3. Ruth Whippman, "Happiness Is Other People", *The New York Times*, 27 de outubro de 2017.
4. Nicole Karlis, "Why Doing Good Is Good for the Do-Gooder", *The New York Times*, 26 de outubro de 2017.
5. "Why Hearing Loss May Raise Your Risk of Dementia", clevelandclinic.org, 20 de fevereiro de 2018.
6. Adam Grant, "In the Company of Givers and Takers", *Harvard Business Review*, abril de 2013.
7. "Elinor Ostrom", *The Economist*, 30 de junho de 2012.
8. Shankar Vedantam, "Social Isolation Growing in U.S., Study Says", *Washington Post*, 23 de junho de 2006.
9. Jean M. Twenge, *iGen: Why Today's Super-Connected Kids Are Growing Up Less Rebellious, More Tolerant, Less Happy — and Completely Unprepared for Adulthood — and What That Means for the Rest of Us* (Nova York: Atria Books, 2017).
10. Adam Smith, *The Theory of Moral Sentiments* (London: impresso por A. Millar, A. Kincaid, and J. Bell, 1759), parte III, capítulo 2.
11. Kate Raworth, *Doughnut Economics: Seven Ways to Think Like a 21st-Century Economist* (White River Junction, VT: Chelsea Green Publishing, 2017), p. 89.
12. Mike Bird e Riva Gold, "How Do You Price a Problem Like Korea?", *Wall Street Journal*, 11 de agosto de 2017.
13. Michael Tomasky, "The G.O.P.'s Legislative Lemons", *The New York Times*, 14 de dezembro de 2017.
14. Amy Fleming et al., "Heat: The Next Big Inequality Issue", *The Guardian*, 13 de agosto de 2018.
15. "Rupert Murdoch's Speech on Carbon Neutrality", *Australian*, 10 de maio de 2007.
16. "Free Market Is a Fair Market: Murdoch", *Australian*, 5 de abril de 2013.
17. ClimateDenierRoundup, "Washington Post Hires Former WSJ Opinion Editor, Will He Bring Deniers Along?", dailykos.com, 31 de maio de 2018.
18. Farron Cousins, "Media Matters Report Shows Stunning Lack of Climate Coverage on TV Networks in 2016", desmogblog.com, 30 de março de 2017.
19. "Fox News' Jesse Watters: 'No One Is Dying from Climate Change'", Media Matters vídeo, 1:04, mediamatters.org, 5 de junho de 2017.
20. Steven F. Hayward, "Climate Change Has Run Its Course", *Wall Street Journal*, 4 de junho de 2018.
21. Amanda Terkel, "CEI Expert: 'The Best Policy Regarding Global Warming Is to Neglect It'", thinkprogress.org, 15 de agosto de 2006.
22. Robert D. Tollison and Richard E. Wagner, *The Economics of Smoking* (Nova York: Springer, 1992), p. 183.
23. Graham Readfearn, "The Idea That Climate Scientists Are in It for the Cash Has Deep Ideological Roots", *The Guardian*, 15 de setembro de 2017.
24. Ibid.
25. Russell e Kennedy, *Horsemen of the Apocalypse*, p. 116.

26. Ibid., p. 114.
27. MacLean, *Democracy in Chains*, p. 216.
28. Bill McKibben, "McCain's Lonely War on Global Warming", *onEarth*, 31 de março de 2004.
29. Rebecca Shabad, "McCain to Kerry: What Planet Are You On?", *TheHill*, 19 de fevereiro de 2014.
30. Hiroko Tabuchi, "Rooftop Solar Dims Under Pressure from Utility Lobbyists", *The New York Times*, 8 de julho de 2017.
31. John Cushman Jr., "No Drop in U.S. Carbon Footprint Expected through 2050, Energy Department Says", *InsideClimate News*, 6 de fevereiro de 2018.
32. Daniel Simmons, "Does the Federal Government Think We Are Dim Bulbs?", instituteforenergyresearch.org, 18 de dezembro de 2013.

CAPÍTULO 12

1. Nellie Bowles, "Silicon Valley Flocks to Foiling, Racing Above the Bay's Waves", *The New York Times*, 20 de agosto de 2017.
2. Adam Vaughan, "Google to Be 100% Powered by Renewable Energy from 2017", *The Guardian*, 6 de dezembro de 2016.
3. Nick Bilton, "Silicon Valley's Most Disturbing Obsession", *Vanity Fair*, novembro de 2016.
4. Maureen Dowd, "Elon Musk's Billion Dollar Crusade to Stop the AI Apocalypse", *Vanity Fair*, abril de 2017.
5. Melia Robinson, "Silicon Valley's Dream of a Floating, Isolated City Might Actually Happen", *Business Insider*, 5 de outubro de 2016.
6. Paulina Borsook, *Cyberselfish: A Critical Romp through the Terribly Libertarian Culture of High Tech* (Nova York: PublicAffairs, 2000), pp. 2–3.
7. Ibid., p. vi.
8. Ibid., p. 215.
9. Ayn Rand, *Fountainhead*, p. 11, publicado no Brasil com o título *A Nascente*.

PARTE TRÊS: O NOME DO JOGO

CAPÍTULO 13

1. Conversa pessoal, 22 de novembro de 2017.
2. James Bridle, "Known Unknowns", *Harper's*, julho de 2018.
3. "Rise of the Machines", *The Economist*, 22 de maio de 2017.
4. "On Welsh Corgis, Computer Vision, and the Power of Deep Learning", microsoft.com, 14 de julho de 2014.
5. Andrew Roberts, "Elon Musk Says to Forget North Korea Because Artificial Intelligence Is the Real Threat to Humanity", uproxx.com, 12 de agosto de 2017.
6. Tom Simonite, "What Is Ray Kurzweil Up to at Google? Writing Your Emails", *Wired*, 2 de agosto de 2017.
7. Michio Kaku, *The Future of the Mind: The Scientific Quest to Understand, Enhance, and Empower the Mind* (Nova York: Doubleday, 2014), p. 271.

8. Tim Urban, "What Will Happen When We Succeed in Creating AI That's Smarter than We Are?", qz.com, 1º de outubro de 2015.
9. Ibid.
10. Pawel Sysiak, "When Will the First Machine Become Superintelligent?", *Medium*, 11 de abril de 2016.
11. Raffi Khatchadourian, "The Doomsday Invention", *The New Yorker*, 23 de novembro de 2015.
12. Tim Urban, "The AI Revolution: The Road to Superintelligence", waitbutwhy.com, 22 de janeiro de 2015.

CAPÍTULO 14

1. Kaku, *Future of the Mind*, p. 118.
2. "On Living Forever", entrevista com Michael West, revista *Ubiquity*, megafoundation.org, junho de 2000.
3. Brad Plumer et al., "A Simple Guide to CRISPR, One of the Biggest Science Stories of the Decade", vox.com, 23 de julho de 2018.
4. Ibid.
5. Jennifer A. Doudna e Samuel H. Sternberg, *A Crack in Creation: Gene Editing and the Unthinkable Power to Control Evolution* (Boston: Houghton Mifflin Harcourt, 2017), p. 29.
6. Ibid., p. x.
7. Carl zimmer, "A Crispr Conundrum: How Cells Fend Off Gene Editing", *The New York Times*, 12 de junho, 2018.
8. Doudna e Sternberg, *Crack in Creation*, p. 194.
9. Ibid., p. xv.
10. Ibid., p. 166.
11. Denise Grady, "FDA Panel Recommends Approval for Gene-Altering Leukemia Treatment", *The New York Times*, 12 de julho de 2017.
12. Doudna e Sternberg, *Crack in Creation*, p. xvi (grifo nosso).
13. Akshat Rathi, "A Highly Successful Attempt at Genetic Editing of Human Embryos Has Opened the Door to Eradicating Inherited Diseases", qz.com, 2 de agosto de 2017.
14. Dennis Normille, "CRISPR Bombshell: Chinese Researcher Claims to Have Created Gene-Edited Twins", *Science*, 26 de novembro de 2018.
15. "Chinese Scientist Pauses Gene-Edited Baby Trial After Outcry", *Al-Jazeera*, 28 de novembro de 2018.
16. Hannah Devlin, "Jennifer Doudna: I Have to be True to Who I Am as a Scientist", *The Guardian*, 2 de julho de 2017.
17. Paul Knoepfler, *GMO Sapiens: The Life-Changing Science of Designer Babies* (Singapore: World Scientific Publishing, 2016), p. 11.
18. Dean Hamer, "Tweaking the Genetics of Behavior", *Scientific American*, outono de 1999, p. 62.
19. Gregory E. Pence, *Who's Afraid of Human Cloning?* (Lanham, MD: Rowman and Littlefield, 1998), p. 168.

20. Abbey Interrante, "A New Genetic Test Could Help Determine Children's Success", *Newsweek*, 10 de julho de 2018.
21. Pam Belluck, "Gene Editing for 'Designer Babies'? Highly Unlikely, Scientists Say", *The New York Times*, 4 de agosto de 2017.
22. Ibid.
23. Ibid.
24. Doudna e Sternberg, *Crack in Creation*, p. 241.
25. Ibid., p. 185.
26. Lee M. Silver, *Remaking Eden* (Nova York: 1997), pp. 1–3.
27. Doudna e Sternberg, *Crack in Creation*, p. xvi.

CAPÍTULO 15

1. Abate, T. "Nobel Winner's Theories Raise Uproar in Berkeley/Geneticist's Views Strike Many as Racist, Sexist", *San Francisco Chronicle*, 13 de novembro de 2000. Acesso em 24 de outubro de 2007.
2. Doudna e Sternberg, *Crack in Creation*, p. 199.
3. Ibid., p. 237.
4. Silver, *Remaking Eden*, p. 241.
5. Julian Savulescu, "As a Species, We Have a Moral Obligation to Enhance Ourselves", entrevista realizada por autor convidado do TED, ideas.ted.com, 19 de fevereiro de 2014.
6. Nathaniel Comfort, "Can We Cure Genetic Diseases without Slipping into Eugenics?", *The Nation*, 16 de julho de 2015.
7. Johann Hari, "Is Neoliberalism Making Our Depression and Anxiety Crisis Worse?", *In These Times*, 21 de fevereiro de 2018.
8. Vince Beiser, "The Robot Assault on Fukushima", *Wired*, 26 de abril de 2018.
9. Quoctrung Bui, "Bricklayers Fending Off a Robot Takeover", *The New York Times*, 9 de março de 2018.
10. Harari, *Homo Deus*, p. 330.
11. Alana Semuels, "Where Automation Poses the Greatest Threat to American Jobs", citylab.com, 3 de maio de 2017.
12. Tom Price, "The Last Auto Mechanic", *Medium*, 27 de julho de 2017.
13. Tyler Cower, *Average Is Over* (Nova York: Dutton, 2013) p. 23.
14. Curtis White, *We, Robots: Staying Human in the Age of Big Data* (Brooklyn, NY: Melville House, 2015), p. 19.
15. Kai-Fu Lee, "The Real Threat of Artificial Intelligence", *The New York Times*, 24 de junho de 2017.
16. Bill Joy, "Why the Future Doesn't Need Us", *Wired*, 1º de abril de 2000.
17. Sarah Marsh, "Essays Reveal Stephen Hawking Predicted Race of Superhumans", *The Guardian*, 4 de outubro de 2018
18. Dowd, "Elon Musk's Billion Dollar Crusade".
19. James Vincent, "Elon Musk Says We Need to Regulate AI Before It Becomes a Danger to Humanity", theverge.com, 17 de julho de 2017.
20. Stephen Hawking, "Artificial Intelligence Could Be the Greatest Disaster in Human History", *Independent*, 20 de outubro de 2016.

21. James Barrat, *Our Final Invention: Artificial Intelligence and the End of the Human Era* (Nova York: St. Martin's Press, 2013), p. 34.
22. Nick Bostrom, "A Transhumanist Perspective on Genetic Enhancements", nickbostrom.com, 2003.
23. Khatchadourian, "Doomsday Invention".
24. Stephen M. Omohundro, "The Basic A.I. Drives", in *Artificial General Intelligence 2008*, eds. Pei Wang, Ben Goertzel e Stan Franklin (Amsterdam: IOS Press, 2008), disponível em selfawaresystems.files.wordpress.com/2008/01/ai_drives_final.pdf, p. 9.
25. Anders Sandberg, "Why We Should Fear the Paperclipper", sentientdevelopments.com, 14 de fevereiro de 2011.
26. Dowd, "Elon Musk's Billion Dollar Crusade", p. 89.
27. Barrat, *Our Final Invention*, p. 19.
28. Ibid., p. 265.
29. Pinker, *Enlightenment Now*, p. 300.
30. Jaron Lanier, *Ten Arguments for Deleting Your Social Media Accounts Right Now* (Nova York: Henry Holt, 2018), p. 135.
31. Damien Cave, "Artificial Stupidity", *Salon*, 4 de outubro de 2000.
32. Dowd, "Elon Musk's Billion Dollar Crusade", p. 90.
33. Sam Thielman, "Is Facebook Even Capable of Stopping an Influence Campaign on Its Platform?", *Talking Points Memo*, 15 de setembro de 2017.
34. James Walker, "Researchers Shut Down AI that Invented Its Own Language", digitaljournal.com, 21 de julho de 2017.
35. Cade Metz, "Mark zuckerberg, Elon Musk, and the Feud over Killer Robots", *The New York Times*, 9 de junho de 2018.
36. Dowd, "Elon Musk's Billion Dollar Crusade", p. 91.
37. Khatchadourian, "Doomsday Invention".

CAPÍTULO 16

1. Knoepfler, *GMO Sapiens*, p. 177.
2. Rachel Nuwer, "Babies Start Learning Language in the Womb", smithsonianmag.com, 4 de janeiro de 2013.
3. Michael D. Lemonick, "Designer Babies", *Time*, 11 de janeiro de 1999.
4. Jim Kozubek, "Can Crispr-Cas9 Boost Intelligence?", *Scientific American*, 23 de setembro de 2016.
5. Knoepfler, *GMO Sapiens*, p. 179.
6. Ibid., p. 187.
7. Gregory Stock, *Redesigning Humans* (Nova York, 2002), p. 120.
8. Ephrat Livni, "Columbia and Yale Scientists Found the Spiritual Part of Our Brain", qz.com, 30 de maio de 2018.
9. Knoepfler, *GMO Sapiens*, p. 214.
10. Ray Kurzweil, "Kurzweil's Law", longnow.org, 23 de setembro de 2005.
11. Megan Molteni, "Extra CRISPR", *Wired*, maio de 2018
12. Mihalyi Csikszentmihalyi, *Beyond Boredom and Anxiety, 25*th *Anniversary Edition* (San Francisco, CA: Wiley and Co., 2000), p. 33.

CAPÍTULO 17

1. Gil Press, "Breaking News: Humans Will Forever Triumph over Machines", *Forbes*, 30 de junho de 2015.
2. Timothy J. Demy e Gary P. Stewart, eds., *Genetic Engineering: A Christian Response: Crucial Considerations for Shaping Life* (Grand Rapids, MI: Kregel, 1999), p. 131.
3. Wesley J. Smith, "Darwinist Wants Us to Create 'Humanzee'", nationalreview.com, 8 de março de 2018.
4. Ed Regis, *The Great Mambo Chicken and the Transhuman Condition* (Nova York: Basic, 1990), p. 167.
5. Tim Urban, "The AI Revolution: The Road to Superintelligence", *Huffington Post*, 10 de fevereiro de 2015.
6. Ibid.
7. Decca Aitkenhead, "James Lovelock: Before the End of This Century, Robots Will Have Taken Over", *The Guardian*, 30 de setembro de 2016.
8. Yuval Harari, "The Meaning of Life in a World without Work", *The Guardian*, 8 de maio de 2017.
9. Samuel Gibbs, "Apple Co-founder Steve Wozniak Says Humans Will Be Robots' Pets", *The Guardian*, 25 de junho de 2015.
10. Paul Lewis, "'Our Minds Can Be Hijacked': The Tech Insiders Who Fear a Smartphone Dystopia", *The Guardian*, 6 de outubro de 2017.
11. Lanier, *Ten Arguments*, p. 18.
12. Sang In Jung et al., "The Effect of Smartphone Usage Time on Posture and Respiratory Function", *Journal of Physical Therapy Science* 28, no. 1 (Janeiro de 2016).
13. "The Next Human: Taking Evolution into Our Own Hands", *National Geographic*, abril de 2017.
14. Jean M. Twenge, "Have Smartphones Destroyed a Generation?", *The Atlantic*, setembro de 2017.

CAPÍTULO 18

1. Steven Johnson, *How We Got to Now: Six Innovations that Made the Modern World* (Nova York: Riverhead Books, 2014), p. 148.
2. Jason Pontin, "Silicon Valley's Immortalists Will Help Us All Stay Healthy", *Wired*, 15 de dezembro de 2017.
3. Maya Kosoff, "Peter Thiel Wants to Inject Himself with Young People's Blood", *Vanity Fair*, 1º de agosto de 2016.
4. Maya Kosoff, "This Anti-Aging Startup Is Charging Thousands of Dollars for Teen Blood", *Vanity Fair*, 1º de junho de 2017.
5. Peter Thiel, "The Education of a Libertarian", cato-unbound.org, 13 de abril de 2009.
6. Benjamin Snyder, "This Google Exec Says We Can Live to 500", *Fortune*, 9 de março de 2015.
7. Katrina Brooker, "Google Ventures and Bill Maris' Search for Immortality", stuff.co.nz, 11 de março de 2015.
8. Sy Mukherjee, "We're Finally Learning More Details about Alphabet's Secretive Anti-Aging Startup Calico", *Fortune*, 4 de dezembro de 2017.

9. Nikhil Swaminathan, "A Silicon Valley Scientist and Entrepreneur Who Invented a Drug to Explode Double Chins Is Now Working on a Cure for Aging", qz.com, 6 de janeiro de 2017.

10. Jamie Nimmo, "Life… UNLIMITED: Beating Ageing Is Set to Become the Biggest Business in the World, Say Tycoons", thisismoney.co.uk, 17 de março de 2018.

11. Zack Guzman, "This Company Will Freeze Your Dead Body for $200,000", nbcnews.com, 26 de abril de 2016.

12. Mark O'Connell, *To Be a Machine* (Nova York: Doubleday, 2017), p. 23.

13. Antonio Regalado, "A Startup Is Pitching a Mind-Uploading Service that Is '100 Percent Fatal'", *MIT Technology Review*, 13 de março de 2018.

14. Ray Kurzweil, *The Age of Spiritual Machines: When Computers Exceed Human Intelligence* (Nova York: Viking, 1999), p. 97.

15. Tad Friend, "Silicon Valley's Quest to Live Forever", *The New Yorker*, 3 de abril de 2017.

16. Sage Crossroads, *The Fight over the Future: A Collection of Sage Crossroads Debates that Examine the Implications of Aging-Related Research* (Bloomington, IN: iUniverse, 2004), p. 25.

PARTE QUATRO: UMA POSSIBILIDADE REMOTA
CAPÍTULO 19

1. Discurso do Papa Francisco, 7 de junho de 2018, wz.vatican.va/Francesco/en/speeches/2018/june/documents/popa.francesco_20180609_imprenditori-energia.html

2. Maggie Astor, "Want to Be Happy? Try Moving to Finland", *The New York Times*, 14 de março de 2018.

3. "Few Americans Support Cuts to Most Government Programs, Including Medicaid", Pew Research Center, Washington, DC, 26 de maio de 2017.

4. Doudna e Sternberg, *Crack in Creation*, p. 234.

5. Lester Thurow, *Creating Wealth: Building the Wealth Pyramid for Individuals, Corporations, and Society* (Nova York: Nicholas Brealey Publishing, 1999), p. 33.

6. Emily Baumgartner, "As D.I.Y. Gene Editing Gains Popularity, 'Someone Is Going to Get Hurt'", *The New York Times*, 14 de maio de 2018.

7. Maxwell Mehlman, "Regulating Genetic Enhancement", *Wake Forest Law Review* 34 (Fall 1999): 714.

8. Eugene Volokh, "If It Becomes Possible to Safely Genetically Increase Babies' IQ, It Will Become Inevitable", *Washington Post*, 14 de julho de 2015.

9. Daniela Hernandez, "How to Survive a Robot Apocalypse: Just Close the Door", *Wall Street Journal*, 10 de novembro de 2017.

10. Olivia Solon, "The Rise of Pseudo-AI: How Tech Firms Quietly Use Humans to Do Bots' Work", *The Guardian*, 6 de julho de 2018.

11. James Vincent, "Elon Musk Says We Need to Regulate AI Before It Becomes a Danger to Humanity", theverge.com, July 17, 2017.

12. Preetika Rana, "China, Unhampered by Rules, Races Ahead in Gene-Editing Trials", *Wall Street Journal*, 21 de janeiro de 2018.

13. "Biggest AI Startup Boosts Fundraising to $1.2 Billion", *Bloomberg News*, 30 de maio de 2018.

14. James Vincent, "Putin Says the Nation that Leads in AI 'Will Be the Ruler of the World'", theverge.com, 4 de setembro de 2017.
15. Maureen Dowd, "Will Mark zuckerberg 'Like' This Column?", *The New York Times*, 23 de novembro de 2017.
16. Susan Ratcliffe, ed., "J. Robert Oppenheimer 1904–67, American Physicist", oxfordreference.com, 2016.
17. Barrat, *Our Final Invention*, p. 52.
18. Julian Savulescu, "As a Species, We Have a Moral Obligation to Enhance Ourselves", ideas.ted.com, 19 de fevereiro de 2014.
19. Ingmar Persson e Julian Savulescu, *Unfit for the Future: The Need for Moral Enhancement* (Oxford: Oxford University Press, 2012), pp. 1–2.
20. Ibid., p. 116.
21. David Roberts, "Americans Are Willing to Pay $177 a Year to Avoid Climate Change", vox.com, 13 de outubro de 2017.

CAPÍTULO 20

1. Worster, *Shrinking the Earth*, p. 116.
2. World Bank, "State of Electricity Access Report (SEAR) 2017", worldbank.org.
3. Russell e Kennedy, *Horsemen of the Apocalypse*, pp. 109–10.
4. Ryan Koronowski, "Exxon CEO: What Good Is It to Save the Planet If Humanity Suffers?", thinkprogress.org, 30 de maio de 2013.
5. Simon Evans, "Renewables Will Give More People Access to Electricity than Coal, Says IEA", carbonbrief.org, 19 de outubro de 2017.
6. David Roberts, "Wind Power Costs Could Drop 50%. Solar PV Could Provide up to 50% of Global Power. Damn", vox.com, 31 de agosto de 2017.
7. Jake Richardson, "Solar Power Energy Payback Time Is Now Super Short", cleantechnica.com, 25 de março de 2018.
8. Lorraine Chow, "100% Renewable Energy Worldwide Isn't Just Possible — It's Also More Cost-Effective", ecowatch.com, 22 de dezembro de 2017.
9. Conversa pessoal com o autor, 22 de setembro de 2016.
10. Natasha Geiling, "New Study Gives 150 Million Reasons to Reduce Carbon Emissions", 20 de março de 2018, thinkprogress.org.
11. Steve Hanley, "Network of Tesla Powerwall Batteries Saves Green Mountain Power $500,000 During Heat Wave", cleantechnica.com, 27 de julho de 2018.
12. Nick Harmsen, "Elon Musk's Tesla and SA Labor Reach Deal to Give Solar Panels and Batteries to 50,000 Homes", abc.net.au, 3 de fevereiro de 2018.

CAPÍTULO 21

1. Henry David Thoreau, *On the Duty of Civil Disobedience*. Constitution.org/civ/civildis.htm
2. Jonathan Schell, *The Unconquerable World: Power, Nonviolence, and the Will of the People* (Nova York: Metropolitan Books, 2003), p. 144. (Grifo nosso.)
3. Harari, *Homo Deus*, p. 277.
4. Heidi M. Przybyla, "Report: Anti-Protester Bills Gain Traction in State Legislatures", *USA Today*, 29 de agosto de 2017.

5. Megan Darby, "Pope Francis Tells Oil Chiefs to Keep It in the Ground", climatechangenews.com, 9 de junho de 2018.
6. Phil McKenna, "Ranchers Fight Keystone XL Pipeline by Building Solar Panels in Its Path", *InsideClimate News*, 11 de julho de 2017.

CAPÍTULO 22

1. "Poll: Voters in America's Heartland Don't Want Changes to National Monuments", nationalparktraveler.org, 7 de novembro de 2017.
2. Coral Davenport e Lisa Friedman, "GOP Pushes to Overhaul Law Meant to Protect At-Risk Species", *The New York Times*, 22 de julho de 2018.
3. Wendell Berry, "Manifesto: The Mad Farmer Liberation Front", *In Context* 30 (Fall/Winter 1991).
4. "75 Percent of the German Energy Coops Finance with Local Coop Banks", Die Genossenschaften, dgrv.de https://www.dgrv.de/en/services/energycooperatives/energycoopsfinancewithlocalcoopbanks.html
5. Christine Emba, "Our Socialist Youth: Why Millennials Are Embracing a Bad, Old Term", *Washington Post*, 21 de março de 2016.
6. David Fleming, ed. Shaun Chamberlin, *Surviving the Future: Culture, Carnival, and Capital in the Aftermath of the Market Economy* (White River Junction, VT: Chelsea Green Publishing, 2016), p. 27.
7. Clint Carter, "We Will Not Get Bigger, We Will Not Get Faster", medium.com, 26 de julho de 2018.
8. Adrien Marck et al., "Are We Reaching the Limits of Homo Sapiens", *Frontiers in Physiology*, 24 de outubro de 2017.
9. Richard Price, "Stephen Pinker's Enlightenment Now: the Flynn Effect", richardprice.io, 6 de abril de 2018.
10. Rory Smith, "IQ Scores Are Falling and Have Been for Decades, New Study Finds", CNN.com, 14 de junho de 2018.
11. Adrien Marck et al., "Are We Reaching the Limits of *Homo sapiens*?", *Frontiers in Physiology*, frontiersin.org, 24 de outubro de 2017.
12. Steven Pinker, "The Moral Imperative for Bioethics", *Boston Globe*, 31 de julho de 2015.
13. Derrick O'Keefe, "Décroissance in America: Say Degrowth!", *Reporterre*, 8 de maio de 2010.
14. Adam Smith, *The Wealth of Nations*, Livro I, capítulo 9. "On the Profits of Stock", disponível em econolib.org/library/smith/smwn.htm
15. John Stuart Mill, "Of the Stationary State of Wealth and Population", citado por bartleby.com.
16. Conselho de Artes da Grã-Bretanha, "First Annual Report 1945–6" (Londres: Baynard Press, 1946), p. i.

CAPÍTULO 23

1. Clay Routledge, "Suicides Have Increased. Is This an Existential Crisis?", *The New York Times*, 23 de junho de 2018.
2. Ibid.

3. Edward Luce, *The Retreat of Western Liberalism* (Nova York: Atlantic Monthly Press, 2017), p. 123.

4. Steven Overly, "Trump's Pick for Labor Secretary Has Said Machines Are Cheaper, Easier to Manage than Humans", *Washington Post*, 8 de dezembro de 2016.

EPÍLOGO: COM OS PÉS NO CHÃO

1. Christian Davenport, "Jeff Bezos on Nuclear Reactors in Space, the Lack of Bacon on Mars and Humanity's Destiny in the Solar System", *Washington Post*, 15 de setembro de 2016.

2. Ibid.

3. Arjun Kharpal, "When Elon Musk Sends People to the Moon There May Be a Mobile Network So They Can Check Facebook", cnbc.com, 2 de março de 2018.

4. Ben Guarino, "Stephen Hawking Calls for a Return to Moon as Earth's Clock Runs Out", *Washington Post*, 21 de junho de 2017.

5. Freeman Dyson, "Should Humans Colonize Space?", Cartas, *New York Review of Books*, 25 de maio de 2017.

6. Charles Wohlforth e Amanda Hendrix, "Humans May Dream of Traveling to Mars, but Our Bodies Aren't Built for It", *Los Angeles Times*, 28 de novembro de 2016.

7. Rae Paoletta, "Will Human Beings Have to Upgrade Their Bodies to Survive on Mars?", gizmodo.com, 17 de março de 2017.

8. Sarah Scoles, "The Floating Robot with an IBM Brain Is Headed to Space", *Wired*, 28 de junho de 2018.

9. "The 12 Greatest Challenges for Space Exploration", *Wired*, 16 de fevereiro de 2016.

10. Kim Stanley Robinson, *Aurora* (Nova York: Orbit, 2015), p. 501.

11. John Muir, *The Ten Thousand Mile Walk to the Gulf*, capítulo 5, disponível em vault.sierraclub.org

12. Luke Bailey, "Three Hundred Turtles Were Found Dead in an Old Fishing Net", inews.co.uk, 4 de setembro de 2018.

Índice

A

abastecimento de alimentos 32
aceleração 130
ácido carbônico 45
acordo de Paris 14
acordos climáticos 119
água 22
alavancagem 13, 85, 111, 123, 132, 234
aleatoriedade 166
algoritmos 171
altruísmo 108, 164
ambientalismo 13, 63, 212, 221
ambientalista 198, 243
ameaças existenciais 181
aniquilação biológica 49
ansiedade 149, 233
aprimoramento genético 147
aquecimento global 21, 38, 46, 54, 68, 112, 156, 185, 242
areia betuminosa 65, 113
aridez 22
armadilhas siberianas 47
arrogância tecnológica 1
artificial 162
asteroide 47
atividade
   sísmica 31
   vulcânica 31
ativistas 216
   ambientais 203
atraso predatório 73
Ayn Rand 85

B

balanço energético 20
banco mundial 10
Barack Obama 63
bebês projetados 216
bioengenharia 190
biotecnologia 130

C

caça predatória 49
calor 32, 54, 114
camada
   de gelo 36
   de ozônio 19, 70
capacidade cognitiva 32
capitalismo 82
carbono 28, 58, 61, 68
carvão 54, 209
cataclismos 52
células-tronco 181
cérebro 130
choques climáticos 27
clima 27, 46, 185

cientistas do 37
crise climática 1, 73
  global 67
clonagem 181
código genético 162
combustíveis fósseis 43, 53, 62, 67, 113, 123, 132, 189, 198
comunicação global 192
comunidade 220
conservação energética 204
conservadores 187
contração 54
crescimento 223
Cretáceo, período 47
criatividade 217
criogenia 178
cultura 219

D

danos
  ambientais 79
  climáticos 64, 209
deficiência proteica 35
dependência 149
depressão 149, 233
desaceleração 226
desertificação 58
desigualdade 78, 148, 186, 225
desmatamento 221
desobediência civil 211
destruição
  ambiental 82
  ecológica 1
Devoniano, período 48
dia da Terra 213
diagnóstico genético pré-implantacional (PGD) 140
dignidade 10
dióxido de carbono 23, 34, 43, 63, 67, 112, 222

DNA 136
Donald Trump 10

E

ecossistema marinho 46
ecossistemas 36
efeito estufa 1, 26, 61, 67
efeito Flynn 226
eficiência 223
eficiência energética 204
eletricidade 199
elevação do nível do mar 37
embriões 142
empregos 150
energia 54
  elétrica 199, 231
  eólica 117, 204
  limpa 205
  renovável 117, 123, 198, 209, 223
  solar 198, 209, 219, 224
engajamento 16
engenharia
  genética 137, 147, 162, 187, 198
  humana 149
envelhecimento 177
equilíbrio 111, 222
  de calor 32
era Permiana 20
escala 223
espaço 239
espirais de plástico 43
espírito 217
  público 110
estado
  de fluxo 167
  regulador 105
estresse 107
ética 139
evaporação 22
exército vermelho 186

expansão 54
　urbana 20
explosão
　cambriana 47
extinção
　em massa 47, 52
　permiana 47

F

feira mundial de St. Louis de 1904 198
florestas tropicais 28
força criativa 14
futuro 32

G

gás 54, 209
　natural 63
gases de efeito estufa 61
gelo 22, 36
gene 162, 169, 188
　COMT 164
　MAOA 164
genética 147, 162, 178
genoma 137
Gilgamesh 175
Global Climate Coalition 70
guarda vermelha 94, 97
guerra nuclear 19

H

herança genética 166
hidrologia 22
hierarquias e separações estritas 93
hiperindividualistas 109
Holoceno, período 36, 45
humanidade 181, 187
humanos 221

I

Idade do Gelo 31
ideologia 112
imortalidade 180, 186
incêndios 23, 114
　florestais 185
individualismo 91
indivíduos 107
ineficiência 223
inércia institucional 65
inteligência 217
inteligência artificial 14, 129, 148, 151,
　169–170, 177, 190, 198, 228,
　235, 240
interesse 110
　político 234
inundações 34, 185

J

jogo humano 8, 17, 34, 79, 85, 98, 112,
　134, 137, 157, 159, 181, 185,
　205, 209, 223, 233, 246
justiça
　climática 79
　social 111

L

laissez-faire 88
leis ambientais 213
libertarianismo 100

M

mão de obra agrícola 32
máquinas 169
　inteligentes 130
marginalidade social 27
maturidade 222
medicina regenerativa 181

meio ambiente 94, 117, 185
meta climática 58, 65, 206
metano 64
migração climática 58
mobilização 213
modificações cirúrgicas 240
modificações genéticas 148, 240
  hereditárias 190
morte 176
movimentos 222
  de massa 211
  Mont Pelerin 100
mudança climática 1, 19, 34, 51, 61, 67, 79, 167, 185, 204, 212, 233, 239
mundo natural 51

N

não violência 164, 210, 219, 235
natural 162
natureza humana 132
negacionistas do clima 116
neoliberalismo de direita 88
novas tecnologias 147

O

objetivos de desenvolvimento sustentável da ONU 203
obsolescência 14
Ordoviciano, período 47

P

padrão de vida 53
padrões climáticos 58
painéis solares 117, 230
painel solar 54, 123, 187, 197
paixão 217
Papa Francisco 10
permafrost 58
Permiano, período 48

pesca predatória 43
pesquisa genética 144
petróleo 54, 65, 119, 209
PIB global 10
Plioceno, período 36
plutocracia 115
pobreza 77
  energética 203, 227
  extrema 10
poluição 94, 231
  do ar 18
primavera árabe 34, 217
privacidade 109
problemas ambientais 18
progressistas 187
progresso tecnológico 219
propósito 233
protecionismo 223
proteína 35
público e privado 109

Q

questão ambiental 13
questão existencial 193

R

registros fósseis 47
relações sociais 107
resistência 185
restauro
  ambiental 209
  social 209
revolução
  Bolchevique 89, 99
  genética 136
  industrial 35, 61
  verde 32
robôs 190, 234, 240

S

seca 22, 32, 58, 185
seleção genética 162
sentido 169
seres humanos 233
sermão da montanha 212
significado 160, 169, 182, 233
  humano 193
sistema
  alimentar 35
  de crenças 113
  de mercado 111
  holístico 93
  imunológico 107
socialismo democrático 82
sociedade 107, 233
sol 66
solidariedade 94, 222, 234, 246
  social 186
suicídio 233
superpopulação 181
sustentabilidade 13

T

tabela periódica 222
tecnologia 124
  da informação 165
  da maturidade 219
  de substituição 14
  PGD 163
tecnólogos 173
teoria da escolha pública 101
teoria de Gaia 170
terapia genética 138
terremotos 31
totalitarismo 88
transumanismo 173
turbinas eólicas 117, 205

V

Vale do Silício 176–177, 191
vento 66
violência armada 20
visão de mundo 98
vulcanismo 47

X

xisto 63

Z

zonas mortas nos oceanos 11, 18, 43

Projetos corporativos e edições personalizadas
dentro da sua estratégia de negócio. Já pensou nisso?

Coordenação de Eventos
Viviane Paiva
viviane@altabooks.com.br

Contato Comercial
vendas.corporativas@altabooks.com.br

A Alta Books tem criado experiências incríveis no meio corporativo. Com a crescente implementação da educação corporativa nas empresas, o livro entra como uma importante fonte de conhecimento. Com atendimento personalizado, conseguimos identificar as principais necessidades, e criar uma seleção de livros que podem ser utilizados de diversas maneiras, como por exemplo, para fortalecer relacionamento com suas equipes/ seus clientes. Você já utilizou o livro para alguma ação estratégica na sua empresa?

Entre em contato com nosso time para entender melhor as possibilidades de personalização e incentivo ao desenvolvimento pessoal e profissional.

PUBLIQUE
SEU LIVRO

Publique seu livro com a Alta Books.
Para mais informações envie um e-mail para: autoria@altabooks.com.br

 /altabooks /alta-books /altabooks /altabooks

CONHEÇA OUTROS LIVROS DA **ALTA BOOKS**

Todas as imagens são meramente ilustrativas.

Este livro foi impresso nas oficinas gráficas da Editora Vozes Ltda.,
Rua Frei Luís, 100 – Petrópolis, RJ.